自己動手，畫出你的商業模式

John Wiley & Sons, Inc.

作　者　亞歷山大．奧斯瓦爾德（Alexander Osterwalder）
　　　　伊夫．比紐赫（Yves Pigneur）
設　計　亞倫．史密斯（Alan Smith，The Movement設計公司）
編輯協力　提姆．克拉克（Tim Clark）
　　　　45國470位專家心血結晶
監　製　派翠克．范德皮爾（Patrick van der Pijl）
譯　者　尤傳莉

早安財經講堂56

獲利世代

自己動手，畫出你的商業模式

Business Model Generation

A Handbook for Visionaries, Game Changers, and Challengers

作　　者　亞歷山大・奧斯瓦爾德 Alexander Osterwalder & 伊夫・比紐赫 Yves Pigneur
設　　計　亞倫・史密斯 Alan Smith
編輯協力　提姆・克拉克 Tim Clark
監　　製　派翠克・范德皮爾 Patrick van der Pijl
譯　　者　尤傳莉
美術設計　IF OFFICE
特約編輯　莊雪珠
責任編輯　沈博思、劉詢
行銷企畫　楊佩珍、游荏涵

發 行 人　沈雲驄
特　　助　戴志靜、黃靜怡
出版發行　早安財經文化有限公司
台北市郵政30-178號信箱
早安財經網站：http://www.goodmorningnet.com
早安財經粉絲專頁：http://www.facebook.com/gmpress
郵撥帳號：19708033　戶名：早安財經文化有限公司
讀者服務專線：02-2368-6840 服務時間：週一至週五10:00~18:00
24小時傳真服務：02-2368-7115
讀者服務信箱：service@morningnet.com.tw

總 經 銷　大和書報圖書股份有限公司
電話：02-8990-2588
製版印刷　中原造像股份有限公司
初版1刷　2012年12月
初版70刷　2023年 3 月

定　　價　880元（特價499元）
I S B N　978-986-6613-53-1（平裝）

國家圖書館出版品預行編目(CIP)資料

獲利世代：自己動手,畫出你的商業模式 /
Alexander Osterwalder, Yves Pigneur 執筆；尤傳莉譯
-- 初版. -- 臺北市：早安財經文化, 2012.12
面；　公分. -- (早安財經講堂；56)
譯自：Business model generation : a handbook for visionaries, game changers, and challengers
ISBN 978-986-6613-53-1(平裝)
1. 商業管理 2. 創業 3. 策略規劃
494.1　　101021690

【導讀】

簡單，卻威力無窮的工具

「寫」計畫書，
不如「發展」一個偉大的模式

appWorks之初創投合夥人
林之晨 Mr. Jamie

2009年夏天，Facebook不到兩個月之內就在台灣從5萬用戶躍升為500萬，也改寫了一切網路行銷邏輯。想像一下你年初開始寫網路創業計畫書，到了6月完成，你就會陷入這樣的尷尬狀態：剛要開始執行，就發現計畫裡完全沒有考慮到Facebook猛爆成長的情況，白忙一場。

傳統的職場與商業教育今天正面臨這樣的問題：我們要創業、創新的人，得花很多時間調查研究，然後整理成一份落落長的商業計畫書。可惜的是，這些花了三個月、六個月寫成的厚厚文件，往往面臨一個共同的問題，那就是一旦開始付諸執行，就會發現裡面的假設統統與現實不符。

為什麼？原因很簡單，世界是活的，可是商業計畫書是死的。一旦文件寫成的一天，裡面的資料也就成了歷史。在這個變動日益劇烈的世界，這樣的情況尤其嚴重。

所以，無論什麼「計畫」，都必須要是活的，能時時跟著世界變動。

你的計畫能不能賺錢？一目了然

但老實說，這道理容易懂，卻沒想像中簡單。如果你曾試著改過一份商業計畫書，就會知道那有多困難。往往改了前面，落了後面，牽了一髮，動了全身，就像一本已經寫完的小說一樣，當故事這麼完整，你實在很難更動某個情節，而又不影響所有後續的劇情和完美大結局。

除此之外，商業計畫書還有另一個很嚴重的缺點，那就是缺乏「全局」的觀點。它基本上假設每個人都有很強的結構化能力，能夠在一邊看完一本60頁文件的同時，把裡面所有的資訊消化吸收，轉化成一個體系，還能體會到系統裡錯綜複雜的關係，以及所有該注意的風險與事項。這樣強大的抽象化能力當然不是不可能存在，但畢竟不是在多數人身上，這因此也讓商業計畫書的實用性變得非常低。

因此，在這個新時代，我們需要一種新的工具，一種甚至足以取代商業計畫書的工具。這個工具要能夠幫大多數人很快的看到創業（創新）計畫的重點，並且因應世界的快速變動，可以輕易的被更新，不斷的被更新。

沒錯，這個新工具就是本書獨創的「商業模式畫布」(Business Model Canvas，本書譯為「商業模式圖」)。

商業模式圖把一個創業體系，分為九個重點區塊，並且透過精心的視覺設計，讓你一眼就看到它們之間的關係。從目標客層、價值主張、客戶關係與通路策略，你可以得出營收來源，然後再確認關鍵資源、關鍵生產活動與關鍵夥伴，你就可以算出成本結構。營收扣掉成本，就是你的獲利模式。

還是沒有很懂？沒關係，因為上面這段文字，並沒有給你任何視覺化的架構可以投射，所以即使我細心的跟你解釋了這九個商業模式區塊間的關係，你還是很難體會它到底是怎麼回事。沒問題，等你開始深入這本書，就會看出整個商業模式圖的全局，並且逐步的了解每個區塊，以及區塊與區塊間的關係。

別傻了，天底下沒有無敵的商業模式！

在你開始之前，我要提醒你幾件事，不過你現在應該還無法體會，所以我建議你在整本書讀完後，再回過頭來看這篇導讀中的幾個建議。

首先，商業模式是活的，它存在的目的就是要被更新，好讓團隊裡的每個成員了解今天、本週自己正在執行的計畫是什麼。一旦執行過程發現有問題，就要回頭修改相對應的商業模式區塊，並確認這項更動不會影響到其他區塊。

所以，商業模式圖並不是讓你寫下一個無敵的商業模式，它的用途是幫助你追蹤目前為止的所有「假設」。舉個例子：我認為18～25歲的女性(目標客層)應該會喜歡買一件200元的平價時尚洋裝(價值訴求)，接著你開始試著執行這樣的計畫，在最低成本的狀態下想辦法驗證這些假設。如果事實證明18～25歲的女性的確喜歡買一件200元的平價時尚洋裝，你就可以接著嘗試不同的銷售通路、不同的客戶關係等等。如果發現她們不喜歡，那你就要改變目標客層，或是改變價值訴求──例如12～18歲呢？300元一件的呢？每嘗試一次，就讓你得到更多關於市場的資訊， 然後再回過頭來調整你的商業模式，這樣一直不斷的循環下去，永遠沒有停下來的一天。

所以，重點不是在會議室裡腦力激盪，「想」出最棒的商業模式，重點是在真實的世界中不斷的實驗，然後不斷試出更棒、還要再棒、還要再更棒的商業模式，如此無止境的追尋下去。

以上這幾個重點，是我們公司兩年多來透過「appWorks育成計畫」，實際使用並教授這個工具的心得，我們的實務經驗，是商業模式圖可以大幅提升創業者分析及追蹤自己創業進度的能力，也能讓團隊的每個成員更清楚知道公司目前的走向，以及需要多花心思注意的區塊。

創業模式圖，就是一個這麼簡單、卻威力無窮的工具，現在，就請您透過這本書，用心體會它了。

獲利世代
Business Model Generation

你具有創業家精神嗎？

yes ________ no ________

你不斷在思索如何創造價值、建立新事業，
或是如何改善或轉變你的組織？

yes ________ no ________

你試著找出經營企業的創新招式，
想取代老舊且過時的方法？

yes ________ no ________

如果你對上述問題的回答為“yes”，歡迎加入我們的行列！

你手上的這本書，是寫給前瞻者、
開創新局者，以及挑戰者，
協助大家擺脱過時的商業模式，
設計出未來所需要的新企業。
這是一本寫給獲利世代的書。

今天，無數前所未見的新商業模式正在湧現。舊產業崩解，全新的產業成形。新興企業挑戰舊勢力，而有些舊勢力則拚命掙扎著重新再造。

請想像一下，貴公司的商業模式在兩年、五年，或十年後，會是什麼樣子？你們會成為業界主角嗎？你們未來遭逢的競爭對手，會不會舞動著可怕的新商業模式，節節進逼？

本書將帶你深入理解商業模式的本質，其中有傳統的商業模式，也包括高風險的新科技商業模式，還有各自不斷變動的創新技巧，並說明如何在競爭激烈的環境中為你的商業模式找出定位，如何一步步重新設計貴公司的商業模式。

當然，你也已經注意到了，這本書不是傳統的策略書或企管書。全書的設計，主要是透過易懂、簡單的視覺形式，來傳達種種你必須知道的要件。書中舉例力求具象化，同時也透過模擬學習營的情境來完善內容，讓你立即就能上手。我們不想寫一本傳統的教戰手冊，而是試著設計出一本能派上用場的實用指南，給渴望設計或重新發明商業模式的前瞻者、開創新局者。我們也努力打造出一本美麗的書，提供你愉悅的「消費」過程。我們希望你享受使用本書的過程，就如同我們享受創作這本書的過程一樣。

另外，還有一個網路社群可以隨時更新補充本書內容（稍後你會發現，這也是本書創作中不可或缺的一環）。由於商業模式創新是一個變化迅速的領域，你可能會希望跨出《獲利世代》書中所談到的種種要素，在網路上尋找新工具。請考慮加入我們這個由企業從業者及研究者（同時也是本書協同製作者）的全球性社群，在這個網路的交流中心，你可以參與有關商業模式的討論，從別人的洞見中學習，並找到作者群所提供的新工具。「商業模式交流中心」的網址是 www.BusinessModelGeneration.com/hub。

商業模式創新不是新鮮事。大來卡（Diner Club）於1950年首創信用卡，就是在實踐一種商業模式創新。同樣的情況也發生在全錄（Xerox），該公司於1959年推出影印機租賃及以張計費系統，取得先機。事實上，商業模式創新可以一路遠溯至15世紀：古騰堡（Johannes Gutenberg）為他所發明的印刷機尋求種種應用方式。

但今天，商業模式創新卻以史無前例的規模和速度，在改變產業環境。對創業家、高階主管、顧問、學者而言，都應該趕緊了解這種異常進展所帶來的衝擊。現在該是我們了解商業模式創新，並有條理地處理其挑戰的時候了。

歸根結柢，商業模式創新是要為公司、消費者以及整個社會創造價值，取代過時的模式。蘋果電腦以iPod數位影音播放器和iTunes.com線上商店，創造了一個革命性的新商業模式，該公司也轉型成為線上音樂的龍頭。Skype以所謂的「點對點技術」為基礎所建立的創新商業模式，帶給我們極便宜的越洋電話費率和免費的同平台電話，該公司現在已成為全球最大的越洋電話通訊商。Zipcar提供付費會員按時或按日計費的隨選租車制度，讓城市居民不必自己買車。這些都是因應使用者的新需求，或環保的壓力，所產生的商業模式。孟加拉的鄉村銀行（Grameen Bank）則透過一種創新的商業模式，普遍提供窮人小額貸款，協助改善貧窮。

但我們要如何有系統地發明、創造及實行這些有力量的新商業模式呢？我們要如何質疑、挑戰及轉化老舊過時的模式呢？如果我們自己就是舊勢力，要如何把前瞻性的想法，轉變為開創新局的商業模式，以挑戰既有勢力，或使之重獲活力呢？《獲利世代》企圖提供你答案。

坐而言不如起而行，所以我們採用了一個新模式撰寫這本書。四百七十名「商業模式創新社群」的成員針對書稿提供案例、例證及批評——我們認真對待這些回應。我們的這些經驗，可參見本書最後一章。

商業模式創新的七張臉孔

資深高階主管

Jean-Pierre Cuoni

EFG International董事長

專注焦點：在舊產業建立新的商業模式

Jean-Pierre Cuoni是蘇黎世私人銀行EFG International的董事長，該銀行可能擁有銀行業最創新的商業模式。他大幅改變了銀行、客戶與客戶關係經理三者之間的傳統關係。在一個擁有許多既有從業人員的傳統產業中，要想像、打造並執行一個創新商業模式是一門藝術，而這個商業模式使EFG International成為同業中成長最快速的銀行之一。

內部創業家

Dagfinn Myhre

Telenor公司R&I Business Models主管

專注焦點：協助將最新的科技發展運用在正確的商業模式中

Dagfinn在名列全球十大行動電信公司的Telenor內，領導一個商業模式團隊。電信業需要持續創新，而Dagfinn的進取心協助Telenor找出可持續的模式，並深入了解，以把握最新科技發展的潛力。透過關鍵產業趨勢的深度分析，同時開發並利用最先進的分析工具，Dagfinn的團隊充分把握新的企業概念和機會。

創業家

Mariëlle Sijgers

CDEF Holding有限公司創業家

專注焦點：針對消費者未滿足的需求，並為他們建立新的商業模式

Mariëlle Sijgers是經驗豐富的創業家，她與事業夥伴Ronald van den Hoff攜手合作，透過創新的商業模式，使會議、餐旅產業徹底改觀。這對合作夥伴充分體察消費者未被滿足的需求，開創出許多前所未見的新觀念，例如Seats2meet.com網站，可以在非傳統地點迅速預訂會議。Sijgers和van den Hoff持續開創新的商業模式點子，並將最有希望的想法付諸實現，成為新事業。

投資者

Gert Steens

Oblonski有限公司總裁暨投資分析師

專注焦點：以最具競爭力的商業模式，投資在不同的公司

Gert的謀生方式，就是鑑別出最佳商業模式。以錯誤模式投資在錯誤的公司，有可能害他的客戶損失數百萬歐元，也可能毀掉他的聲譽。他工作的關鍵部分，就是了解種種革命性的創新商業模式。他做的遠遠不只是慣常的財務分析，還要比較各種商業模式，以找出具有潛在競爭優勢的策略性差異。Gert一直不斷在尋求商業模式的創新。

顧問

Bas van Oosterhout

凱捷管理顧問公司資深顧問

專注焦點：協助客戶質疑自家的商業模式，想像並建立新的模式

Bas是凱捷（Capgemini）管理顧問公司的企業創新團隊成員。他熱中於利用創新手法，與客戶並肩合作，以提高績效並加強競爭力。商業模式創新現在是他工作的核心要素，因為這部分與客戶合作案息息相關。他的目標是以新的商業模式激發並協助客戶，從發想點子到實現。為了達到這個目標，他必須了解各種產業中最有力的商業模式，並善加利用。

設計師

Trish Papadokos

The Institute of You, 獨立業主

專注焦點：尋找正確的商業模式，以開發出創新的產品

Trish是一名才華洋溢的年輕設計師，尤其擅長掌握創意點子的精髓，巧妙運用於客戶溝通中。目前她正在進行自己的一個點子：為處於轉業過渡期的人提供服務。經過數星期的深入研究，她現在正要開始設計。Trish知道她必須找出正確的商業模式，才能讓她的這項服務正式上路營運。她很了解如何面對客戶——身為設計師，這是她天天要面對的。但由於缺乏正式的商業教育，她還需要一些辭彙及工具，才能關照全局。

人道創業家

Iqbal Quadir

孟加拉鄉村電話公司（Grameen Phone）創辦人，社會創業家

專注焦點：藉由商業模式，帶來正面的社會改變及經濟改變

Iqbal一直在尋找有潛力的創新商業模式，可以為社會帶來重大改變。他利用鄉村銀行的小額貸款網路，轉化成新的模式，為一億孟加拉人帶來電話服務。他現在正在尋求一種新的模式，希望為窮人帶來負擔得起的電力。身為麻省理工學院Legatum Center的主管，他透過種種商業創新，推動科技增權，做為促進經濟與社會發展的一個途徑。

目次

本書分為五個部分：

1. 商業模式圖，用來描述、分析及設計商業模式的工具。
2. 商業模式樣式，以重要企業思想家所提出的概念為基礎。
3. 設計商業模式所必備的技術。
4. 以商業模式的角度，重新詮釋策略。
5. 將本書所有概念、技術及工具串連在一起，彙整成一個設計創新商業模式的完整流程。

● 最後一部分，針對五個商業模式主題的未來性，提供發展前景。

○ 後記，簡略介紹本書的製作過程。

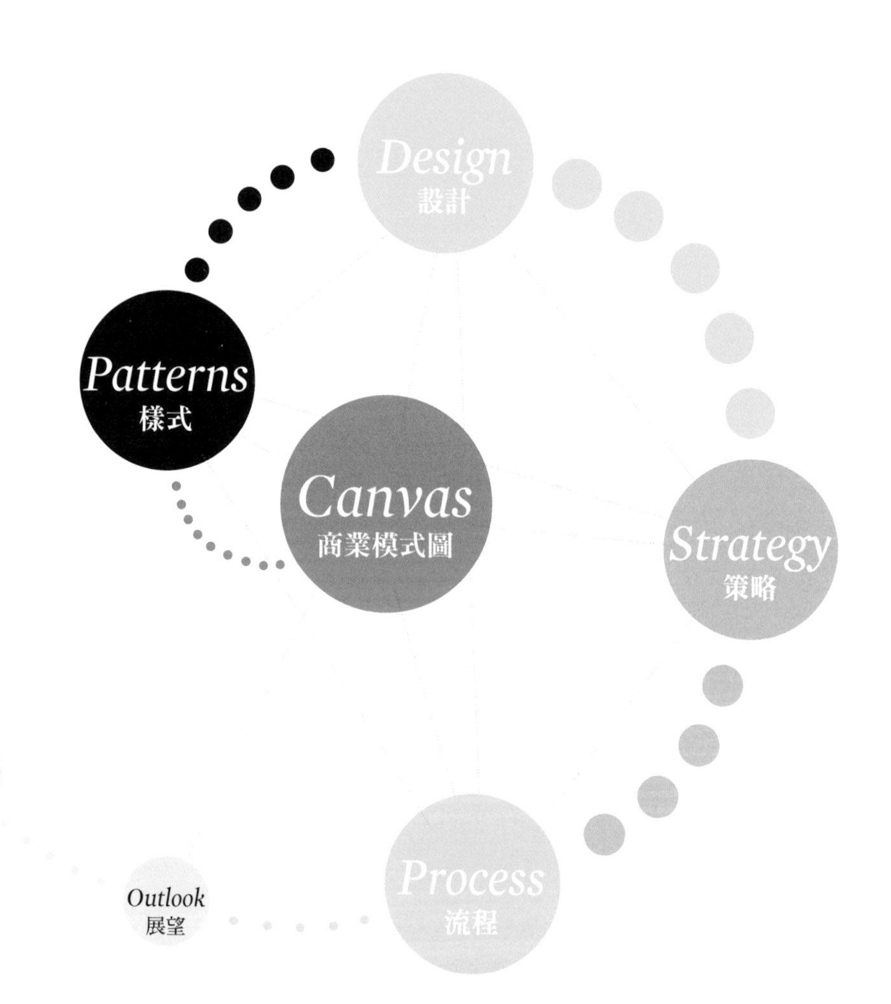

Car

vas

商業模式圖

商業模式圖

用來描述、視覺化、評估及改變商業模式的一種共同語言

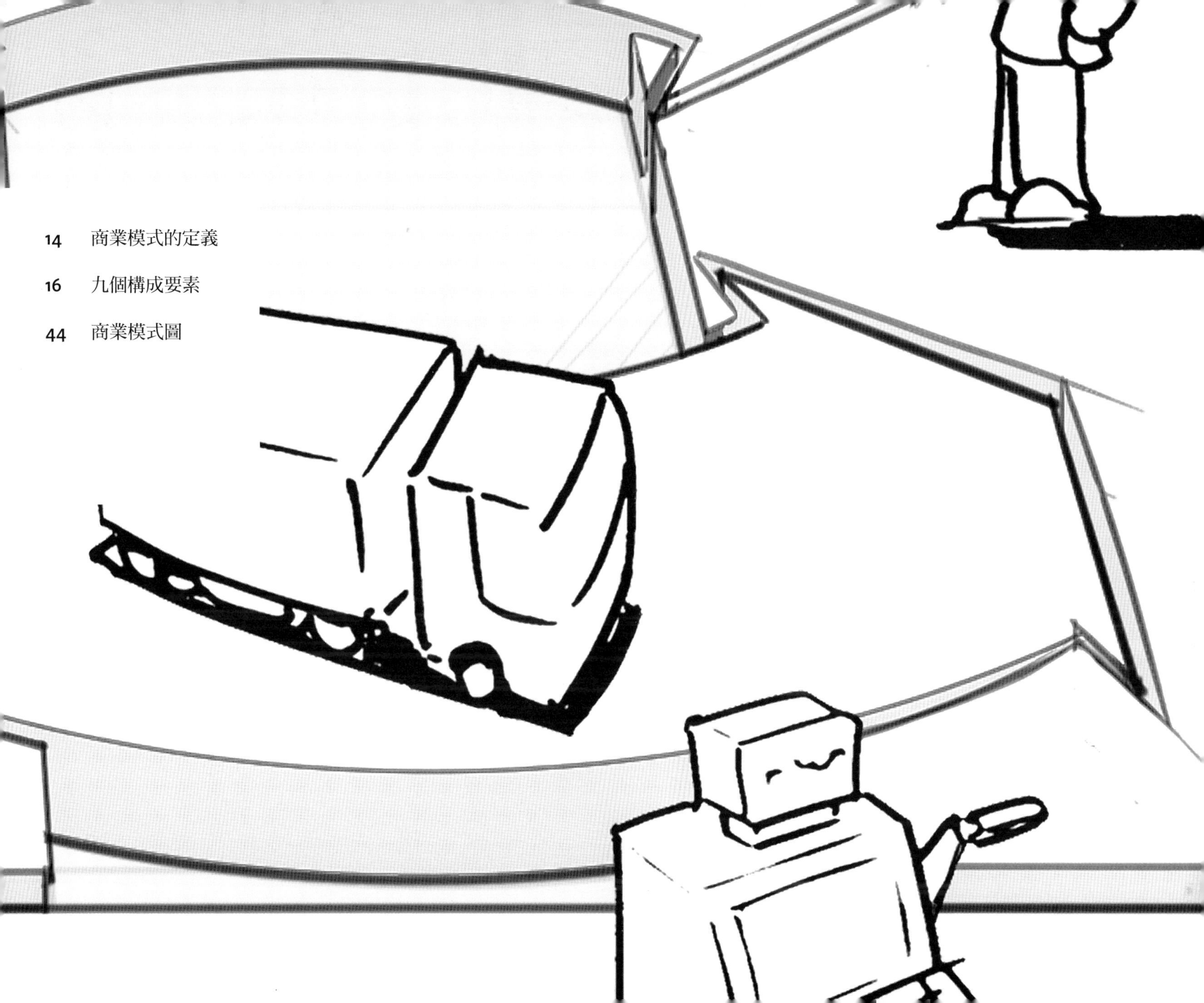

定義_商業模式

所謂商業模式，
就是描述一個組織如何創造、
傳遞及獲取價值的手段與方法

無論是在任何討論、會議或研習營中，要談到商業模式創新，一開始就應該要先對「商業模式」到底是什麼，建立起共識。我們需要一個人人都能理解的「商業模式概念」，以便於敘述與討論。我們必須有相同的出發點，談的是同樣的東西。挑戰在於，這個概念必須簡單、切題，而且一看就能懂，同時又不會將企業運作的複雜性過於簡化。

以下我們將會提出一個概念，讓你可以敘述並徹底想清楚，看看你的組織、你的競爭對手，或任何其他企業的商業模式到底是什麼。這個概念已經過全世界各地的應用與測試，並已實際應用在IBM、愛立信（Ericsson）、德勤（Deloitte）、加拿大政府的公共工程及政府服務部門，還有很多組織。

這個概念可以變成一種共同語言，讓你得以輕易描述並操作種種商業模式，創造出另一種新的策略性模式。若是沒有這種共同語言，我們就很難有系統地檢驗一個商業模式的種種假設，並成功地予以創新。

我們相信，要描述商業模式的最佳方法，就是透過九個構成要素用來顯示一個公司如何賺錢的邏輯。這九個構成要素涵蓋了一個企業的四大主要領域：顧客、提供產品、基礎設施，以及財務健全程度。商業模式就像一張藍圖，使得策略可以在組織化的結構、流程、系統中順利實行。

九個構成要素

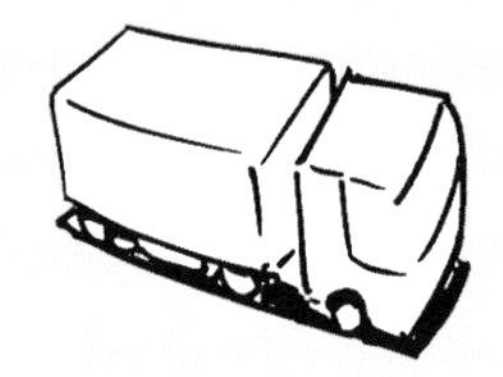

1 目標客層
Customer Segments

一個企業或組織所要服務的一個或數個顧客群。

2 價值主張
Value Propositions

以種種價值主張，解決顧客的問題，滿足顧客的需要。

3 通路
Channels

價值主張要透過溝通、配送及銷售通路，傳遞給顧客。

4 顧客關係
Customer Relationships

跟每個目標客層都要建立並維繫不同的顧客關係。

5 收益流
Revenue Streams

成功地將價值主張提供給客戶後，就會取得收益流。

6 關鍵資源
Key Resources

想要提供及傳遞前述的各項元素，所需要的資產就是關鍵資源……

7 關鍵活動
Key Activities

運用關鍵資源所要執行的一些活動，就是關鍵活動。

8 關鍵合作夥伴
Key Partnerships

有些活動要借重外部資源，而有些資源是由組織外取得。

9 成本結構
Cost Structure

各個商業模式的元素，會形塑出成本結構。

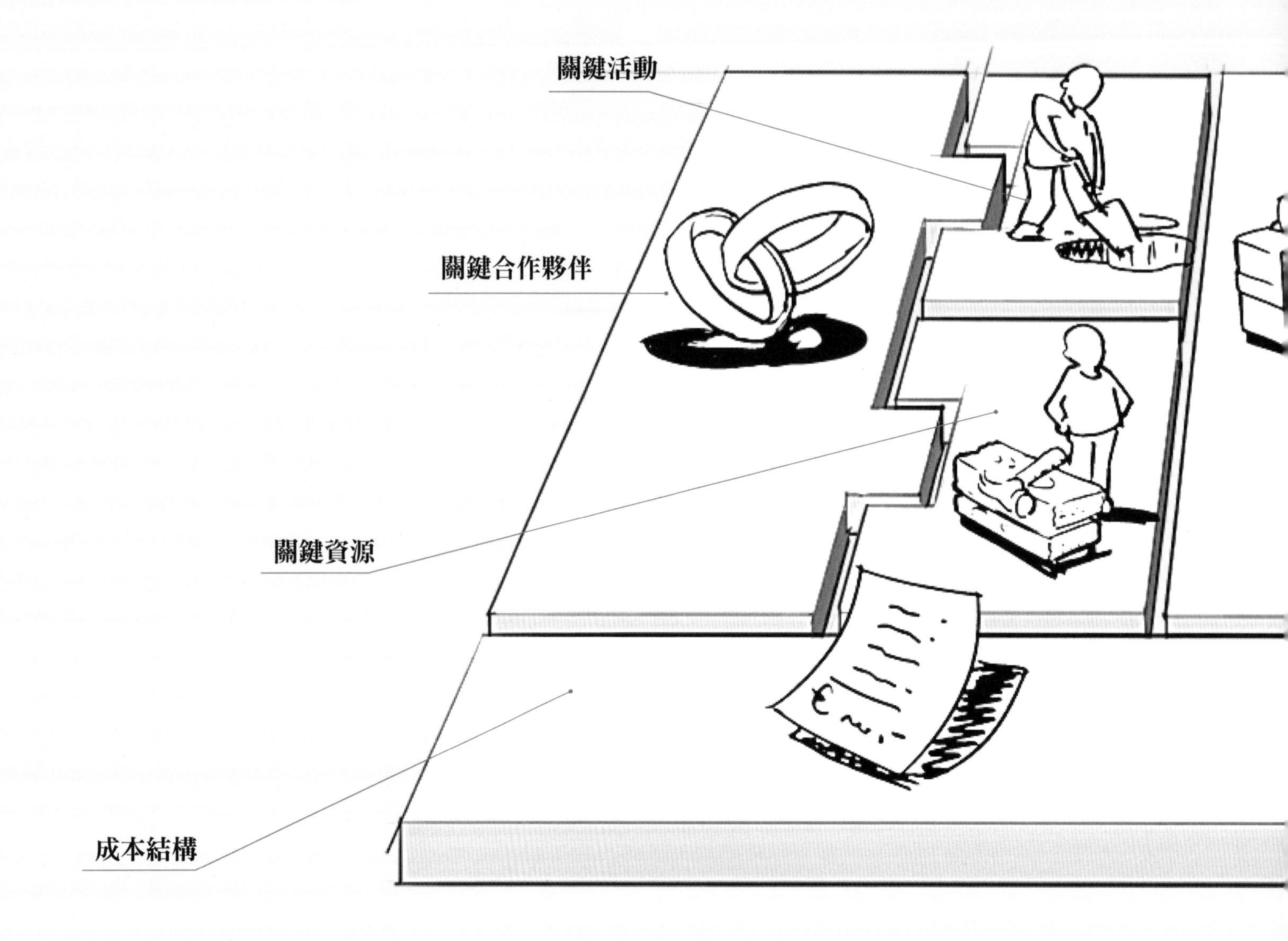
關鍵活動
關鍵合作夥伴
關鍵資源
成本結構

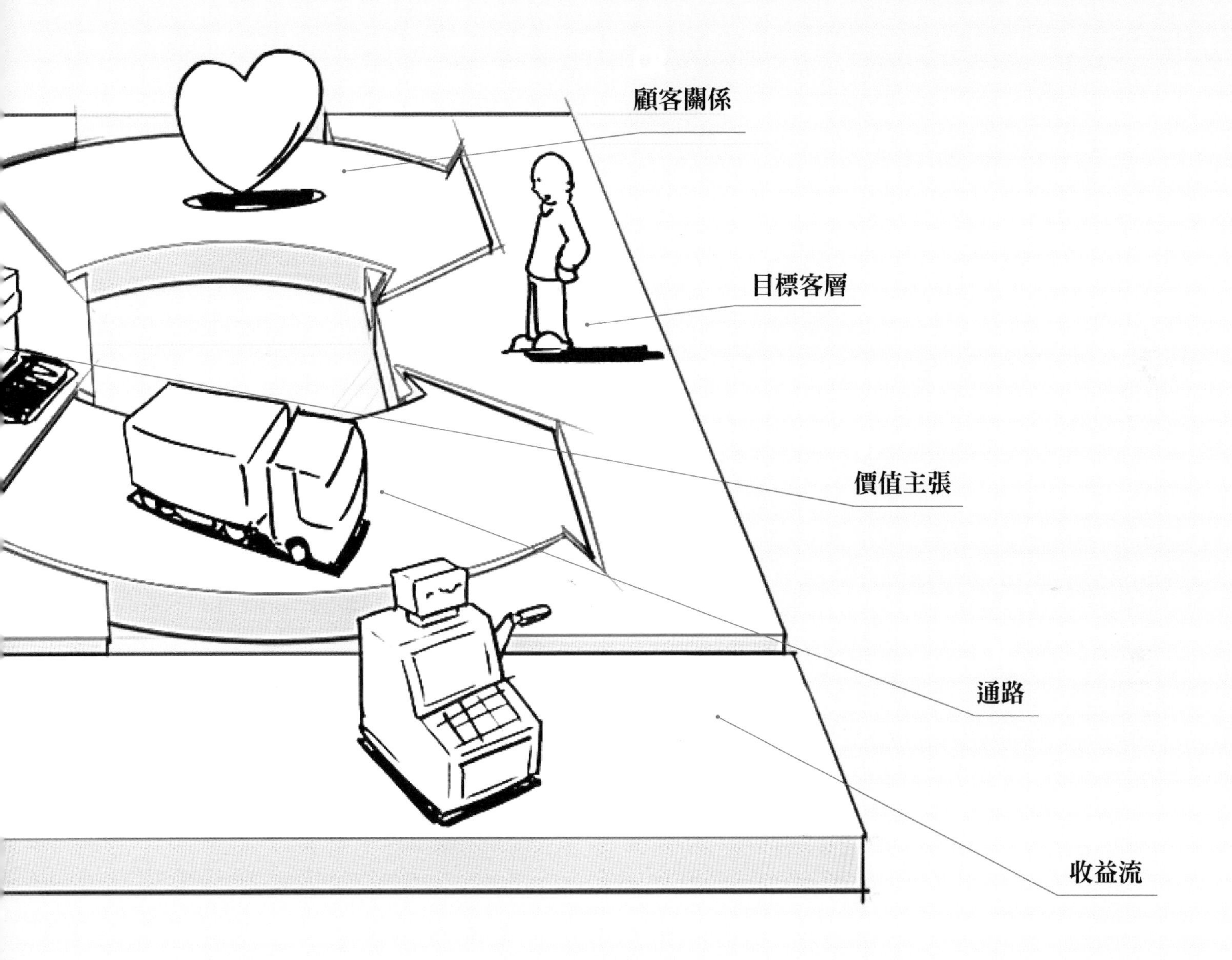

顧客關係
目標客層
價值主張
通路
收益流

1

目標客層 Customer Segments

「目標客層」這個構成要素，其定義是：
一個企業鎖定為目標，要接觸或服務的個人或組織群體。

顧客是所有商業模式的心臟。如果沒有（可帶來獲利的）顧客，任何公司都不可能存活太久。為了要讓顧客更加滿意，一個公司可以把顧客分成不同的客層，每個客層都有共同的需求、行為或其他屬性。一個組織必須決定：要服務哪些客層，又要忽視哪些客層。一旦決定了之後，就可以針對某個特定客層的需求，仔細設計出一個商業模式。

顧客群必須分離出來，成為單獨一個客層的要件：

- **必須為這個群體的需求，提供不同的服務**
- **必須透過不同的配銷通路，才能接觸到這個群體**
- **必須為這個群體經營不同的顧客關係**
- **這個群體的獲利性跟其他群體大不相同**
- **這個群體願意為產品的不同面向付錢**

我們為誰創造價值？誰是我們最重要的顧客？

目標客層有各種不同的型態。
以下是幾個例子：

大眾市場

針對大眾市場的商業模式，不會區分不同的目標客層。其價值主張、配銷通路、顧客關係，全都是針對同一個大群體的顧客，這些顧客的需求和問題都大致相同。此一商業模式常見於消費性電子產品業。

利基市場

針對利基市場的商業模式，會迎合明確而特定的目標客層。其價值主張、配銷通路、顧客關係，都是針對這個利基市場的特定需求而量身訂做。這類商業模式通常出現在供應商－採購商的關係中。比方說，很多汽車零件製造商就很依賴大車廠的採購。

區隔化市場

有的商業模式可以分辨不同的市場區隔，儘管這些客層的需求和問題只有些微差異。比方瑞士信貸（Credit Suisse）這類銀行的各地區分行，就可以分辨資產不到10萬美元的大部分顧客，以及一小群個人資產淨值超過50萬美元的富裕顧客。這兩個客層的需求和問題雖然類似，但不盡相同。這也影響了瑞士銀行商業模式的其他構成要素，比方價值主張、配銷通路、顧客關係、收益流等。另外像是瑞士微精密系統公司（Micro Precision Systems），就專門承包微機械設計和生產解決方案，該公司為三個不同的目標客層服務——鐘錶業、醫療業、工業自動化產業，提供每個客層稍有不同的價值主張。

多元化市場

多元化客層的商業模式，是替兩個無關的客層服務，各自的需求和問題都截然不同。比方說，2006年亞馬遜公司（Amazon.com）就決定要將銷售業務多樣化，販賣「雲端運算」（cloud computing）服務：網路儲存空間與隨選伺服器使用。該公司因此開始以完全不同的價值主張，替完全不同的客層——網路公司——服務。這個多元化策略的背後有個理由，就是亞馬遜有強大的資訊科技基礎設施，可以讓公司的零售業務部門和新的雲端運算服務部門共用。

多邊平台（多邊市場）

有些組織服務的對象，是至少兩個相互依賴的目標客層。例如信用卡公司，就需要大量的持卡人，以及大量接受其信用卡的零售商。免費贈閱報的狀況也一樣，他們需要大量讀者以吸引廣告商；另一方面，也需要廣告商供應報紙的製作與配銷資金。要讓這個商業模式運作得起來，兩個客層都不可或缺（有關多邊平台，詳見76頁）。

2 價值主張 Value Propositions

「價值主張」這個構成要素，指的是：
可以為特定的目標客層，創造出價值的整套產品與服務。

價值主張，就是顧客找上這家公司、而不找別家公司的原因。價值主張可以解決顧客的問題，或是滿足顧客的需求。每個價值主張都包括了一套產品及／或服務，可以迎合某一特定目標客層的需要。也就是說，價值主張是一個公司提供給顧客的一套利益。有的價值主張可能是目前市場前所未有的，這代表推出一個新產品或是破壞性產品。有的價值主張則可能與既有市場的產品類似，卻增加了不同的特色和屬性。

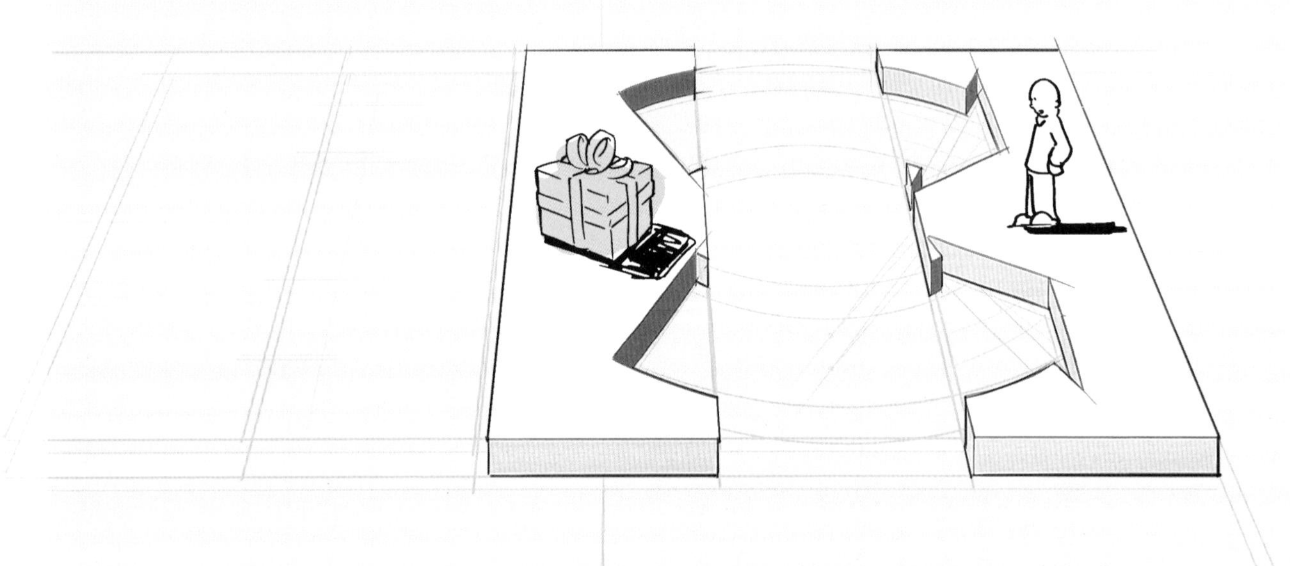

我們給消費者的價值是什麼？
我們能幫助顧客解決什麼問題？
我們滿足了顧客哪些需求？
我們提供給每個目標客層的，是什麼樣的產品與服務？

價值主張，就是以獨一無二的價值元素組合，為一個目標客層創造價值，迎合這個客層的需求。這些價值有可能與數量有關（例如價格、服務速度），或是與品質有關（例如設計、消費者使用經驗）。以下幾項，就是可以為消費者創造價值的元素。

新穎

有的價值主張可以滿足一整套全新的需求，顧客以前沒有碰到過這樣的產品，所以不知道有這種需求。這樣的狀況常常與科技進步有關（但不必然相關），比方手機，就開創了行動通訊產業這一整個新的產業。相反的，像道德基金這類產品，就跟新科技一點關係都沒有。

效能

傳統上，改善產品或服務的效能，是創造價值的常見方式。個人電腦產業向來就依賴這個元素，不斷推出性能更強的機器。但效能的改善有其極限。比方說，近年來速度更快的個人電腦、更大的磁碟儲存空間，以及更強的圖像顯示效果，都已經無法讓顧客需求量有相對的成長。

客製化

這是指針對個別顧客或特定目標客層的特定需求，所量身訂做的產品和服務。近年來，大量客製化與顧客共同創造（customer co-creation）的概念更形重要。這個方法能在推出客製化產品和服務的同時，還享有經濟規模的優點。

「把事情搞定」

有時只要幫顧客把某些事情搞定，就能創造價值。勞斯萊斯（Rolls-Royce）就深諳這個道理：該公司的航空公司客戶，就完全仰賴勞斯萊斯替他們製造並維修噴射機引擎。這樣的安排讓客戶可以專注於經營航空業務；而航空公司則按照引擎運轉的時數，付費給勞斯萊斯。

設計

設計這個因素很重要，卻難以衡量。設計出眾，可以讓一個產品脫穎而出。在時裝業和消費性電子產品業，設計更是特別重要的價值主張。

品牌／地位

顧客可能只要使用並展示某個特定品牌，就會獲得價值。比方說，腕上戴一只勞力士錶就足以炫富，抬高身分。而另一個極端則是，滑板客可能會穿戴最新的「地下品牌」，來顯示自己很「潮」。

價格

提供價值類似、但價格較低的產品，是一種用來吸引對價格敏感的目標客層的慣用手法。但低價格的價值主張，對於商業模式的其他部分會產生重要的連帶效應。例如西南航空、easyJet、Ryanair這些廉價航空公司的整個商業模式，就是特別針對低成本機票而設計。另一個低價的價值主張例子，則是印度Tata企業集團所設計、製造的新款汽車Nano。其出乎意料的低價格，讓許多印度人買得起車子，也就增加了一塊全新的客層。另外，從免費報紙到免費電子郵件、免費手機服務等等，免費產品也開始滲透到各個產業（詳見88頁）。

成本降低

幫消費者降低成本，是創造價值的一個重要方式。例如企業雲端運算公司Salesforce.com就銷售一套顧客關係管理系統(CRM)的代管服務。這項產品讓購買者可以省下自己去購買、安裝及管理一套顧客關係管理系統軟體的費用和麻煩。

風險降低

顧客在選購產品或服務時，對於降低隨之而來的風險也很重視。以購買中古車來說，如果有一年的服務保障，就可以降低買後故障與修理的風險。另外，像外包資訊技術服務，也可以透過提供某種服務水準的保證，來降低購買者的部分風險。

可及性

創造價值的另一個方式，就是讓原先缺乏機會的顧客，能夠有機會使用這項產品或服務；而這可以藉由商業模式的創新、新技術或結合這兩者來辦到。以飛機租賃公司NetJets為例，就讓「私人噴射機的部分擁有權」這個概念普及化。他們利用一個創新的商業模式，提供個人和公司擁有私人噴射機的機會，而這項服務原先是大部分顧客所負擔不起的。另一個因為可及性增加而創造價值的例子，則是共同基金。這種創新的金融產品，讓資金不多的人，也可以建立多樣化的投資組合。

便利性／易用性

讓事物更方便或更容易使用，也可以創造出可觀的價值。例如蘋果電腦所推出的iPod和iTunes，就提供顧客史無前例的便利性，可以搜尋、購買、下載、聆聽數位音樂，因而稱霸市場。

通路 Channels

「通路」這個構成要素，指的是：
一家公司如何和目標客層溝通、接觸，以傳達其價值主張。

一家公司會利用溝通、配送、銷售等通路，與顧客建立起來往的介面。這些通路是顧客的接觸點，在顧客經驗中扮演了很重要的角色。通路有好幾個功能，包括：

- **提高顧客認知，使之更了解一家公司的產品和服務**
- **協助顧客評估一家公司的價值主張**
- **讓顧客得以購買特定的產品與服務**
- **將一家公司的價值主張傳達給顧客**
- **為顧客提供售後服務**

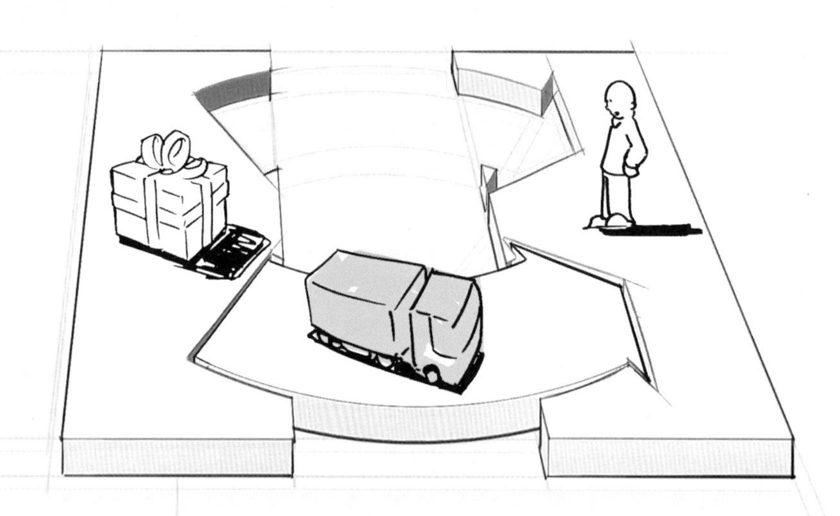

目標客層希望我們透過哪些通路與他們接觸？現在我們如何接觸他們？我們的通路如何整合？哪些通路最有效？哪個通路最符合成本效益？我們該如何配合顧客的例行狀況，整合這些通路？

通路有五個不同的階段。每種通路都可以涵蓋部分或全部的階段。我們可以將通路區分為直接通路和間接通路，也可以區分為自有通路和合夥通路。

對於一家想在市場上傳送其價值主張的公司而言，很重要的一點，就是找出正確的通路組合，以便能按照顧客想要的方式與之接觸。一家公司所選擇的通路，可以是自有通路，或是合夥通路，或是兩者皆有。自有通路可以是直接的，例如正式聘雇的銷售人員或網站；也可以是間接的，例如公司自有或自營的零售商店。合夥通路則是間接通路，有各式各樣不同的選擇，例如批發商配銷、零售，或是合作夥伴擁有的網站。

合夥通路的利潤較低，但可透過合作夥伴的力量，將接觸面與收益擴大。自有通路和直接通路的利潤較高，但可能要付出籌建和營運的高昂成本。關鍵是要在不同型態的通路之間，找出正確的平衡並加以整合，創造出絕佳的顧客經驗，而使收益達到最大化。

通路型態

自有
- **直接**
  - 人力銷售
  - 網路銷售
- **間接**
  - 自有商店
  - 合夥商店

合夥
- 批發商

通路階段

1.認知
如何提高顧客對本公司產品與服務的認知？

2.評估
如何協助顧客評估本公司的價值主張？

3.購買
如何讓顧客購買特定的產品與服務？

4.傳遞
如何將本公司的價值主張傳達給顧客？

5.售後
如何提供顧客售後服務？

4 顧客關係 Customer Relationships

「顧客關係」這個構成要素，指的是：
一家公司與特定的目標客層，所建立起來的關係型態。

一家公司應該要弄清楚，它想跟每個客層建立什麼樣的關係型態。所謂的顧客關係，範圍從個人關係到自動化關係都有可能。驅動顧客關係的動機可能如下：

- **獲得顧客**
- **維繫顧客**
- **提高營業額**

比方說，早年行動網路業者的顧客關係，驅動的動機是積極獲得顧客的策略，其中包括免費手機。等到市場飽和，業者就轉而把焦點擺在維繫顧客，並提高每個顧客帶來的平均貢獻度。

一個公司的商業模式所需要的顧客關係，對整體的顧客經驗影響深遠。

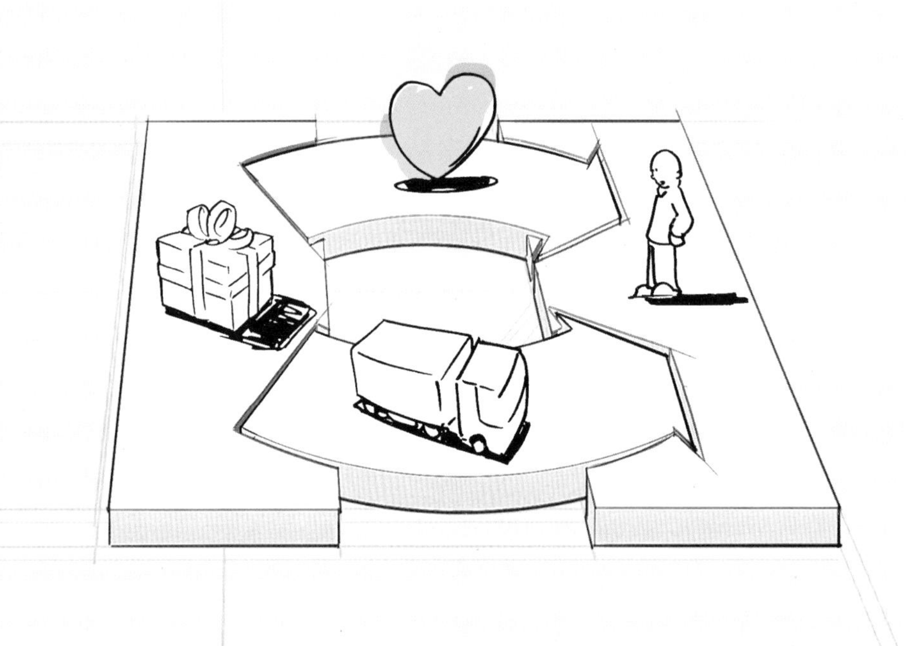

我們的每個客層，希望我們跟他們建立或維繫什麼類型的關係？哪些關係是我們已經建立的？要花多少成本？這些關係要如何融入我們的商業模式？

顧客關係可以分為幾個類型，一家公司有可能與某個特定客層，同時建立多種不同的顧客關係：

個人協助

這種關係是建立在人際互動上。在銷售過程或購買完成之後，顧客可以直接跟客服人員溝通，獲得協助。這個狀況可能發生在銷售地點的現場，也可能透過電話客服中心、電子郵件，或其他方法。

專屬個人協助

這種關係是指有一個專屬的客服人員，專門為某個客戶服務。一對一服務，是最深層也最緊密的關係，通常是長期發展出來的。例如私人銀行業（private banking）的服務，就有專屬的行員替有錢人服務。其他行業也有類似的角色，比如關鍵客戶經理人，就負責經營重要客戶的私人關係。

自助式

一家公司如果採用這類型的顧客關係，就不會與顧客有直接關係。公司會提供所有必需手段，讓顧客自行解決問題。

自動化服務

這種類型的顧客關係，是將更細緻的顧客自助式服務與自動化過程結合。例如線上個人資料，就讓顧客能訂製自己所需要的服務。自動化服務可以辨識個別顧客及其特徵，並提供有關訂購與交易的資訊。在最佳狀況下，自動化服務可以模擬個人關係（例如提供書籍或電影的推薦資訊）。

社群

有愈來愈多的公司會利用使用者社群，與顧客或潛在顧客有更多互動，同時促進社群成員之間的聯繫。許多公司的網站會有網路社群，以供使用者交換消息，並協助彼此解決問題。這類社群也同時可以協助公司更了解自己的顧客。例如製藥業巨人葛蘭素史克藥廠（GalxoSmithKline）當年要推出免處方箋的減肥藥康孅伴（alli）時，就設立了一個私人網路社群，希望藉此更加了解過胖成人所面對的挑戰，也更加能夠掌握顧客的期望。

共同創造

愈來愈多的公司跳脫傳統上顧客與商家的關係，進一步與顧客共創價值。亞馬遜網路書店就邀請顧客撰寫評論，為其他的愛書人創造價值。有些公司會邀請顧客協助設計創新產品。還有，像YouTube則徵求顧客創造新的內容，供大眾觀賞。

5

收益流 Revenue Streams

「收益流」這個構成要素，指的是：

一家公司從每個客層所產生的現金（收益必須扣除成本，才能得到利潤）。

如果顧客是商業模式的心臟，那麼收益流就是動脈。一個公司必須自問：每個客層真正願意付錢買的，是什麼價值？如果能成功回答這個問題，這家公司就可從每個客層賺到至少一個收益流。每個收益流可能都有不同的訂價機制，例如統一訂價、議價、拍賣、由市場供需決定、由數量決定，或是收益管理。

一個商業模式可以包括兩種不同的收益流：

1. **從一次性客戶的付費，所產生的交易收益。**
2. **傳遞一種價值主張給顧客，或是提供售後服務，而使得顧客持續付費，所產生的常續性收益。**

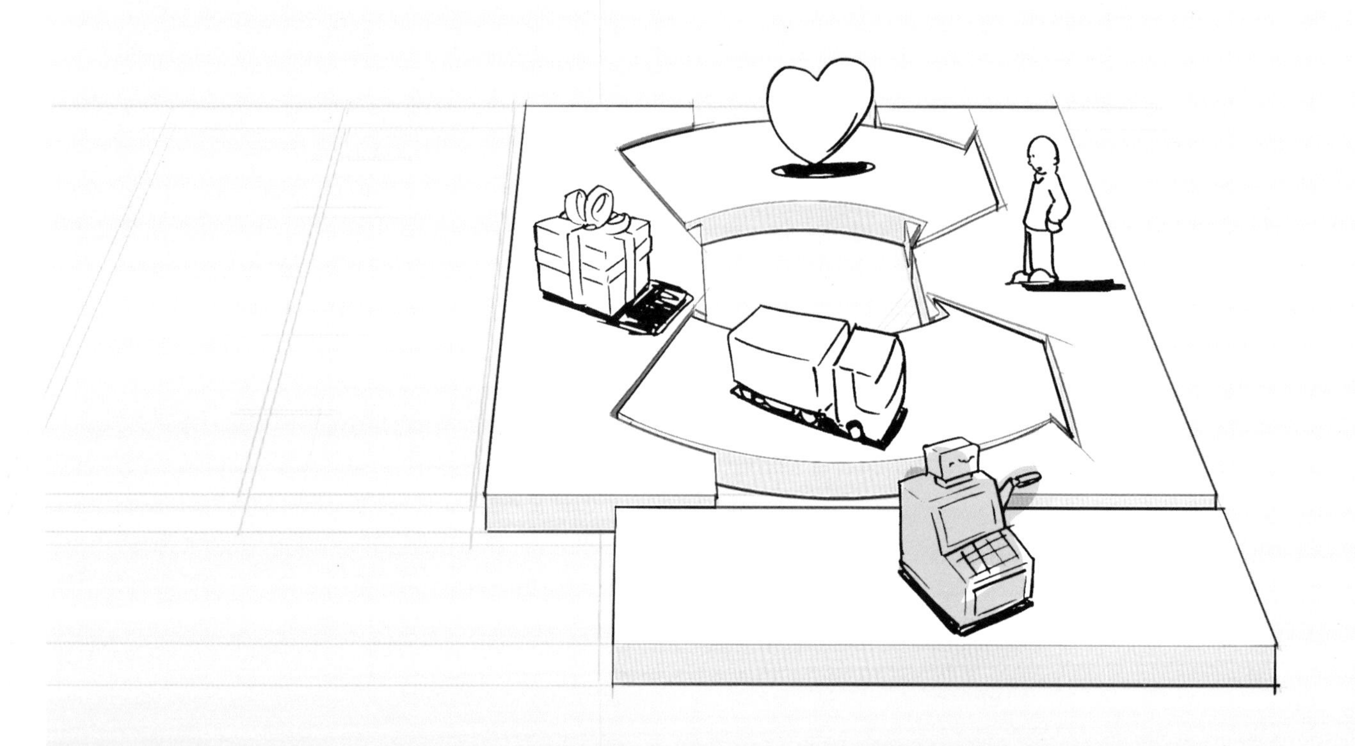

我們的顧客真正願意付錢購買的，是什麼價值？他們現在付費購買的是什麼？他們現在如何付費？他們比較希望如何付費？每個收益流對整體收益的貢獻是多少？

要產生收益流，有以下幾個方式：

資產銷售

一般人最熟悉的營收來源，是銷售實體產品的所有權。比如亞馬遜在網路上賣書、賣音樂、賣消費性電子產品；飛雅特（Fiat）賣的是汽車，買到的人可以愛怎麼開就怎麼開，也可以轉賣出去，甚至把車子撞毀。

使用費

這種收益流的產生方式，是因為顧客使用某種特定服務。顧客使用得愈多，就要付愈多錢。比如說，電信業者可以按顧客通話時間長短，以分計費；飯店的收費方式，是按照使用房間的天數；快遞公司的收費方式，則是按照包裹運送的收發地點。

會員費

這種營收來源，靠的是銷售某種服務的持續使用權。比如說，健身房採月費制或年費制，讓顧客擁有使用健身設備的權利。線上遊戲「魔獸世界」採月費制，讓會員有玩這個線上遊戲的權利。而諾基亞的音樂下載服務Comes with Music，則讓付費的會員進入音樂庫。

租賃費

這種收益流產生的方式，是顧客繳交一筆費用，取得一段期間內某項特定資產的獨家使用權。對於出租者來說，這個方式有常續性收益的優點。而另一方面，承租人常續性繳費的好處，就是只要繳交有限期間內的費用，而不必負擔買下此一權利的全額成本。網路租車公司Zipcar.com就提供了一個很好的例子，他們讓北美各城市的租車顧客按照小時計費，這項服務讓很多人決定只租車而不買車。

授權費

這種營收來源的產生方式，是顧客交一筆授權費，取得某項智慧財產的使用權。於是智慧財產權的持有人不必製造任何商品或將服務商品化，就可從這項財產獲得收益。在媒體產業，授權的狀況很常見，智慧財產權的持有人仍保有版權，但可以把使用權賣給第三方。同樣的，在技術產業，專利持有人可以收取授權費，將某項專利技術授權給其他公司使用。

仲介費

這種收益流，是源於幫兩方或兩方以上進行中介的服務。例如信用卡的發卡銀行所賺取的收益，就是從持卡人和商家所進行的每筆銷售額中，抽取一定的百分比。金融商品經紀人和房地產仲介商，則是每回成功撮合一筆買賣之間的交易後收取佣金。

廣告

這種收益流的取得，是替某項產品、服務、品牌做宣傳打廣告。傳統上，媒體業和籌辦活動的業者，就很仰賴廣告所獲得的收益。近年來，像軟體業和服務業，也開始更加仰賴廣告收益。

每個收益流可能都有不同的訂價機制；而不同的訂價機制，所產生的收益流可能大有不同。主要的訂價機制有兩種：固定訂價與動態訂價。

訂價機制

固定訂價

根據靜態變數，預先決定價格

統一訂價	個別的產品、服務或其他價值主張，其價格都是固定的
由產品特色決定	價格由價值主張的多寡或品質來決定
由目標客層決定	價格視某個目標客層的型態和特性而定
由數量決定	由購買數量決定價格

動態訂價

根據市場狀況而改變價格

協商（議價）	買賣由兩方或兩方以上協商，價格決定於談判權力的大小，或談判技巧，或兩者皆有。
收益管理	價格視存貨多寡及購買時機（通常用於非耐久性資源，例如飯店房間或機票）而定
即時市場	價格是根據供需動態狀況而定
拍賣	價格由競標結果決定

6 關鍵資源 Key Resources

「關鍵資源」這個構成要素，指的是：
要讓一個商業模式運作所需要的最重要資產。

每個商業模式都需要關鍵資源。這些資源讓企業得以創造並提供價值主張、接觸市場、與目標客層維繫關係，然後賺得收益。不同型態的商業模式，所需的關鍵資源也不同，比如微晶片製造商需要資本密集的生產設備，微晶片設計者需要的則是人力資源。關鍵資源可以是實體資源、財務資源、智慧資源或人力資源。此外，一個公司可以自己擁有或租用這些關鍵資源，也可以從關鍵合作夥伴處取得。

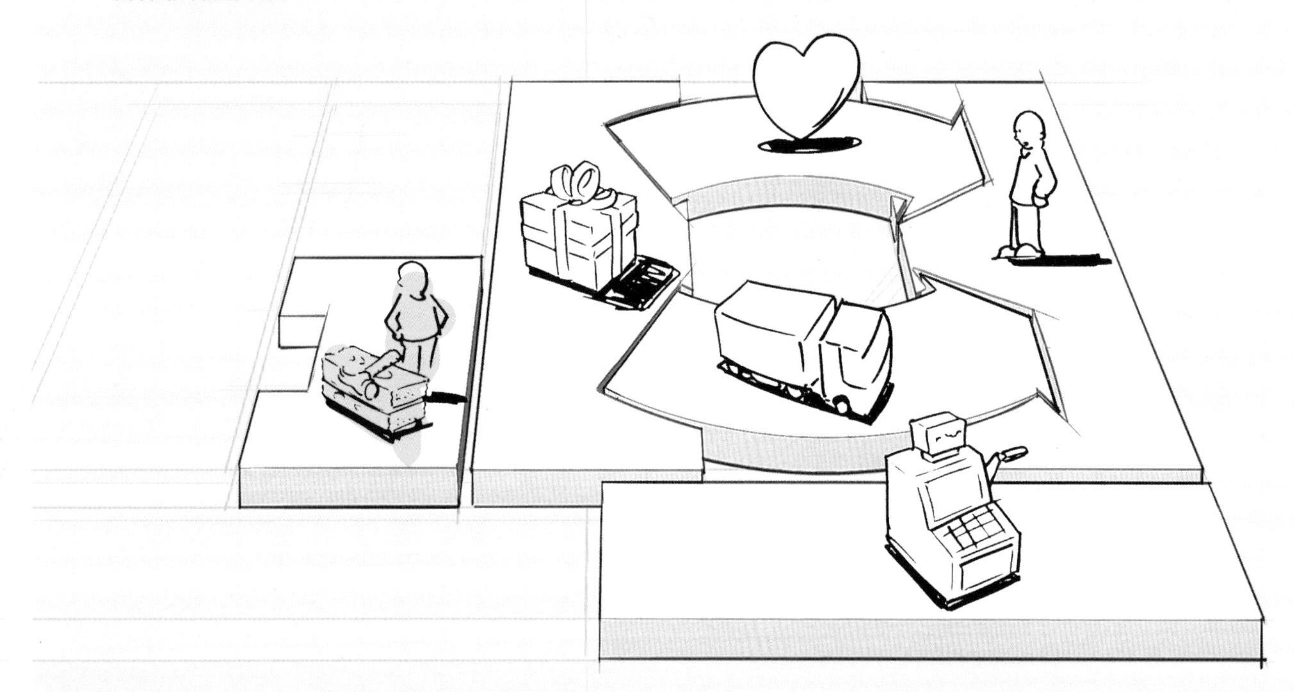

我們的價值主張、配銷通路、顧客關係、收益流，需要什麼樣的關鍵資源？

關鍵資源可以分為下列幾類：

實體資源

這一類包括各種實體資產，例如製造設備、建築物、車輛、機器、系統、銷售點管理系統，以及配銷網路。像沃爾瑪（Wal-Mart）和亞馬遜書店這類零售商，就很依賴實體資源，同時，這類資源往往也需要大量資本。沃爾瑪有巨大的全球商店網路和相關的物流基礎設備。亞馬遜則有龐大的資訊科技、倉儲及物流基礎設備。

智慧資源

對一個強大的商業模式而言，品牌、專業知識、專利和版權、夥伴關係、顧客資料庫等智慧資源都是愈來愈重要的元素。智慧資源很難開發，但一旦創造成功後，就可能帶來很大的價值。像耐吉、索尼這類消費性產品公司，最仰賴的關鍵資源就是品牌；而微軟和SAP這樣的軟體公司，則大力仰賴多年來所開發的軟體和相關的智慧財產權。手機晶片設計及供應龍頭的高通公司（Qualcomm），其商業模式的核心就是替公司帶來巨額授權費的專利微晶片設計。

人力資源

每個公司都需要人力資源，但在某些商業模式中，人的因素特別重要。比方說，在知識密集型產業和創意產業中，人力資源就是關鍵。像諾華（Novartis）這樣的製藥公司，就很仰賴人力資源：其商業模式的成敗，取決於一大群經驗豐富的科學家，還有熟練的銷售人員。

財務資源

有些商業模式需要財務資源和／或財務保障，例如現金、信貸額度，或者可以用來雇用關鍵員工的股票選擇權多寡。舉例來說，電信產品製造商愛立信（Ercisson）的財務資源，在其商業模式中就可以發揮重要的影響力。愛立信可以選擇向銀行和資本市場借貸資金，然後將部分資金借給客戶採購設備，這樣就能確保這些客戶會跟愛立信採購，而不是其他競爭對手。

7 關鍵活動 Key Activities

「關鍵活動」這個構成要素，指的是：
一個公司要讓其商業模式運作的最重要必辦事項。

每個商業模式都需要一些關鍵活動。一個公司想要經營成功，就必須採取這些最重要的行動。如同關鍵資源一樣，必須要有關鍵活動，一個企業才能創造並提出價值主張、進入市場、維繫顧客關係，然後賺得收益。而且也如同關鍵資源一樣，不同型態的商業模式，所需要的關鍵活動也不同。比如對軟體業者微軟來說，關鍵活動就包括了軟體程式的開發。而對個人電腦製造商戴爾（Dell）而言，供應鏈管理是關鍵活動之一；至於全球型管理顧問公司麥肯錫（McKinsey），關鍵活動則包括解決問題。

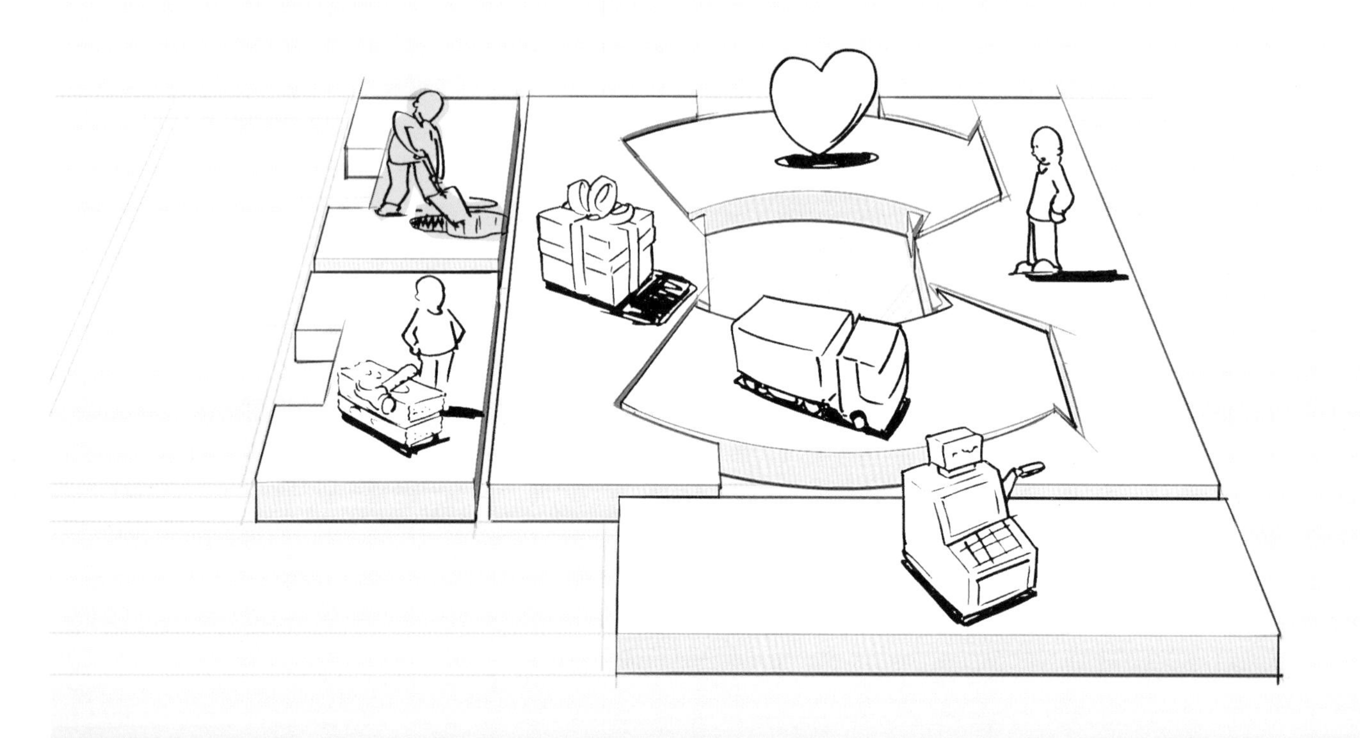

我們的價值主張、配銷通路、顧客關係、收益流，需要什麼樣的關鍵活動？

關鍵活動可以分為下列幾類：

生產

這一類活動，是指設計、製作及傳送一種數量可觀及／或高品質的產品。在製造業廠商的商業模式中，其關鍵活動就是生產。

解決問題

這類關鍵活動，是針對個別的客戶問題，提出新的解決方案。像顧問公司、醫院和其他服務性組織，其關鍵活動通常就是解決問題。這類組織的商業模式，需要進行知識管理和在職訓練之類的活動。

平台／網絡

如果一個公司的商業模式中，關鍵資源是平台，那麼其關鍵活動就與這個平台或網絡有關。網絡、撮合平台、軟體，甚至品牌，都可以發揮平台的功用。例如eBay的商業模式，就必須持續開發並維繫其平台，也就是eBay.com的網站。威士卡公司的商業模式中，其關鍵活動就與零售商、顧客及銀行間的威士卡交易平台有關。至於微軟的商業模式，需要的是管理視窗作業系統平台與其他公司軟體之間的介面。這類的關鍵活動，與平台管理、服務的供應及平台推廣有關。

8 關鍵合作夥伴 Key Partnerships

「關鍵合作夥伴」這個構成要素，指的是：
要讓一個商業模式運作，所需要的供應商及合作夥伴網絡。

公司之間形成夥伴關係有很多原因，而夥伴關係也成為許多商業模式的基石。建立夥伴聯盟的原因，不外是讓商業模式最適化，或是減低風險，或是取得資源。

我們可以把夥伴關係分為以下四種類型：

1. 非競爭者之間的策略聯盟
2. 競合策略：競爭者之間的策略夥伴關係
3. 共同投資以發展新事業
4. 採購商與供應商之間的夥伴關係，以確保供貨無虞

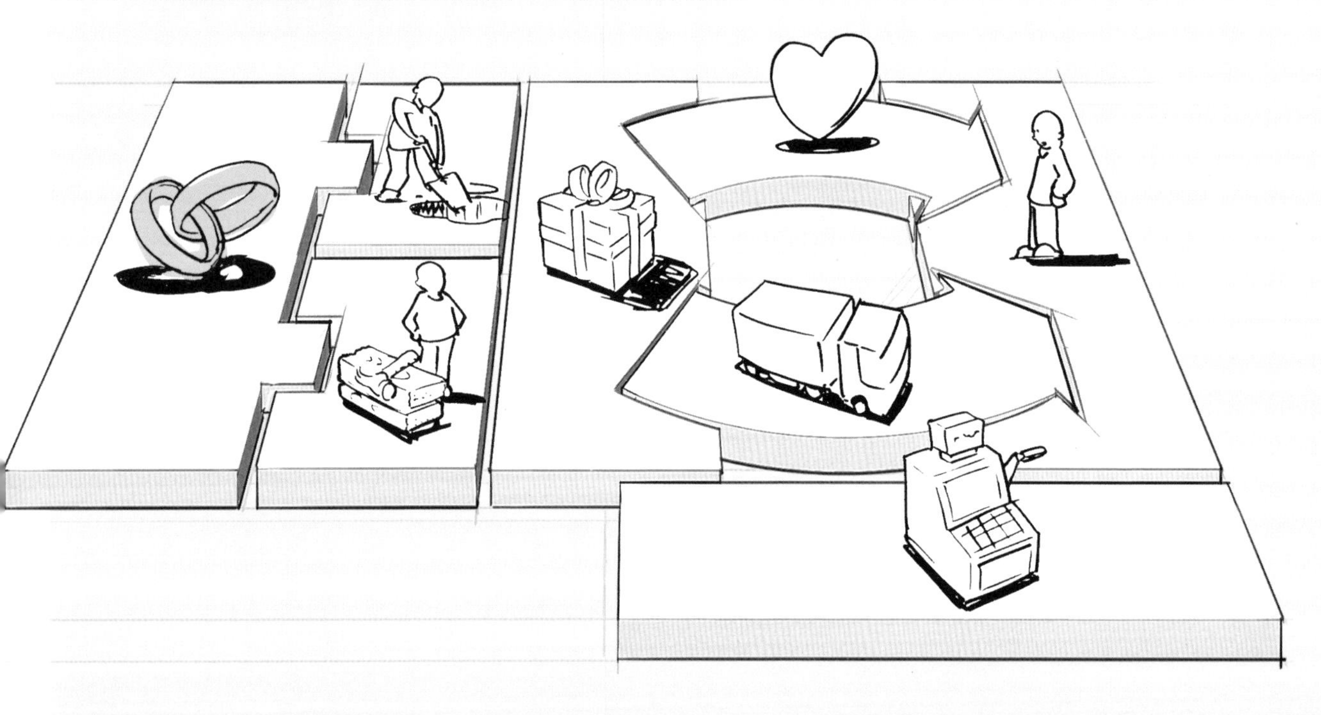

我們的關鍵夥伴是誰？我們的關鍵供應商是誰？哪些關鍵資源是從合作夥伴處取得的？哪些關鍵活動是由合作夥伴執行的？

區分以下三種建立夥伴關係的動機，會非常有用：

最適化與規模經濟
最基本的夥伴關係形式是採購商與供應商的關係，這是為了要讓資源和活動的配置達到最適化。一個公司沒有道理必須擁有一切資源，或是所有活動都要自己執行。建立最適化和規模經濟的夥伴關係，通常是為了要降低成本，而且往往會有外包或共用基礎設施的情形。

降低風險與不確定性
在一個不確定性頗高的競爭環境中，夥伴關係有助於降低風險。有些競爭廠商在某個領域形成策略聯盟，但在另一個領域又是競爭關係，這種狀況並不罕見。比如藍光光碟這種規格，就是由一群消費性電子產品廠商龍頭、個人電腦廠商、媒體廠商所共同開發出來的。這一群廠商合作把藍光技術研發上市，但各個成員在銷售自己的藍光產品時，仍然互相競爭。

取得特定資源與活動
很少公司會擁有商業模式中的所有資源，或是去執行所有活動。相反的，大部分公司會仰賴其他廠商供應特定資源，或是執行特定活動，以擴大自己的能力。這類夥伴關係的建立動機，可能是需要取得知識、授權，或顧客門路。以手機製造商為例，就可能會取得一個話機操作系統的授權，而不是自己開發。而保險公司可能會仰賴獨立的壽險經紀商去賣保單，而不是自己建立銷售團隊。

9

成本結構 Cost Structure

「成本結構」這個構成要素，指的是：
運作一個商業模式，會發生的所有成本。

這個構成要素，是指在一個特定的商業模式運作時，所發生的最重要成本。創造並傳遞價值、維繫顧客關係、產生收益，全都會發生成本。如果能弄清楚關鍵資源、關鍵活動、關鍵夥伴關係的定義，這類成本就會比較容易計算。不過某些商業模式受成本因素的影響會比較大，比方所謂的「廉價航空公司」，就完全是環繞著低成本結構來建立其商業模式。

我們的商業模式中，最重要的既定成本是什麼？哪個關鍵資源最昂貴？哪個關鍵活動最燒錢？

當然，每個商業模式都應該盡量把成本降至最小。但低成本結構對某些商業模式而言，會特別重要。因此，最好能區分以下這兩大類商業模式的成本結構：成本驅動與價值驅動（很多商業模式是介於這兩個極端的中間地帶）：

成本驅動

成本驅動的商業模式，其焦點在於將任何可能的成本降至最低。而其做法，則著眼於開創並維持最省錢的成本結構、利用低價的價值主張、盡量採取自動化，以及廣泛利用外部資源。西南航空、easyJet、Ryanair這類廉價航空公司，就是典型的成本驅動商業模式。

價值驅動

有些公司比較不關心某個特定商業模式所牽涉的成本，而是將焦點放在價值創造。高價的價值主張和高度的個人化服務，通常就是價值驅動商業模式的特徵。例如豪華飯店有奢華的設備和專屬的服務，就屬於這一類。

成本結構可能具有下列特徵：

固定成本

不論商品或服務的生產量多寡，成本都是固定的，例如薪資、租金、有形的製造設備等。像製造業等某些行業，其特徵就是高比例的固定成本。

變動成本

成本隨著商品或服務的生產量不同而變動。有些商業活動，例如音樂節，其特徵就是變動成本比例高。

規模經濟

因為產量擴大而享有成本優勢。例如比較大型的公司，就可享有大量購買的折扣。再加上其他種種因素，使得產量增加時，單位生產成本隨之下降。

範疇經濟

由於營運範疇較大，而享有成本優勢。例如在大型企業裡，同樣的行銷活動或配銷通路，就可以支援好幾種不同的產品。

商業模式的九個構成要素，形成了一個便利工具的基礎，這個工具，我們稱之為「商業模式畫布」（Business Model Canvas，以下我們稱之為「商業模式圖」）。

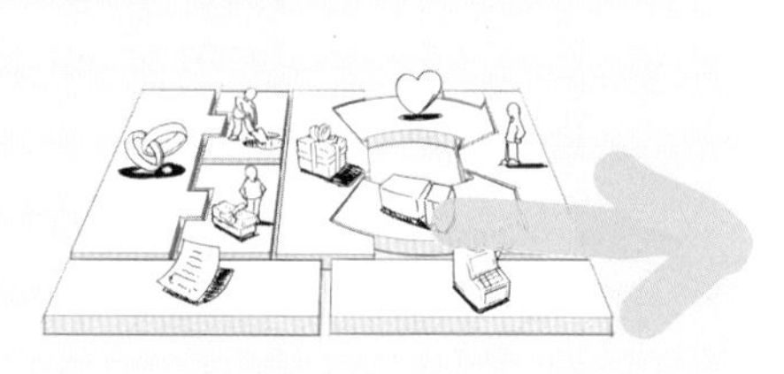

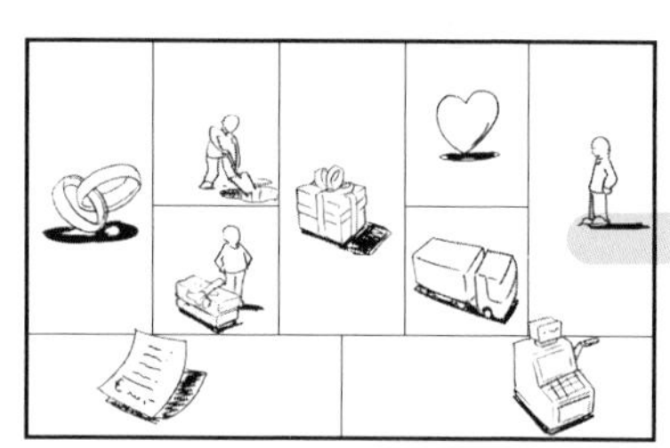

商業模式圖

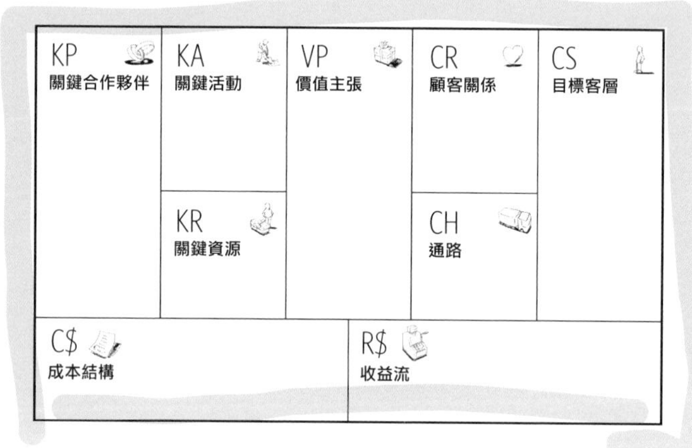

這個分析工具就像一張畫布，預先分為九個區塊，讓你可以描畫出一個新的或既有的商業模式。

你可以把這個商業模式圖描畫在一大張紙或板子上，效果最好，這樣同一群人就可以一起打草稿、討論，用便利貼或白板筆在上面標示。這個實際動手做的工具，可以促進了解、討論、創意發想及分析。

9 questions for your business model
PARTNER NETWORK
KEY ACTIVITIES
VALUE PROPOSITION
RELATIONSHIP MANAGEMENT
CUSTOMER SEGMENTS
KEY RESOURCES
DISTRIBUTION & COMMUNICATION CHANNELS
COST STRUCTURE
REVENUE STREAMS / PRICING
9 questions to design your b
OPEN
COST STRUCTURE
the business model canvas

商業模式圖

Key Partners
關鍵合作夥伴

Key Activities
關鍵活動

Key Resources
關鍵資源

Value Proposition
價值主張

Customer Relationships
顧客關係

Channels
通路

Customer Segments
目標客層

Cost Structure
成本結構

Revenue Streams
收益流

①
把商業模式圖
描畫在
一張大紙上

②
把畫好格子的紙
掛在牆上

③
開始擬出
你的
商業模式

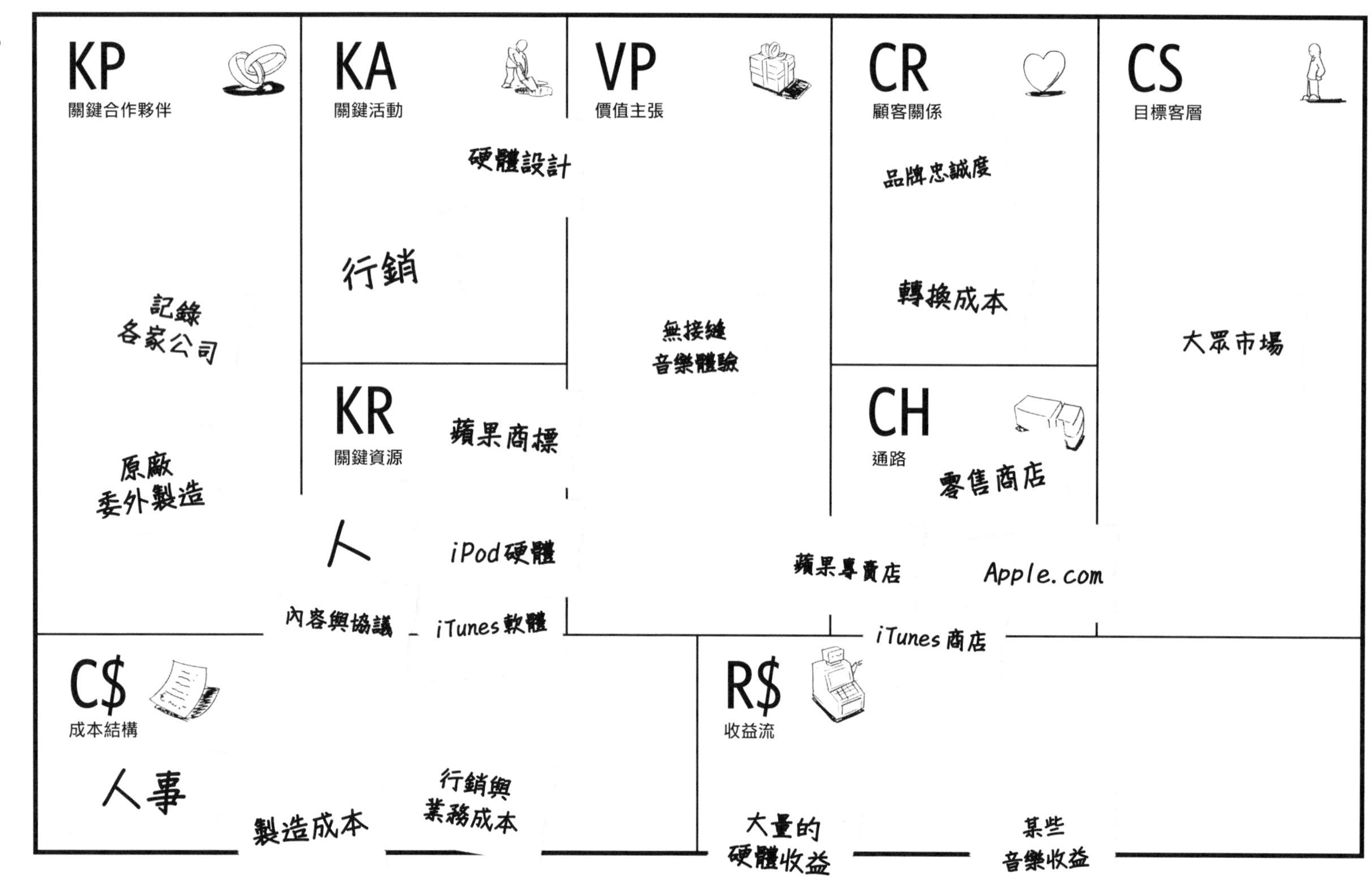
KP
關鍵合作夥伴
記錄
各家公司
原廠
委外製造
KA
關鍵活動
硬體設計
行銷
KR
關鍵資源
蘋果商標
人
iPod硬體
內容與協議
iTunes軟體
VP
價值主張
無接縫
音樂體驗
CR
顧客關係
品牌忠誠度
轉換成本
CH
通路
零售商店
蘋果專賣店
Apple.com
iTunes商店
CS
目標客層
大眾市場
C$
成本結構
人事
製造成本
行銷與
業務成本
R$
收益流
大量的
硬體收益
某些
音樂收益

實例：蘋果iPod/iTunes的商業模式

2001年，蘋果公司推出劃時代的隨身影音播放器iPod。這個播放器結合了iTunes軟體，讓使用者可以將音樂和其他內容從iPod傳送到電腦。而iTunes也提供無接縫連結到蘋果的線上商店，讓使用者可以購買並下載內容。

這個播放器、軟體、線上商店的強力結合，迅速重創了傳統的音樂產業，讓蘋果攻占獨霸市場的寶座。但蘋果不是第一家推出隨身影音播放器的公司，原先還有不少競爭對手，比如帝盟多媒體（Diamond Multimedia）在市場上很成功的隨身影音播放器Rio，但後來卻被蘋果超越了。

蘋果如何達到這樣的獨霸地位？因為它的商業模式更有競爭力。一方面，蘋果以設計獨特的iPod，結合了iTunes軟體和iTunes線上商店，提供使用者一個無接縫音樂體驗。蘋果的價值主張讓顧客可以輕易搜尋、購買、享受數位音樂。另一方面，為了要實現這個價值主張，蘋果就得與各大唱片公司談判，以便創造出全世界最大的線上音樂庫。

其中竅門何在？蘋果大部分與音樂相關的收益，都是來自販賣iPod，同時他們也整合線上音樂商店，以免被競爭者追上。

左腦

邏輯

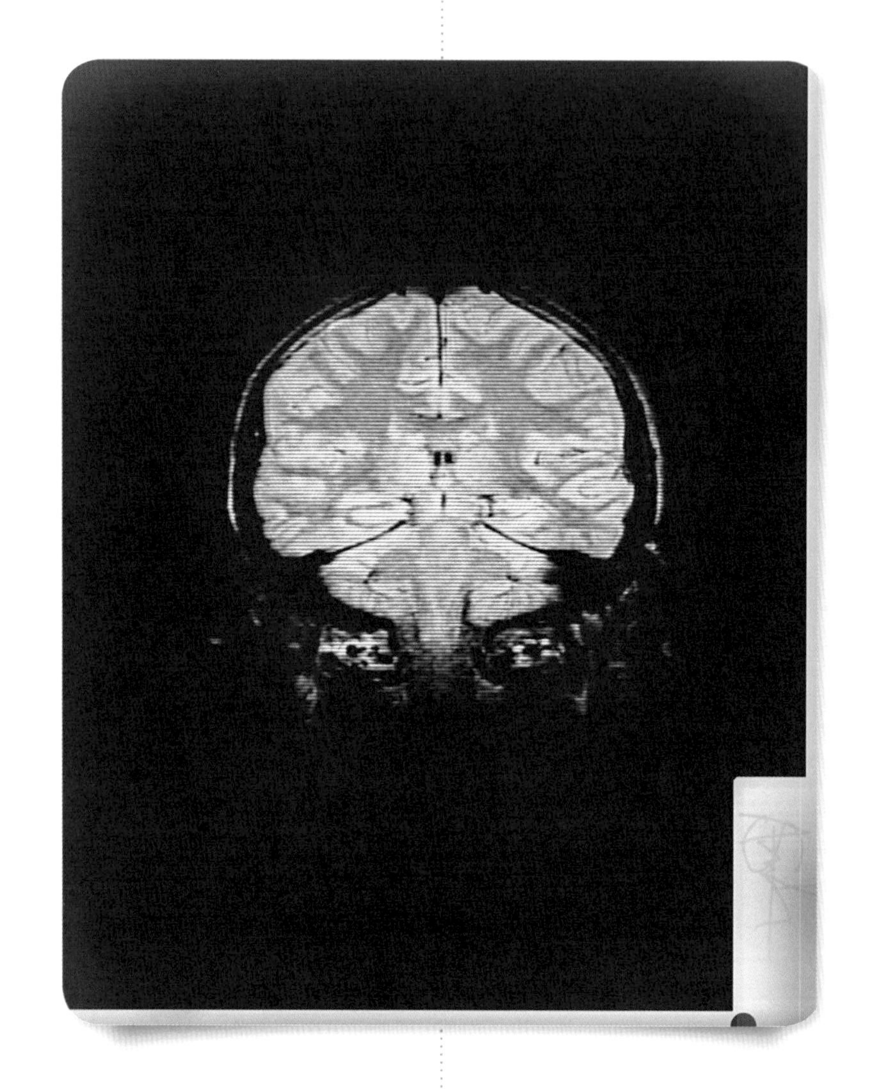

右腦

情感

圖左

效率

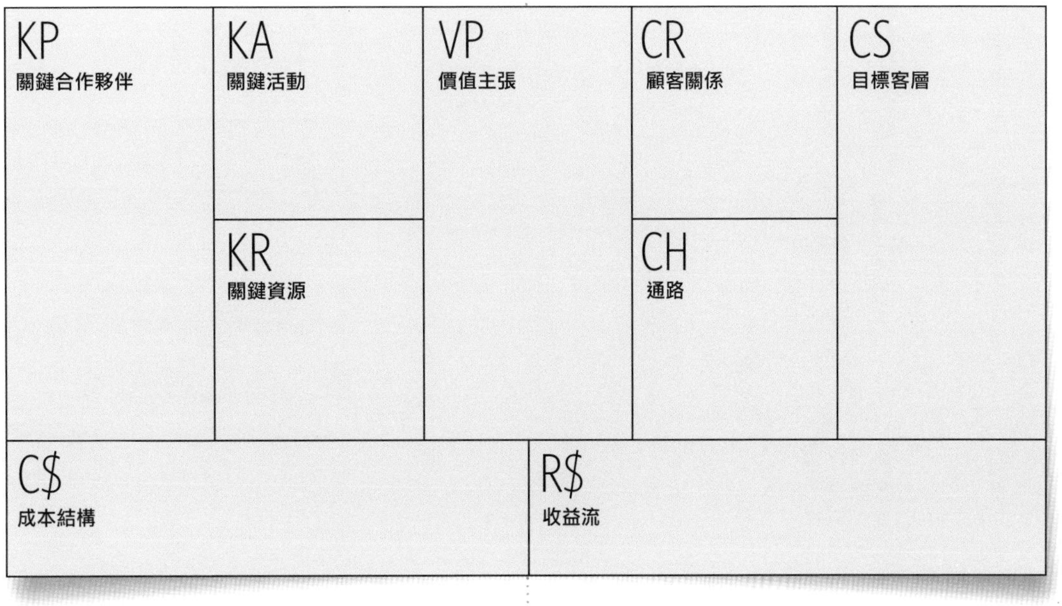

KP
關鍵合作夥伴

KA
關鍵活動

KR
關鍵資源

VP
價值主張

CR
顧客關係

CH
通路

CS
目標客層

C$
成本結構

R$
收益流

圖右

價值

HOW DO YOU USE THE CANVAS?

如何使用商業模式圖？

公家機關要採行民間企業的基本原則，往往是個大挑戰。我用這張商業模式圖，協助公家單位成功轉化為以服務為導向，

具體建立起當前和改造後的商業模式。

結果這個方式開啟了一整套全新的對話，大家都以全新方式看待及投入自己的業務。

——Mike Lachapelle，加拿大

有幾家小公司找我諮詢關於如何利用免費增值（freemium）的商業模式。這個模式是要把核心產品免費送給消費者，這當然違背大部分生意人的直覺。多虧有商業模式圖，我才能

輕易說明這在財務上是合理的。

——Peter Froberg，丹麥

我的工作是協助企業主做交棒及退出經營的規畫。要成功，必須擁有永續的長期企業生存能力和成長，而關鍵則是要找出一個商業模式的創新方案。商業模式圖幫我鑑別他們的商業模式，並予以創新。

——Nicholas K. Niemann，美國

我正在幫巴西的文化創意產業設想一個全新的商業模式，讓藝術家、文化製作人、遊戲設計者都可應用。我把這個商業模式圖用在聖保羅企業管理學院的「文化生產MBA」課程中，以及里約熱內盧大學企業育成中心的「創新遊戲研究室」。

——Claudio D'Ipolitto，巴西

談到商業模式，通常你會想到它們的對象是針對「營利」企業。然而，我發現這個圖表對於非營利事業也非常有用。我們在建構

DESIGN + ALIGN

這個新的非營利計畫時，就把這個圖表用於此一領導團隊的成員身上。商業模式圖很有彈性，足以將這個社會企業聯盟的種種目標都列入考慮，而且能清晰表明該組織真正的價值主張，也讓大家明白要如何讓組織維持下去。

——Kevin Donaldson，美國

真希望幾年前，我就知道這個圖表！先前我所推動的一個複雜的出版業數位化方案，遭遇到重重困難，要是有這個圖表，就會很有幫助，

可以將所有元素視覺化，讓所有成員了解在未來的大格局中會扮演的重要角色，以及彼此相互依賴的關係。

這樣就可省下很多解釋、爭辯、誤解的時間了。

——Jille Sol，荷蘭

我的好友正在找新工作。**我利用商業模式圖來評估她個人的商業模式**：她的核心能力和價值主張很出色，卻敗在沒有夠強的策略夥伴，也沒有發展出適當的顧客關係。調整焦點後，她開啟了種種新機會。

——Daniel Pandza，墨西哥

想像60個一年級學生，對創業一無所知。多虧了商業模式圖，不到五天，這些學生就有辦法提出有說服力且清晰的可行方案。他們利用這個圖表當工具，應付了各種創建新公司的問題。

——Guilhem Bertholet，法國

我利用商業模式圖，教導各行各業的創業新手，可以

更完善地把他們的**創業計畫**解譯為日後必須掌控的**商業流程**

並確保他們以顧客為中心，再盡量提高企業的獲利。

——Bob Dunn，美國

我利用這個圖表，和另一個夥伴共同**設計了一個創業計畫**，參加印度《經濟時報》舉辦的全國競賽。商業模式圖讓我可以徹底思索新公司的所有層面，設計出一個讓創投家可能會覺得思慮周全的創業計畫，而願意提供資金。

——Praveen Singh，印度

我們要幫一個國際性的非政府組織重新設計語言翻譯服務。商業模式圖特別**有助於顯示出，人們日常工作的種種需求與這項服務之間的連結。**原本的語言服務太過專精，偏離了大家需要的優先選項，往往只能事後諸葛再更正補充。

——Paola Valeri，西班牙

我是一個教導創業的講師，很鼓勵學員開創新產品，並擬出自己的創業計畫。多虧有這個商業模式圖，可以協助

我提醒學員們，要全盤思考企畫書，不要太拘泥於細節。

這樣可以幫助他們創業成功。

——Christian Schüller，德國

商業模式圖讓我可以和同事建立一個共同的語言和架構。

我們利用這個圖表探索新的成長機會、評估競爭對手的商業模式，並且跟整個組織溝通，看我們可以如何促進技術、行銷，以及商業模式的創新。

——Bruce MacVarish，美國

有了商業模式圖，荷蘭好幾個醫療組織終於採取行動。**從成本導向的政府機構，轉型為創造商業附加價值的組織。**

——Huub Raemakers，荷蘭

透過這個圖表，我和一家上市公司的經理人合作，協助他們因應產業變動，重新調整公司的價值鏈。關鍵的成功因素是：明白可以提供顧客哪些新的價值主張，然後將之轉變為內部的營運。

——Leandro Jesus，巴西

我們一共使用了15,000張便利貼，還有總計超過100公尺長的牛皮紙，設計出一個全球性製造公司的未來組織架構。但是，一切行動的關鍵還是在於商業模式圖。這個圖表的實用性、簡單性、符合邏輯的因果關係，讓我們完全信服。

——Daniel Egger，巴西

我利用這個商業模式圖，

實際檢驗

我的新事業Mupps是否可行。這是一個藝術家平台，讓他們在幾秒鐘之內，就可以製作出適用iPhone和Android手機的音樂app。結果你猜怎麼著？這個圖表讓我更確定自己的想法可行！所以我得去忙了，還有好多事要做呢！

——Erwin Blom，荷蘭

我可以證明，在為電子商務提案尋找想法和解答方面，商業模式圖是非常好的便利工具。我的客戶大部分是中小企業，這張圖表協助他們

釐清既有的商業模式，同時了解並專注在電子商務對他們企業的衝擊。

——Marc Castricum，荷蘭

我協助一家公司訓練關鍵員工，讓他們能在目標及策略優先順序上取得共識，我們透過商業模式圖，制定流程，並與平衡計分卡（BSC）混合使用。這個圖表也確保他們會按照新的優先順序來擬定計畫。

——Martin Fanghanel，玻利維亞

Patt

erms

樣式

"Pattern in architecture is the idea of capturing architectural design ideas as archetypal and reusable descriptions."

建築學中的樣式，就是將建築設計的種種觀念，轉換成原型的、可一再使用的敘述。

—克里斯多夫．亞歷山大，建築師

這一章要敘述的，是具有類似特徵、類似構成元素配置或是類似行為的商業模式。我們將這些類似的商業模式稱為樣式（pattern），以下所敘述的這些樣式，應該可以幫助你了解商業模式的動態變化，並在你建構自己的商業模式時，帶來啟發。

我們以商業文獻中既有的重要概念為基礎，列出了以下五種商業模式的樣式。此外，我們也將這些概念「轉譯」為商業模式圖的語言，以便比較、理解並予以應用。一個商業模式，有可能混合多種樣式。

這些類型所根據的概念，包括分拆、長尾、多邊平台、免費，以及開放式等商業模式。而根據其他商業概念建構而成的新類型，未來也必將陸續出現。

我們定義並描述這幾類商業模式樣式，目的是要將大家早已耳熟能詳的商業概念，以「商業模式圖」的標準化格式重新整理一遍，這樣你在自己設計或創新商業模式時，就可以立刻派上用場。

樣式

Un-Bundling Business Models

分拆商業模式

定義_樣式 1

「分拆」（unbundled）企業的概念主張：基本上，企業的業務包括顧客關係、產品創新及基礎設施三類。

• 每一類都有不同的經濟、競爭和文化要件。

• 這三種類型有可能並存於一家公司之中，但最理想的狀況，是將它們「分拆」成不同的實體，以避免造成衝突，或是不情願的取捨。

〔參考文獻〕

1• "Unbundling the Corporation." *Harvard Business Review.* Hagel, John, Singer, Marc. March–April 1999.

2• *The Discipline of Market Leaders: Choose Your Customers, Narrow Your Focus, Dominate Your Market.* Treacy, Michael, Wiersema, Fred. 1995.

〔實例〕

行動電信產業

私人銀行產業

1 創造出「分拆企業」(unbundle corporation)一詞的海格爾(John Hagel)和辛格(Marc Singer)認為，企業由三種不同型態的業務構成，各有不同的經濟、競爭力及文化挑戰：客戶關係管理業務、產品創新業務，以及基礎設施業務。同樣的，管理顧問崔錫(Michael Treacy)和威瑟瑪(Fred Wiersema)也有類似的看法，認為各公司應該聚焦於以下三種價值原則中的一個：經營的卓越性、生產的領先優勢，或者與客戶的親密度。

綁在一起

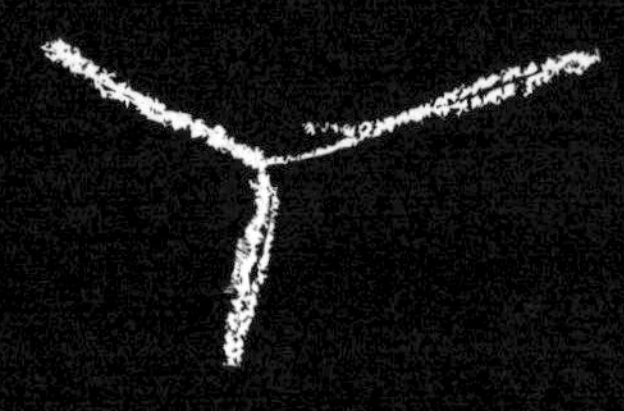

2 根據海格爾和辛格的說法，顧客關係管理業務的職責是尋找顧客，與之建立關係。同樣的道理，產品創新業務的職責，是發展有吸引力的新產品與新服務；而基礎設施業務的職責，則是建立並管理各種平台，以處理大量重複發生的事務。海格爾和辛格主張，各公司應該把這些業務分開，只專注在其中一種。因為每種類型的業務都由不同的元素驅動，在同一個組織內有可能彼此衝突，或者製造出不情願的取捨。

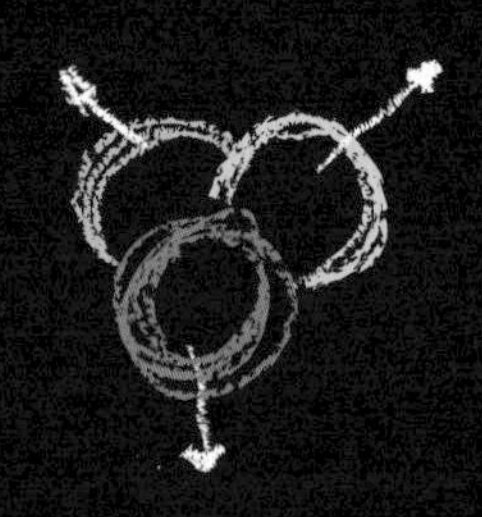

分拆

3 以下將會說明，要如何將分拆的概念，應用在商業模式裡。第一個例子，描述的是私人銀行業「綑綁在一起」的商業模式，會產生的衝突和難以抉擇的取捨。第二個例子，則說明行動電信業者如何分拆所屬業務，以聚焦在新的核心業務上。

已分拆！

三種核心業務

	產品創新	顧客關係管理	基礎設施管理
經濟	很早進入市場，因此可以收取高價格，並取得很大的市占率；速度是關鍵	取得顧客的成本高，因此必須得到夠大的錢包占有率（wallet share）；範疇經濟是關鍵	固定成本高，因此要壓低單位成本，就必須讓產品量夠大；規模經濟是關鍵
文化	比的是人才；進入障礙低；很多小公司可以出頭	比的是範疇；市場迅速定型；少數大公司主宰市場	比的是規模；少數大廠商主宰市場
競爭力	以員工為中心；創意明星備受寵愛	高度服務導向；抱著顧客第一的想法	以成本為中心；強調標準化、可預測性及效率

資料來源: Hagel and Singer, 1999.

私人銀行業務：三種業務合一

為有錢人提供銀行服務的瑞士私人銀行（Swiss private banking），長年來都被視為死氣沉沉的保守產業。但過去十年來，瑞士私人銀行產業的面貌有了大幅改變。傳統上，私人銀行機構的業務都是垂直整合，提供的服務範圍，從財富管理到衍生性金融商品的經紀及金融產品設計都有。這種緊密的垂直整合當然有其道理，其一是外包成本高，而且由於私密性和保密的考慮，私人銀行寧可一切自己來。

但是環境改變了。隨著瑞士銀行業務的神祕面紗被揭開後，私密性已經不是最重要的考慮了；加上提供專門服務的新型態業者出現，破壞了原先私人銀行業務的價值鏈，讓外包更有吸引力。這些新型態業者，包括交易服務銀行和金融產品服務商，前者是處理銀行交易業務，後者則只設計新型金融商品。

總部設於蘇黎世的私人銀行機構Maerki Baumann，就是一個分拆商業模式的好例子。該銀行將交易導向的平台業務分割出去另外成立Incore Bank，為其他銀行和證券商提供銀行服務。現在Maerki Baumann只專注於建立顧客關係，為客戶提供服務。

另一方面，總部位於日內瓦、瑞士規模最大的私人銀行Pictet，則仍保留原先三合一的型態。這家有兩百年歷史的銀行，不僅發展出深度的顧客關係，還同時處理眾多客戶的交易，及設計自家的金融產品。儘管這家銀行的經營模式一直很成功，但在三種根本上完全不同型態的業務之間，仍必須小心處理取捨問題。

右頁圖所示是傳統私人銀行的經營模式，在分析其種種取捨後，將之分拆成三種基本業務：顧客關係管理、產品創新，以及基礎設施管理。

取捨

❶銀行以兩種截然不同的動態，經營兩個不同的市場。為有錢人提供建議是一種長期的、以相互關係為基礎的業務。販賣金融商品給私人銀行，則是一種動態的、變化迅速的業務。

❷ 銀行為了增加收益而積極將自己的產品賣給競爭的銀行──但這就產生了利益衝突。

❸ 銀行的產品部門向理財顧問施壓，要他們賣自家銀行的產品給客戶。但，這就違背了理財顧問應該給予客戶無偏私建議的原則。客戶希望投資的是市場上最好的產品，不論是否為銀行自創的。

❹成本和效率是交易平台的業務焦點，與講究報酬的諮詢業務及必須吸引昂貴人才的金融產品業務，都是有所衝突的。

❺交易平台業務需要擴張規模以壓低成本，但在單一銀行是很難達成的。

❻產品創新業務講求速度、迅速進入市場，這與提供有錢人理財諮詢的長期業務，是不一致的。

私人銀行模式圖

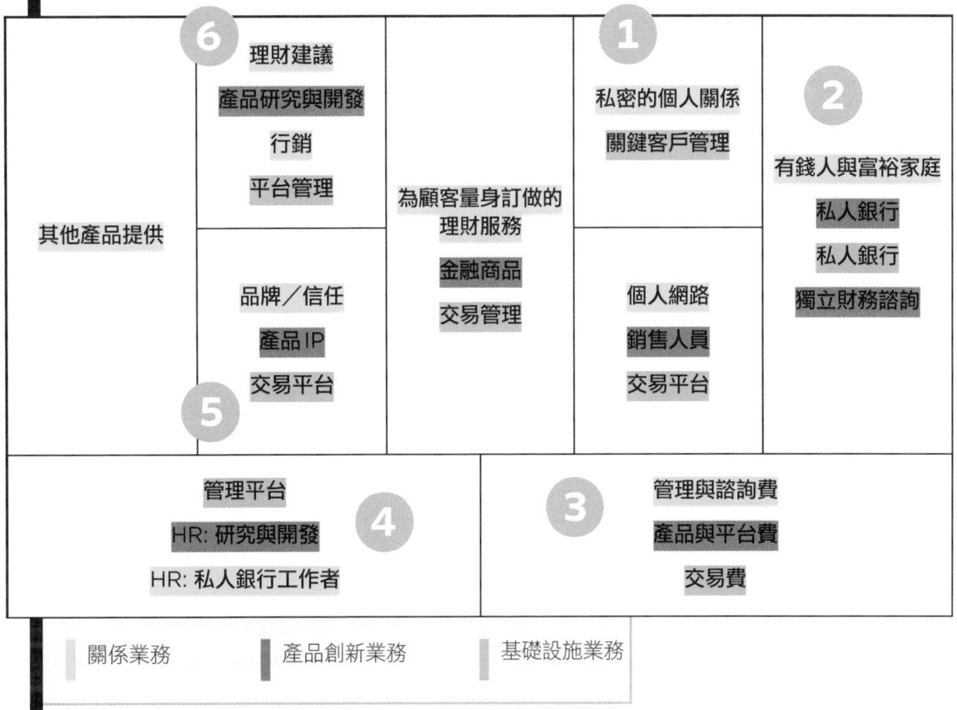

其他產品提供

6
理財建議
產品研究與開發
行銷
平台管理

品牌／信任
產品IP
交易平台
5

為顧客量身訂做的理財服務
金融商品
交易管理

1
私密的個人關係
關鍵客戶管理

個人網路
銷售人員
交易平台

2
有錢人與富裕家庭
私人銀行
私人銀行
獨立財務諮詢

管理平台
HR: 研究與開發
HR: 私人銀行工作者
4

3
管理與諮詢費
產品與平台費
交易費

關係業務　產品創新業務　基礎設施業務

分拆行動電信公司

現在行動電信業者已經開始分拆他們的業務了。傳統上，他們會在網路品質上競爭，但現在他們開始與競爭對手簽訂網路分享協議，或者把網路經營整個外包給設備製造商。為什麼？因為他們明白，自己的關鍵資產不再是網路——而是品牌和消費者關係。

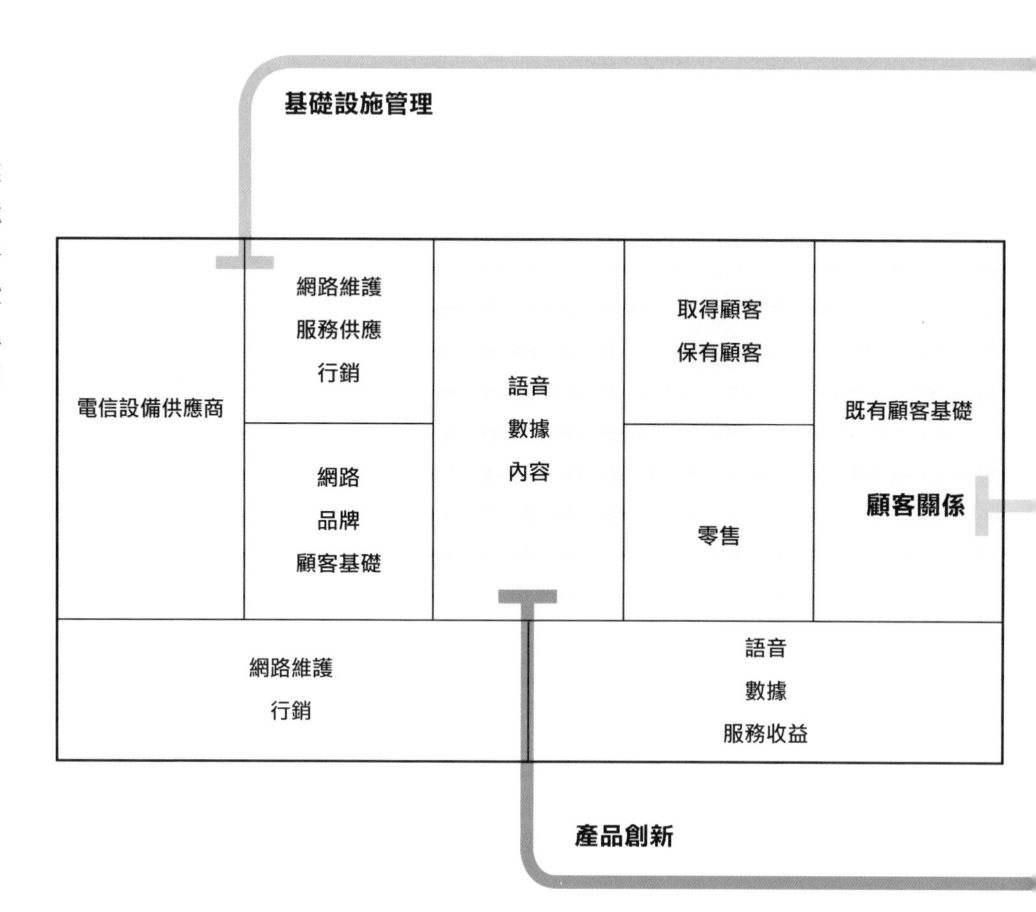

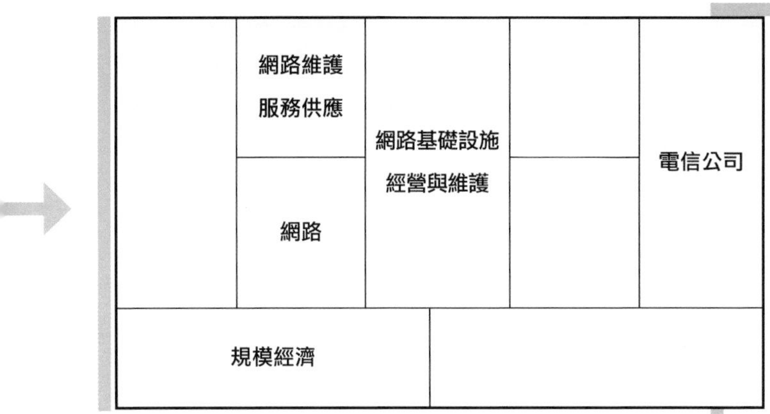

網路維護
服務供應
網路基礎設施
經營與維護
電信公司
網路
規模經濟

設備製造商

像法國電信（France Telecom）、荷蘭的KPN，還有沃達豐（Vodafone）等電信公司，都把部分網路的營運與維護工作，外包給諾基亞西門子通信（Nokia Siemens Networks）、阿爾卡特朗訊（Alcatel-Lucent）、愛立信等設備製造商。設備製造商可用較低的成本經營網路，因為他們同時服務好幾家電信公司，因此享有規模經濟的效益。

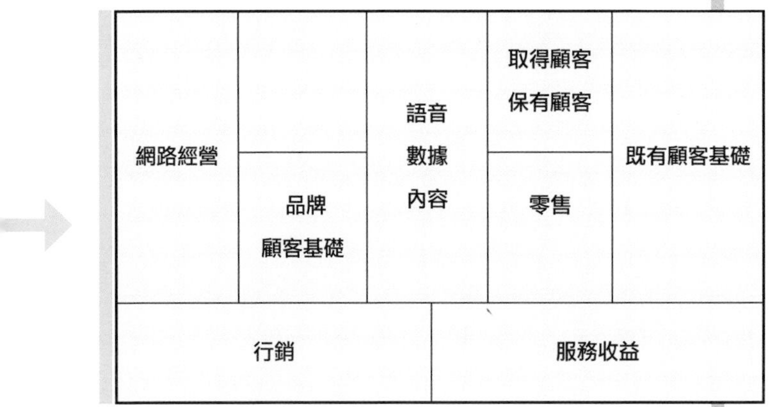

網路經營
品牌
顧客基礎
語音
數據
內容
取得顧客
保有顧客
零售
既有顧客基礎
行銷
服務收益

分拆後的電信公司

將基礎設施業務分拆出去後，電信公司就可以更加專注在品牌、目標客層、服務上頭。顧客關係為其關鍵資產和核心業務。公司若專注在顧客身上，以增加現有用戶的錢包占有率，那麼多年來為了取得並保有顧客的投資，就可以獲得更大的回報。最早採行策略性分拆業務的電信公司之一，就是印度現在的電信龍頭業者Bharti Airtel。該公司將網路經營外包給愛立信和諾基亞西門子通信，又將資訊技術基礎設施外包給IBM，讓本身得以聚焦在其核心競爭力的顧客關係上面。

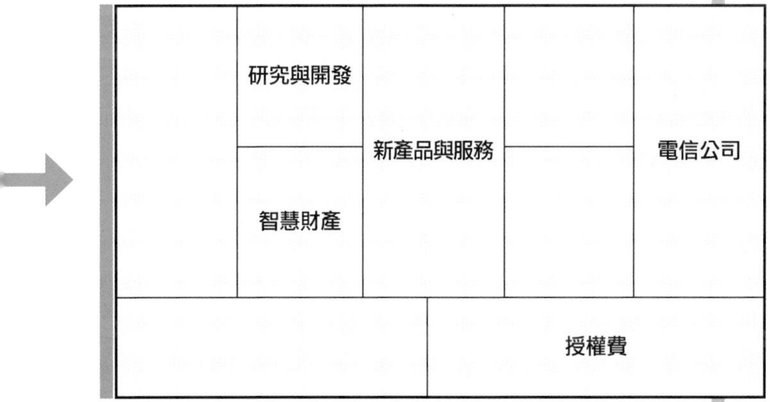

研究與開發
智慧財產
新產品與服務
電信公司
授權費

內容提供者

在產品和服務創新部分的業務，可以轉包給較有創意的小廠商。創新需要有開創性的才華，而通常規模小而動能大的組織，也比較能吸引到這類人才。電信公司和多家外包廠商合作，可以確保新技術、服務，以及地圖、遊戲、影音等媒體內容的供應源源不絕。奧地利的Mobilizy和瑞典的TAT就是兩個例子。Mobilizy專注於提供智慧型手機的適地性服務（location-based services）解決方案（該公司發展出一種備受歡迎的手機旅遊指南），而TAT則專注於開創先進的手機使用介面。

Unbundled Patterns ×3 3種分拆樣式

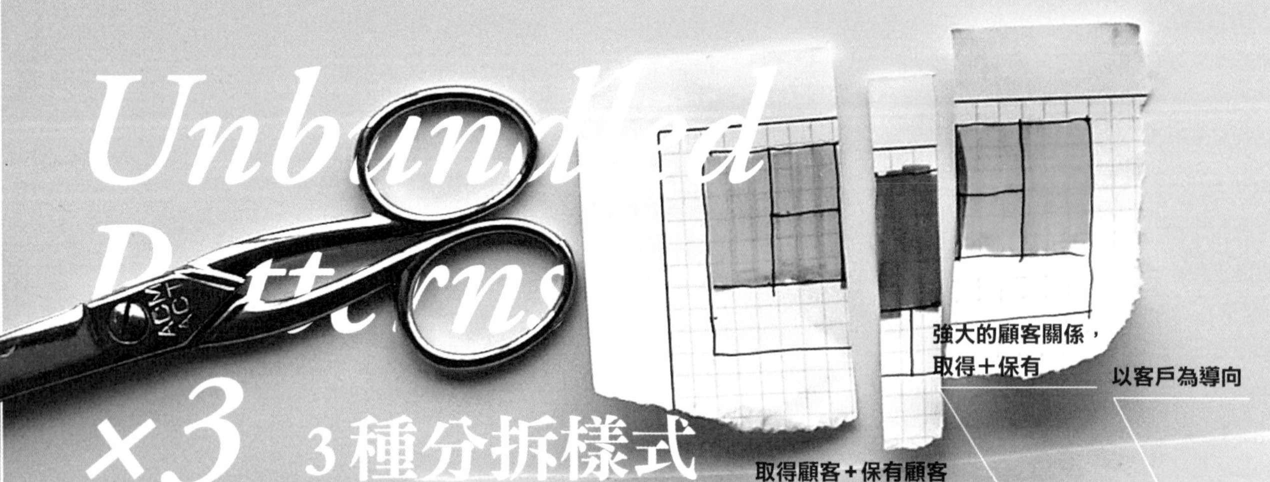

這個商業模式中，每一樣都是為了要了解及服務客戶，或是為了建立堅強的顧客關係而特別量身訂做的。

強大的顧客關係，取得＋保有

以客戶為導向

取得顧客＋保有顧客

產品＋服務創新

產品和服務創新、基礎設施，都從第三方取得。

既有顧客基礎

長時間取得的顧客基礎和用戶信任是關鍵資產和資源。

基礎設施管理

取得顧客成本高

顧客的取得和保有構成了主要的成本，包括推廣品牌與行銷費用。

高度服務導向

強大的通路

錢包占有率大

這個模式的目的，是要以獲得顧客信賴的廣泛產品來產生收益──目標就是搶攻「錢包占有率」。

管理、研發、吸引人才
關鍵活動是透過研發，將新商品與新服務在市場上推出。

B2C（企業對消費者）
B2B（企業對企業）
商品與服務可以直接在市場上推出，但通常是利用以目標客層為主的B2B中介商推出。

基礎設施發展＋管理
關鍵活動和商品都聚焦於提供基礎設施服務。

基礎設施服務

B2B顧客
服務通常是傳遞給企業客戶。

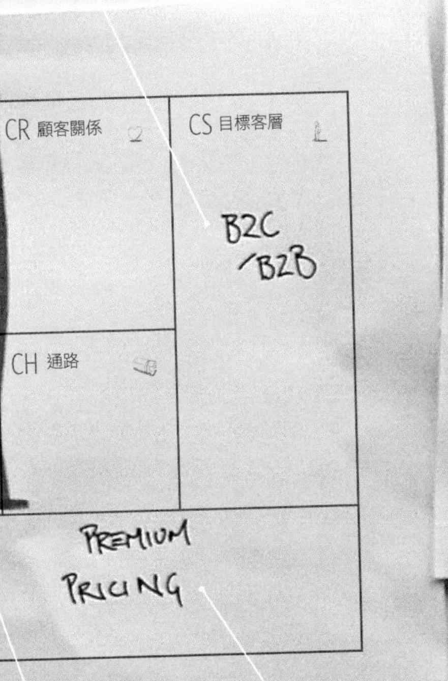

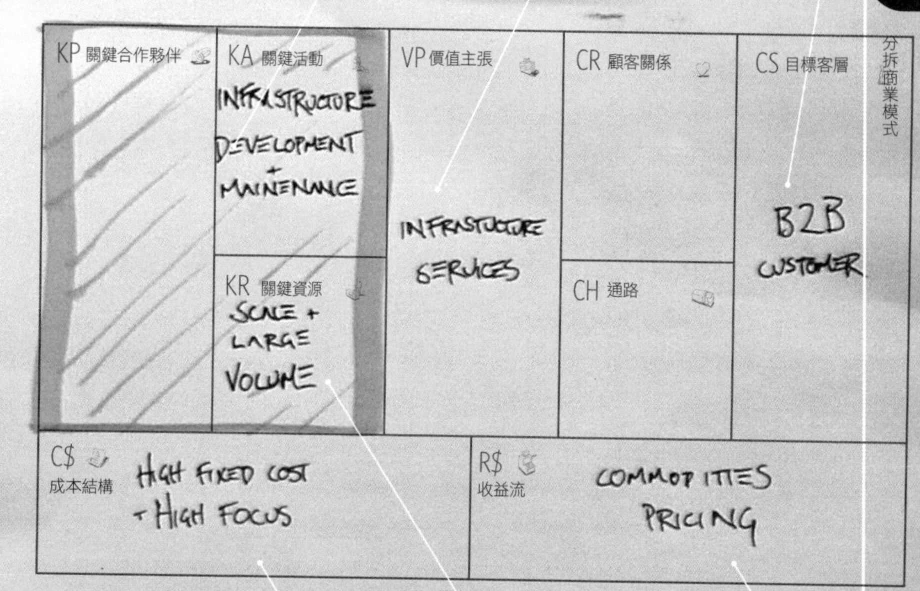

強大的人才庫、高員工成本
高成本是因為要爭取創意人才，也就是此一商業模式中的關鍵資源。

商品＋服務創新

溢價訂價
因為創新因素，可收取高額溢價。

高固定成本＋高聚焦
平台的特徵是高固定成本，通常可以透過規模和大數量來壓低。

規模＋大數量

大宗商品訂價
收益是基於低毛利與高數量。

The Long Tail

定義_樣式 2

長尾(Long Tail)商業模式是指銷售上的少量多樣:提供種類繁多的利基商品,每一種的銷售量都相對較少。

• 傳統模式中,少數暢銷項目的銷售額,就占收益的大部分;但大量項目的利基商品,其總和銷售額也可以像傳統模式一樣有利可圖。

• 長尾商業模式的要件,是低存貨成本和強大的平台,好讓有興趣的買家得以獲知利基商品的內容。

〔參考文獻〕

1 •《長尾理論》*The Long Tail: Why the Future of Business Is Selling Less of More*. Chris Anderson, 2006.

2• "The Long Tail." *Wired Magazine*. Chris Anderson. October 2004.

〔實例〕

Netflix, eBay, YouTube, Facebook, Lulu.com

銷售量

TOP
20%

專注在少數種類的產品上，
每種的銷售量都很高

長尾的概念
是由克里斯．
安德森（Chris
Anderson）所
創造的，指的是媒
體業從銷售少樣大量
的暢銷產品，轉變為銷
售種類多樣的利基商品，但
每種的銷售量較少。安德森表示，
少量多樣的銷售額，其總計的收益可能
等於或甚至超過只賣少樣的暢銷商品。

安德森認為，媒體業的這種長尾現象，是由以
下三股經濟力量引起的：

1. 生產工具大眾化：技術成本降低，使得幾年前
價格昂貴的工具，現在人人可得。幾百萬熱心
的業餘者現在可以錄製音樂、製作短片、設計
簡單的軟體，而且都有專業水準的成果。

2. 配銷大
眾化：數位內容的
商品透過網際網路配銷，
大幅降低存貨、溝通、交易成本，為利基產品
打開一個新市場。

3. 供需連結的搜尋成本下降：銷售利基商品的
真正挑戰，在於找到有興趣的潛在買家。強大
的搜尋和建議引擎、使用者評價、興趣社群，
可以讓這個過程簡單許多。

長尾 專注於種類繁多的產品，每種的銷售數量都不高

安德森的研究主要聚焦在媒體產業。例如他舉線上影片出租公司Netflix為例，說明他們如何轉向授權大量的利基電影。雖然每部利基電影的出租率較低，但從Netflix龐大利基電影目錄所獲取的總收益，卻可與影帶出租連鎖店龍頭百視達的出租收益相抗衡。

不過安德森也說了，長尾概念同樣可用於媒體產業以外。線上拍賣網站eBay的成功之道，就是大量拍賣者在站上買賣小量「非暢銷」種類的商品。

商品種類

圖書出版產業的轉變

舊模式

我們都聽說過這樣的故事：胸懷大志的作者用盡心血寫的稿子，投稿後滿懷希望能看到自己的作品印成書——但老是被出版社退稿。這個出版人與作者的老套形象，很大一部分是實情。傳統的圖書出版模式，是仰賴一個選擇的流程，出版商藉此篩選眾多的作者與書稿，挑選其中看起來最有可能達到最低銷量的作品。希望不大的作者和作品就會被婉拒，因為出版一本書要花編輯、設計、印刷、行銷等費用，書賣得不好就沒有利潤了。出版商最感興趣的，是能大量印刷、賣給大量讀者的書。

<table>
<tr><td rowspan="2">-</td><td>內容取得
出版
銷售</td><td rowspan="2">廣泛的內容
（理想的暢銷書）</td><td>-</td><td rowspan="2">廣大的讀者群</td></tr>
<tr><td>出版知識
內容</td><td>零售網</td></tr>
<tr><td colspan="2">出版／行銷</td><td colspan="3">批發收益</td></tr>
</table>

新模式

自助出版網站Lulu.com讓每個人都能出書，徹底扭轉了傳統上以暢銷書為中心的出版模式。Lulu.com的商業模式，是建立在協助有利基的業餘作者出書。這個模式削弱了傳統出版業的進入障礙，提供作者編印的工具，並在線上市集配銷自己的作品。這個模式，與傳統上選擇「值得行銷」的作品形成強烈對比。事實上，Lulu.com吸引到的作者愈多，這個商業模式就愈成功，因為作者就是顧客。大體來說，Lulu.com是個多邊平台（詳見76頁），以使用者製造出利基內容的長尾模式，服務並連結作者與讀者。數千萬個作者利用Lulu.com的自助工具，出版並銷售自己的書。這個模式之所以能運作，是因為書籍只根據實際訂量印刷。某本書賣不出去，對Lulu.com沒有影響，因為這樣的失敗不會產生成本。

-	平台開發 物流	自行出版服務 利基內容市集	興趣型社群 線上檔案	利基作者 利基讀者
	平台 隨需印刷設備		LULU.COM	
平台管理與開發		銷售佣金（低） 出版服務費		

樂高的新長尾

丹麥玩具公司樂高(LEGO)現在名滿天下的扣連式積木，是從1949年開始生產的。一代代的兒童都玩過，而樂高公司也針對各式各樣的主題，發行了幾千種組合包，包括太空中心系列、海盜系列，以及中世紀系列。但隨著時間演進，玩具產業的競爭愈來愈激烈，迫使樂高開始尋求成長的新途徑。該公司開始取得授權使用《星際大戰》、《蝙蝠俠》、《法櫃奇兵》等票房電影中的角色，雖然權利金很貴，但結果證明大有獲利。

2005年，樂高公司開始實驗「使用者製造內容」(user-generated content)，推出「樂高工廠」(LEGO Factory)，這個產品讓顧客可以自行搭配個人獨特的樂高組合包，並在網路上訂購。透過「樂高數位設計師」(LEGO Digital Designer)的軟體，顧客可以發明並設計自己的建築物、交通工具、主題、人物，並有數千個零件和數十種顏色中可供選擇；甚至顧客還可設計這個組合包的外包裝盒。透過「樂高工廠」，樂高將被動的使用者，轉變為樂高設計經驗中主動的參與者。由於這個新的產品設計，樂高必須改變基礎設施的供應鏈，但由於訂購數量低，所以樂高尚未完全調整其支援的基礎設施來適應新的樂高工廠模式。反之，該公司只是先暫時小幅調整其既有資源和活動。

不過以商業模式而言，樂高踏出了大眾客製化的範圍，進入了長尾的領域。除了協助使用者設計自己的樂高組合外，現在「樂高工廠」也在網路上販賣由使用者設計的組合包。有些賣得不錯，有些賣得很差，甚至毫無銷路。但對樂高來說，重要的是，使用者設計的組合包，擴展了原先局限於有限暢銷組合包的商品線。現在「樂高工廠」的訂製產品，只占其總收益的一小部分，但這是實現長尾模式的第一步，而長尾模式將可補全傳統大眾市場模式，甚至成為另一種選擇。

樂高

+
樂高使用者可自行設計
並在網路上訂購
=
樂高工廠

+
樂高讓使用者在網路上
張貼並販售自己的設計
=
樂高使用者產品目錄

樂高工廠：顧客設計組合包

KP 
關鍵合作夥伴

顧客設計出新的樂高組合包，並貼在網路上，成為製造內容和價值的關鍵夥伴

KA 
關鍵活動

樂高提供並管理平台與物流，包裝並遞送訂製的樂高組合包

KR 
關鍵資源

樂高既有的資源和活動尚未調整，目前仍主要適用於大眾市場

VP 
價值主張

樂高工廠提供樂高迷種種工具，讓他們建立、展示、販賣自己設計的組合包，因而大幅擴展了套裝組合包的產品範疇

CR 
顧客關係

樂高工廠建立了一個長尾社區，其中顧客都是真正對利基內容有興趣，且希望跨出現成零售組合包的範疇

CH 
通路

網路通路是樂高工廠現在極為倚重的通路

CS 

目標客層

成千上萬由顧客設計的新組合包，完美補全了樂高積木標準化組合包的缺口。樂高工廠將自行訂製設計的顧客和其他顧客連結起來，因而成為一個顧客撮合平台，同時也能增加本身的銷售額

C$ 
成本結構

在傳統零售模式中已經發生的製造和物流成本，樂高工廠予以分攤

R$ 
收益流

樂高工廠的目標是，從種類繁多的顧客設計項目中，獲取小收益。這表示可在傳統少樣多量的零售收益中，額外增加一筆收入

Long Tail Pattern

長尾樣式

利基內容提供者
使用者製造內容

利基內容提供者（專業內容和／或使用者自製內容）是這個樣式的關鍵合作夥伴。

種類繁多的利基內容
內容生產工具

長尾商業模式的價值主張，特色是提供範圍廣泛、可與「暢銷」產品並存的「非暢銷」產品種類。此外，長尾商業模式也可以促進並仰賴使用者製造的內容。

眾多利基客層

長尾商業模式以利基顧客為主。

利基內容提供者

長尾商業模式可以同時適用於專業與業餘內容生產者，也可以開創出多邊平台（參見76頁），滿足使用者和生產者的需要。

平台管理、服務平台布建、平台推銷
平台

關鍵資源是平台；關鍵活動包括平台開發與維護，以及利基內容的取得和製造。

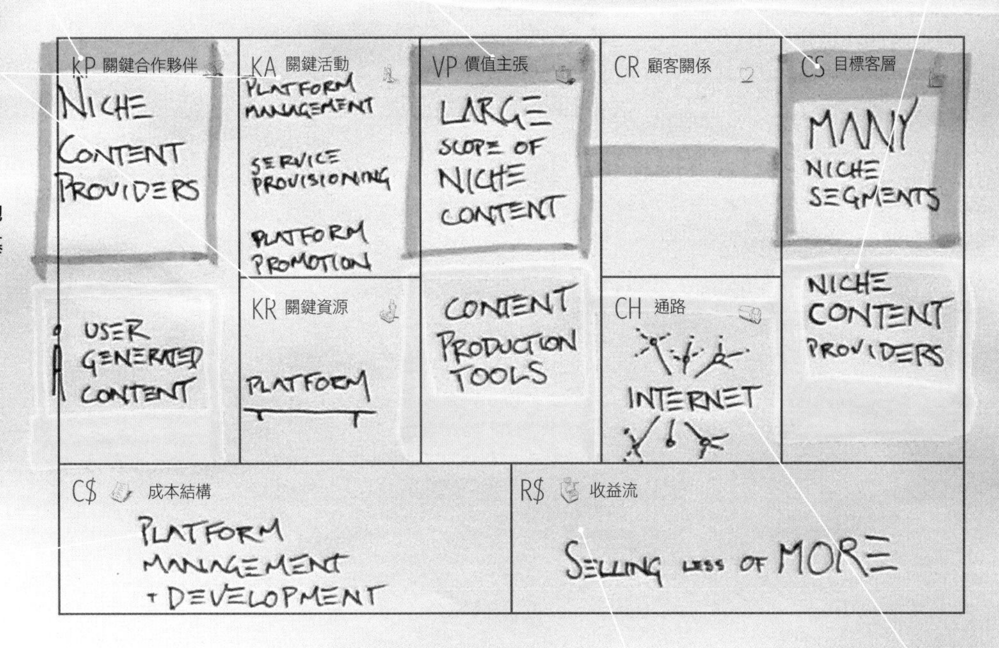

平台管理＋開發

主要成本包括平台開發與維護。

銷售多樣少量產品

這個模式，是奠基於匯集眾多商品的小收益。收益流有很多種，可能來自廣告、商品販售，或會員費。

網路

長尾商業模式通常仰賴網際網路做為顧客關係和／或交易通路，或是兩者兼具。

Multi-Sided Platforms

多邊平台

定義_樣式 3

多邊平台（Multi-Sided Platforms）把至少兩種截然不同、但相互依賴的顧客群聚集在一起。

- 這類平台只有在其他顧客群也同時存在的情況下，對某一群顧客才有價值。
- 平台可促進不同顧客群之間的互動，從而創造價值。
- 多邊平台若能吸引更多使用者，價值就會提升，此現象即為「網絡效應」（network effects）。

〔參考文獻〕

1 •"Strategies for Two-Sided Markets." *Harvard Business Review*. Eisenmann, Parker, Van Alstyne. October 2006.

2 •*Invisible Engines: How Software Platforms Drive Innovation and Transform Industries*. Evans, Hagiu, Schmalensee. 2006.

3 •"Managing the Maze of Multisided Markets." *Strategy & Business*. David Evans. Fall 2003.

〔實例〕

威士卡、Google、eBay
微軟 Windows
《金融時報》（*Financial Times*）

多邊平台，亦即經濟學家所稱的多邊市場（multi-sided markets），是一個重要的商業現象。這種現象存在已久，但因為資訊科技的興起而激增。威士卡、微軟Windows作業系統、《金融時報》、Google、Wii遊戲機、Facebook等，是多邊平台成功的幾個例子。在此討論這些例子，是因為他們代表了一個日益重要的商業模式樣式。

多邊平台到底是什麼？答案是：把至少兩個截然不同、但相互依賴的顧客群，聚集在一起的平台。這類平台因為擔任串連這些顧客群的媒介角色，而創造出價值。以信用卡來說，就是把商家和持卡人連接在一起；電腦作業系統是把硬體製造商、應用軟體開發商及使用者連接在一起；報紙把讀者和廣告主連接在一起；電子遊戲機把遊戲開發商和玩家連接在一起。關鍵是：這個平台必須同時吸引並服務它的所有顧客群，才能創造出價值。對於某個特定使用者群體而言，平台的價值主要決定於平台「另一邊」的使用者多寡。一個電子遊戲機的平台必須有足夠多的遊戲，才能吸引人購買。另一方面，一個新的遊戲機必須要有大量的玩家在使用，遊戲開發商才會針對這個遊戲機開發。因此多邊平台常常面臨「先有雞還是先有蛋」的兩難困境。

多邊平台要解決這個難題，一個方式就是補貼某個目標客層。儘管服務所有顧客群都會發生成本，但平台經營者常常決定以便宜或免費的價值主張，來吸引某個客層到平台，以便藉此吸引平台「另一邊」的使用者。多邊平台經營者所要面對的一個難題，就是搞清楚要補貼哪一邊，以及如何訂出正確的價格來吸引顧客。

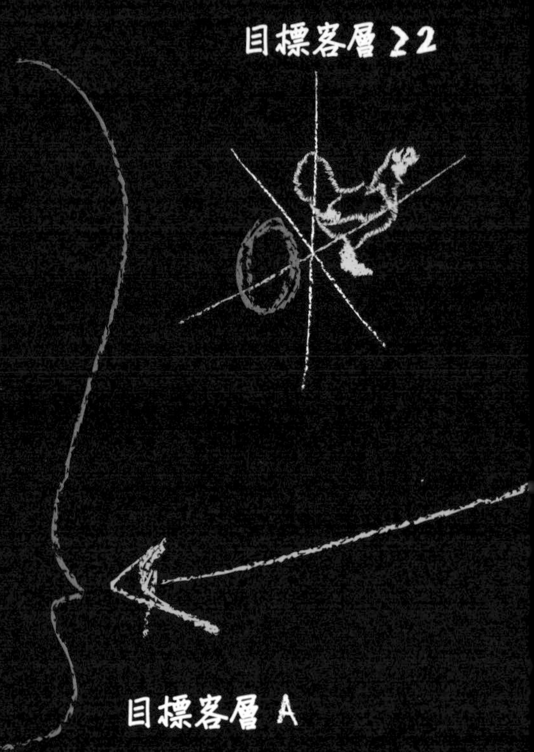

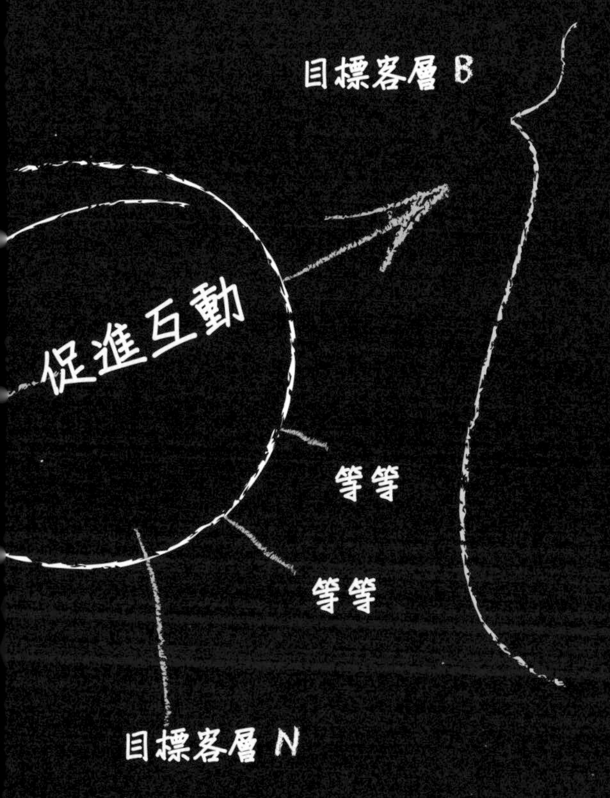

免費的地鐵報就是一個例子。地鐵報最早創始於瑞典的斯德哥爾摩，但現在全世界很多大都市都有了。1995年地鐵報剛出現時，立刻吸引了大量讀者，因為它免費提供給全斯德哥爾摩搭地鐵和搭巴士的通勤族閱讀；也因此吸引了廣告主，立刻變得有利可圖。另一個例子是微軟，他們將視窗軟體開發包（Windows software development kit，簡稱Windows SDK）免費釋出，鼓勵各界針對其作業系統開發新的應用程式。應用程式愈多，就會吸引愈多使用者採用視窗平台，增加微軟公司的收益。相反的，索尼公司（SONY）的Playstation 3遊戲主機，卻是一個多邊平台策略失敗的案例。索尼以補貼方式，賠本售出遊戲主機，期望稍後能獲得更多遊戲開發商的權利金。這個策略的執行效果很差，因為Playstation 3的銷售量不如索尼原先的估計。

多邊平台的經營者一定要問自己幾個關鍵問題：平台的每一邊都能吸引夠多的顧客嗎？哪一邊的價格敏感度比較高？哪一邊可以用補貼方式吸引顧客進來？平台的另一邊可以產生夠多的收益來彌補這些補貼嗎？

以下將大略描述三個多邊平台樣式的例子。首先，我們要談的是Google的多邊平台商業模式；接下來則說明任天堂、索尼、微軟以差異不大的多邊平台樣式彼此競爭。最後，我們要介紹蘋果公司如何逐漸成為一個強大的多邊平台經營者。

Google的商業模式

Google商業模式的心臟，就是它的價值目標：在網路上向全世界提供目標極其明確的關鍵字廣告。透過一個叫AdWords的服務，廣告主可以把廣告與贊助商連結刊登在Google的搜尋頁面上（以及相關的內容網絡上，這點稍後將會說明）。當人們使用Google搜尋引擎時，這些廣告就會連同搜尋結果一起出現；而Google則會確保，只出現跟搜尋字詞有關的廣告。這個服務對廣告主很有吸引力，因為廣告主可以針對特定搜尋和特定人口目標，製作適合的網路宣傳活動。不過這個模式要奏效，就要有很多人使用Google的搜尋引擎。Google能吸引到的使用者愈多，就能刊登更多廣告，為廣告主創造的價值也就愈大。

Google針對廣告主的價值主張，主要依賴其網站能吸引到的顧客數量。所以Google迎合第二個消費者客層，推出一個強大的搜尋引擎，還有愈來愈多的工具，諸如Gmail（網路電子郵件）、Google地圖、Picasa（網路相簿）等等。為了更進一步擴張顧客數量，Google設計了第三種服務，讓它的廣告可以出現在其他非Google網站上。這項服務就是AdSense，只要第三方的網站上秀出Google的廣告，就可以賺取Google廣告收益的一部分。AdSense會自動分析參與網站的內容，對訪客秀出相關的文字和影像廣告。針對第三方網站擁有者，也就是Google的第三個目標客層，其價值主張是讓他們以自己的網站內容賺錢。

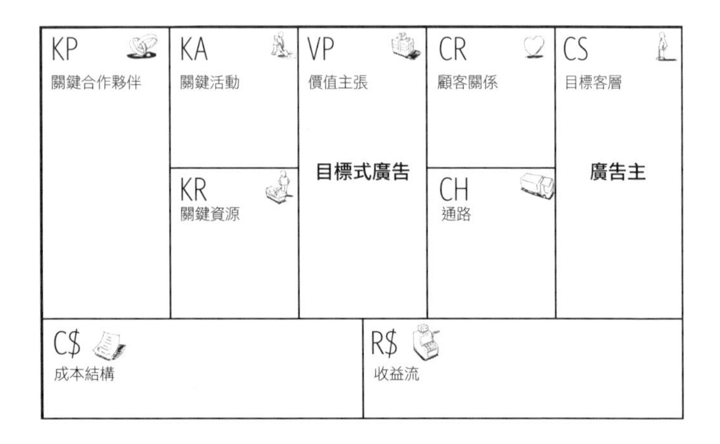

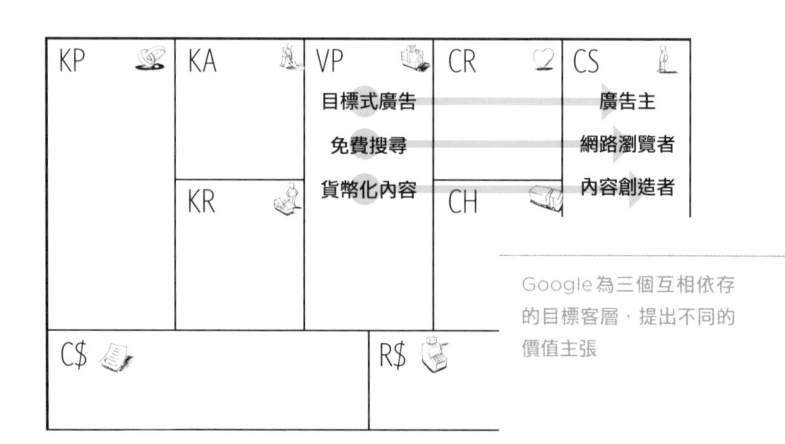

Google為三個互相依存的目標客層，提出不同的價值主張

以一個多邊平台而言，Google的收益模式非常獨特。它從廣告主這一個目標客層身上賺錢，然後用來補貼兩個不收費的客層：網路瀏覽者和內容擁有者。這樣很合理，因為展示愈多廣告給網路瀏覽者看，Google就能從廣告主那邊賺愈多錢。而賺到愈多廣告費，就能激勵愈多內容擁有者成為AdSense的夥伴。廣告主不是直接跟Google買廣告空間，而是競標與廣告相關的關鍵字，這些關鍵字不是與搜尋字串有關，就是與第三方的網站有關。競標是透過一個AdWords的競價服務：關鍵字愈搶手，廣告主要付的錢就愈高。Google從AdWords賺到的可觀收益，讓該公司可以繼續改善他們提供給搜尋引擎和AdSense使用者的免費服務。

Google的關鍵資源就是搜尋平台，驅動著三種不同的服務：網頁搜尋（Google.com）、廣告（AdWords）及第三方內容貨幣化（AdSense）。這些服務的基礎，是由龐大的資訊技術基礎設施所支援，建立在極複雜的專利搜尋技術和配對演算法上頭。Google的三種關鍵活動可以定義如下：(1)建立並維護搜尋基礎設施，(2)管理三種主要服務，(3)把平台推銷給新的使用者、新的內容擁有者，以及新的廣告主。

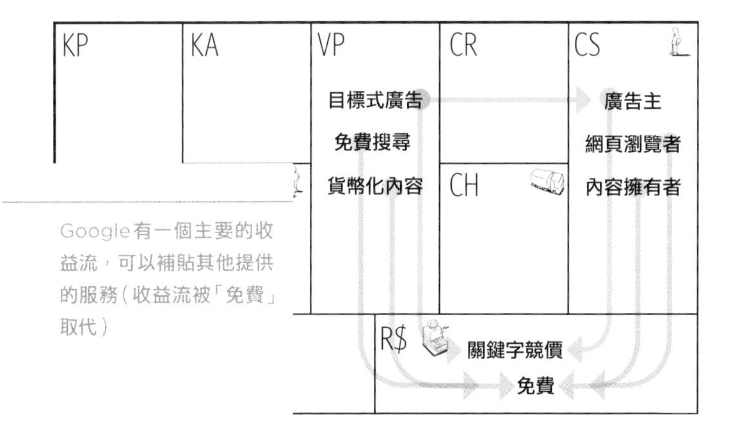

Google有一個主要的收益流，可以補貼其他提供的服務（收益流被「免費」取代）

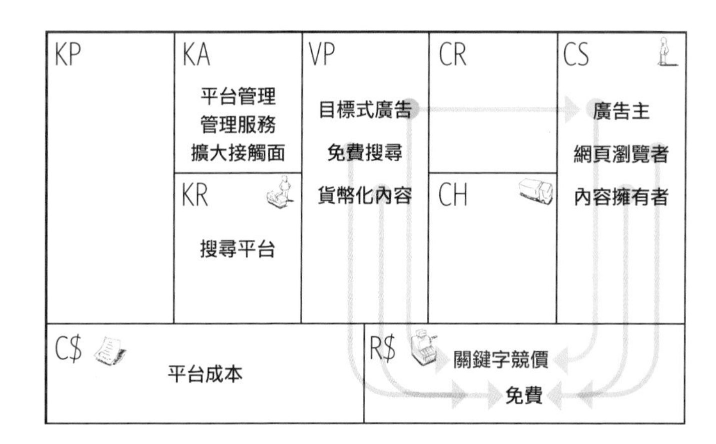

Wii vs. PSP/Xbox 樣式相同，焦點不同

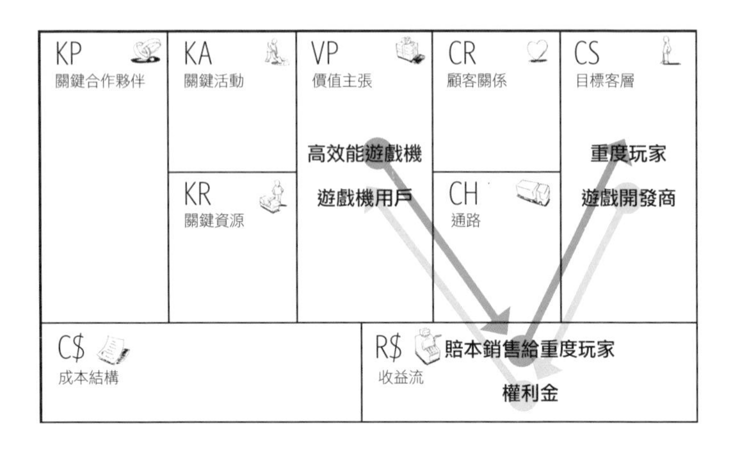

PSP/Xbox焦點

如今產值已經是數十億美元的電子遊戲機產業，為雙邊平台提供了一個很好的例子。一方面，遊戲機製造商必須讓玩家盡可能增多，才能吸引遊戲開發商。另一方面，能玩的有趣遊戲要夠多，玩家才會買硬體。在遊戲產業裡，這樣的狀況造成了三大廠商及各自遊戲機之間的激烈競爭，即索尼的Playstation系列、微軟的Xbox系列，以及任天堂的Wii。三種遊戲機都是以雙邊平台為基礎，但索尼／微軟的商業模式，卻與任天堂的大不相同，明白顯示在既定市場中，沒有所謂「已證實」的解答。

原先稱霸遊戲機市場的是索尼和微軟，然後任天堂的Wii出現，以全新的技術和截然不同的商業模式橫掃市場。在推出Wii之前，其實任天堂已經逐漸沒落，迅速失去市占率，而且瀕臨破產邊緣。但Wii遊戲機改變了一切，讓任天堂一舉登上了市場的領先位置。

傳統上，電子遊戲機製造商會鎖定狂熱玩家為目標客層，並在遊戲機的價格和效能上競爭。對這群「重度玩家」(hardcore gamers)而言，選購的準則是圖像與遊戲品質，以及處理器的速度。於是遊戲機製造商就發展出極度精密且昂貴的遊戲機，而且多年來都是賠本銷售，以另外兩個收益來源補貼硬體的虧損。

首先，他們自行開發並銷售電子遊戲，以供自家遊戲機使用。其次，他們會賺到權利金，由第三方的遊戲開發商付費，以取得針對特定遊戲機設計遊戲的權利。這是雙邊平台商業模式的典型樣式：一邊是消費者，廠商大幅補貼他們，好讓這款遊戲機在市場上的占有率達到最高。然後廠商就從平台另一邊的遊戲開發商身上賺錢。

樣式相同，商業模式不同：
任天堂的 Wii

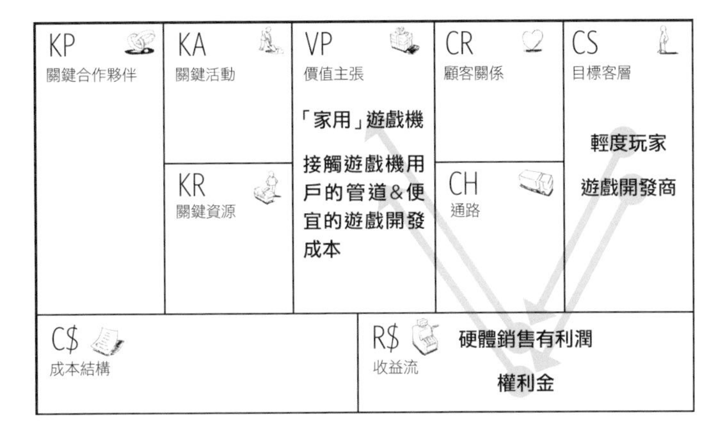

Wii焦點

任天堂的Wii改變了這一切。就跟競爭對手一樣，Wii的基礎也是建立在雙邊平台業務上，但組成的元素卻大不同。任天堂的遊戲機是瞄準廣大的輕度玩家（casual gamers），而非狂熱玩家這個較小的「傳統」市場。Wii的主機比較便宜，搭配的特殊遙控器能讓玩家用肢體控制動作，因而贏得了輕度玩家的心。種種新奇又有趣的動作控制遊戲，諸如Wii Sports、Wii Music、Wii Fit，吸引了數量龐大的輕度玩家。這種差異，也成了任天堂新型態雙邊平台的基礎。

索尼和微軟競相推出高成本、有專利、最先進科技的主機，瞄準的是狂熱玩家；而且為了要爭取市場占有率，還以消費者付得起的費用維持主機價格。反觀任天堂Wii所瞄準的市場客層，對技術效能的敏感度就低很多了，而且以動作控制這個「趣味因素」來吸引顧客。這種技術創新，比功能更強大的新晶片組要便宜得多。因此任天堂Wii的製造成本比較便宜，也讓該公司可以取消對商品的補貼政策。這就是任天堂和對手索尼、微軟之間最大的不同：任天堂從Wii的雙邊平台兩邊都能賺到錢。每賣出一台主機給消費者，任天堂都能獲利，另外還可從遊戲開發商那邊得到權利金。

總結來說，三個緊扣的商業模式因素，解釋了Wii在商場上的成功：(1)低成本的產品區隔（動作控制），(2)瞄準一個比較不在乎技術、未開發的新市場（輕度玩家），(3)從兩「邊」都可獲利的雙邊平台樣式。這三個因素，也清楚意味著與過往的遊戲產業傳統一刀兩斷。

蘋果成為平台營運者的演進

蘋果公司歷年的產品，一路從iPod演進到iPhone，凸顯了該公司轉型為一個強大的平台商業模式。iPod一開始只是個獨立的產品；相反的，iPhone則發展為一個強大的多邊平台，讓蘋果公司透過App Store，控制第三方的應用軟體。

轉變為多邊平台商業模式　　鞏固平台商業模式

iPod　**iPod & iTunes**　**iPhone & appstore**

2001　**2003**　**2008**

蘋果公司於2001年推出iPod，一開始是當成一個獨立的產品。使用者可以從他們的音樂光碟複製，或者從網際網路下載音樂，放到iPod裡。iPod扮演了一個技術平台，可以儲存各種來源的音樂。此時，蘋果公司的商業模式中，並沒有針對iPod這個平台的角度去開發。

到了2003年，蘋果公司推出數位影音網路商店iTunes，與iPod密切結合。這個音樂商店讓使用者可以用一個極其便利的方式，購買並下載數位音樂。這是蘋果公司第一次嘗試利用平台效應。iTunes基本上把「音樂版權所有人」直接與購買者連結，這個策略讓蘋果公司一舉躍上當今全世界最大網路音樂零售商的位置。

2008年，蘋果公司進一步鞏固其平台策略，配合其大受歡迎的iPhone推出App Store。App Store讓使用者可以直接從iTunes Store瀏覽、購買及下載應用程式，安裝在自己的iPhones手機。應用程式開發商必須透過App Store販賣所有的應用程式，而蘋果公司則從每個售出的應用程式，抽取30%的權利金。

Multi-Sided Platform Pattern

多邊平台樣式

價值主張1
價值主張2
等等……

價值主張通常會在三個主要領域中開創價值：其一是吸引使用者族群（亦即目標客層）；其二，撮合目標客層；其三，透過平台提供交易通路，以減低成本。

目標客層1
目標客層2
等等……

多邊平台樣式的商業模式，有一種截然不同的結構，就是有至少兩個目標客層，每個客層都有自己的價值主張和相關的收益流。此外，所有目標客層必須同時存在，缺一不可。

平台管理、服務供應、平台推廣
平台

這個商業模式所需的關鍵資源就是平台。三項關鍵活動通常是平台管理、服務供應以及平台推廣。

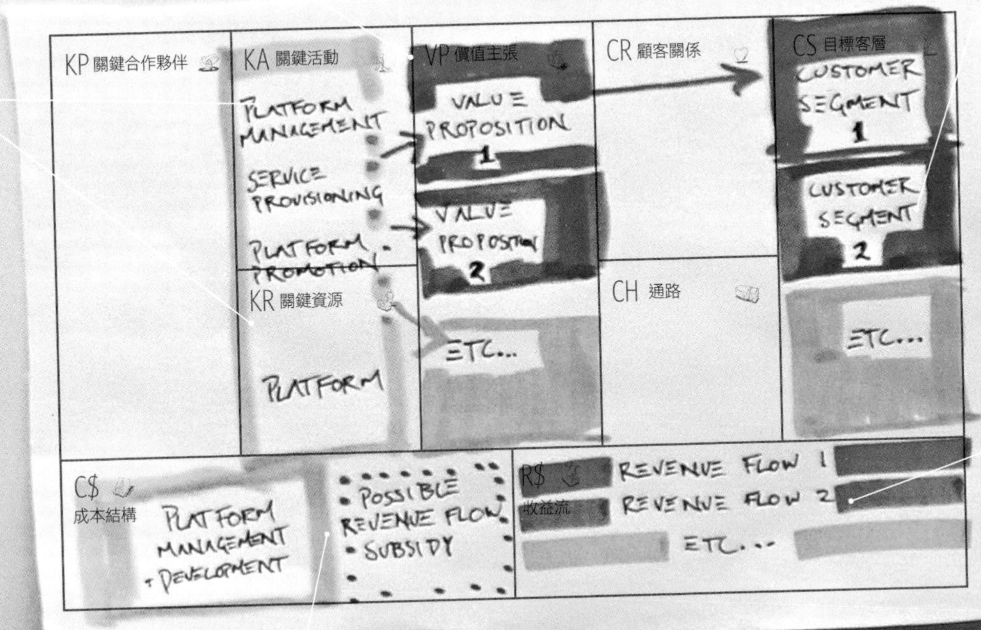

收益流1
收益流2
等等……

每個目標客層都會產生不同的收益流。一個或更多的客層有可能會享受免費的產品，或獲得其他目標客層的補貼而降價。選擇哪個客層進行補貼，有可能會成為關鍵的訂價決策，足以決定一個多邊平台商業模式是否成功。

平台管理與開發
可能有收益流向補貼

這個樣式所發生的成本，主要是與維護及開發平台有關。

FREE as a Business Model

免費商業模式

定義_樣式 4

免費。

• 在免費商業模式裡面，至少有一個頗大的目標客層，可以持續享受免付費的產品或服務。

• 免費的商品或服務，有幾種不同的樣式。

• 免費商業模式中，免付費顧客的成本來源，是由一部分顧客或是另一個消費客層的財源挹注的。

〔參考文獻〕

1 •"Free! Why $0.00 is the Future of Business."*Wired Magazine*. Chris Anderson. February 2008.

2 •"How about Free? The Price Point That Is Turning Industries on Their Heads." *Knowledge@ Wharton.* March 2009.

3 •*Free: The Future of a Radical Price.* Chris Anderson. 2008.

〔實例〕

地鐵報（免費報紙）、Flickr、開放原始碼（Open Source）、Skype、Google、免費手機

收到免費的東西，永遠都是個很有吸引力的價值主張。任何行銷專家或經濟學者都可以證實，價格為零的需求量，會比價格為一分錢或任何價位時，要多上很多倍。近年來免付費的情況暴增，尤其是在網際網路上。當然，問題在於，要如何有系統地免費提供，但還是能賺進可觀的收益？一部分的答案是：製造某種贈品的成本（例如網路上的資訊儲存空間）已經大幅下降。但如果一個組織想要獲利的話，所提供的免費產品或服務，就還是必須能產生收益。

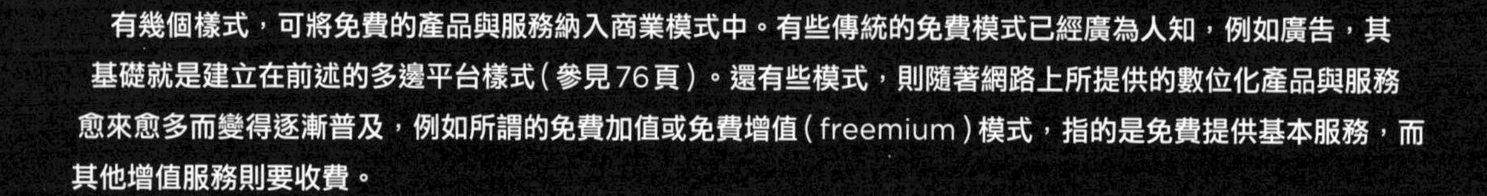

有幾個樣式，可將免費的產品與服務納入商業模式中。有些傳統的免費模式已經廣為人知，例如廣告，其基礎就是建立在前述的多邊平台樣式（參見76頁）。還有些模式，則隨著網路上所提供的數位化產品與服務愈來愈多而變得逐漸普及，例如所謂的免費加值或免費增值（freemium）模式，指的是免費提供基本服務，而其他增值服務則要收費。

我們之前討論長尾概念時曾提過的克里斯．安德森（見66頁），對於免費模式此一概念的推廣貢獻良多。安德森說明，異於以往經濟學的數位產品與服務，與新的免付費模式之興起有很密切的關係。比方說，創作並錄製一首歌，會讓藝人付出時間和金錢的成本，但在網路上複製、配銷這件數位作品的成本，卻是接近零。因此，一個藝人可以透過網路宣揚及傳遞音樂給全世界的閱聽眾，只要這個藝人能找到其他的收益流（比方演唱會和推銷）來涵蓋成本。曾免費提供音樂而實驗成功的樂團和藝人，有電台司令（Radiohead）及九吋釘樂團（Nine Inch Nails）的Trent Reznor。

以下我們要探討三個不同的樣式，其商業模式中，免費都是不可或缺的選項。每個樣式的基本經濟學都不同，但全都有一個共同的特徵：至少有一個目標客層，是持續享受免付費產品的利益。這三個樣式是：(1) 免費產品或服務是建立在多邊平台上（以廣告為基礎），(2) 基本服務免費，進階服務收費（即所謂的「免費增值」模式），(3)「餌與鉤」（Bait & Hook）模式，指的是用一個免費或便宜的產品來吸引顧客重複購買。

如何打造你的免費商業模式？

(How) can you set it free?

廣告：一個多邊平台模式

用廣告收益去資助免費產品，是存在已久的方式。我們在電視、廣播、網路上都可以看到，而技巧最高的形式之一，就是目標式的Google廣告。按照商業模式的用語來說，以廣告為基礎的免費樣式，是多邊平台樣式的一種特殊形式（參見76頁）。這個平台的其中一邊，會設計成用免費內容、產品或服務來吸引使用者；而平台的另一邊，則將空間賣給廣告主以產生收益。

這種樣式有個很突出的例子，就是創始於斯德哥爾摩的《地鐵報》（*Metro*），如今這種免費報紙的形式，在全球數十個大城市都看得到。《地鐵報》厲害的地方，就在於它更改了傳統日報的模式。第一，報紙是免費提供的；第二，針對的是人潮多的通勤族區域，發送方式是放在自助式報架上；第三，將編輯成本降到最低，只要夠製作出一份報紙，能在通勤的短暫車程上娛樂年輕的通勤族就夠了。很快的，就有競爭者起而效尤，採用同樣的模式，但《地鐵報》所用的一些聰明的招數，讓對手無法趕上。比方說，該報掌握了很多火車站和公車站的報架，迫使對手在比較重要的地區，只能採取成本昂貴的人工派報方式。

減少編輯人手，把成本壓到最低，製作一份「夠好」的日報供通勤族閱讀。

為了確保高發行量，以免費贈閱為手段，並集中在高流量的通勤族區域和公共運輸網絡發送。

地鐵報

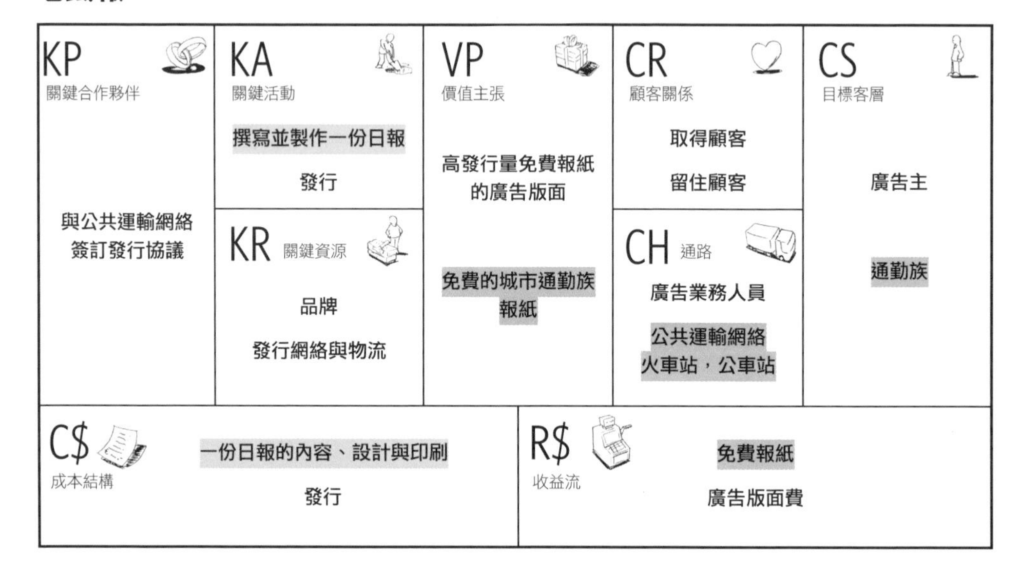

數量≠廣告收入

用戶數量大，不見得能轉換為財源滾滾的廣告收益，社交網站臉書(Facebook)就是一個例子。該公司宣稱直到2012年10月截止，有10億的用戶。這數字讓臉書成為全世界最大的社群網路。但根據產業專家表示，用戶對臉書廣告的反應，不如傳統的網路廣告。儘管對臉書而言，廣告只是幾個潛在收益流之一，但顯然用戶眾多並不能保證廣告收益多。

Facebook

	高流量社交網站上的廣告空間 免費社交網站	大量客製化	廣告主 全球網友
		廣告銷售人員 FACEBOOK.com	
	免費帳號 登在Facebook上的廣告費		

報紙：該收費或免費？

受到免費模式衝擊而瀕臨崩潰的一個產業，就是報業。由於被免費提供的網路內容和免費報紙夾殺，好幾個傳統報紙已經申請破產。根據皮尤網路研究中心(Pew Research Center)的一份研究，美國人上網看新聞的人數，於2008年超過付費買報紙或雜誌的人數，美國報業也因而達到引爆點。

傳統上，報紙和雜誌仰賴的收益來源有三個：報紙零售、訂戶費用，以及廣告。近年來，前兩個來源正在急速減少，而第三個來源的增加卻不夠快。儘管很多報紙的網路讀者群增加了，卻無法達成相對的廣告收益。同時，為了保障優秀新聞素質，要付出高昂的固定成本來雇用新聞編採人員，這點也沒有改變。

有的報紙試過網路訂戶收費，卻成效不一。如果讀者可以在網路上看到CNN.com和MSNBC.com這類免費的類似內容，就不太可能付費閱讀報導。要刺激讀者為額外的網路加值內容而付費，很少能夠成功。

至於實體報紙方面，傳統報業則是受到免費地鐵報這類刊物的攻擊。儘管地鐵報的形式和品質完全不同，而且主要的對象是原先不看報的年輕讀者，但還是對付費的傳統報業造成壓力。看報要收費的傳統模式，已經愈來愈難以為繼了。

有的報紙經營者正在針對網路空間，實驗新的模式。比方說，新聞網站True/Slant(trueslant.com)就集結了超過六十名的新聞工作者，每個都是特定領域的專家，網站的廣告和贊助收益都會分給每個撰稿人，而付費的廣告主則可以把自己的廣告刊登在與新聞內容並列的網頁上。

Free Advertising: Pattern of Multi-Sided Platforms

免費廣告：多邊平台樣式

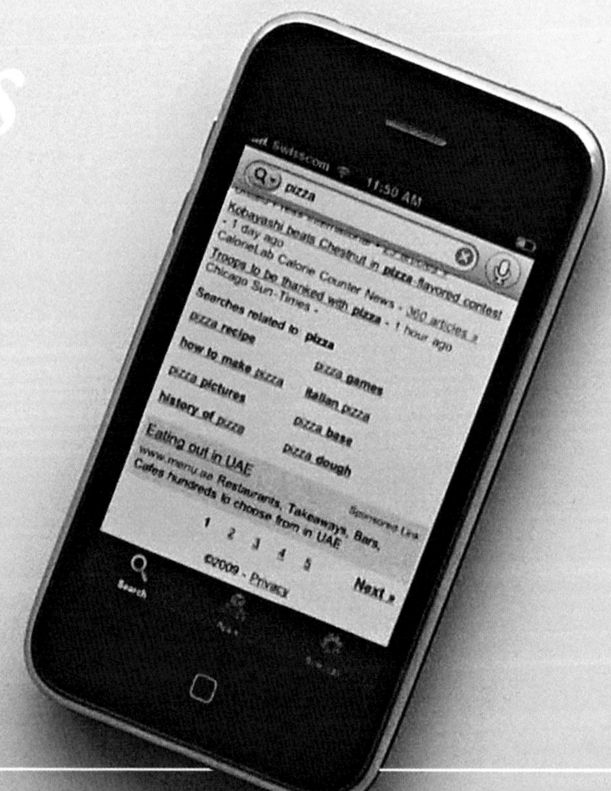

廣告主
顧客

平台開發＋維護

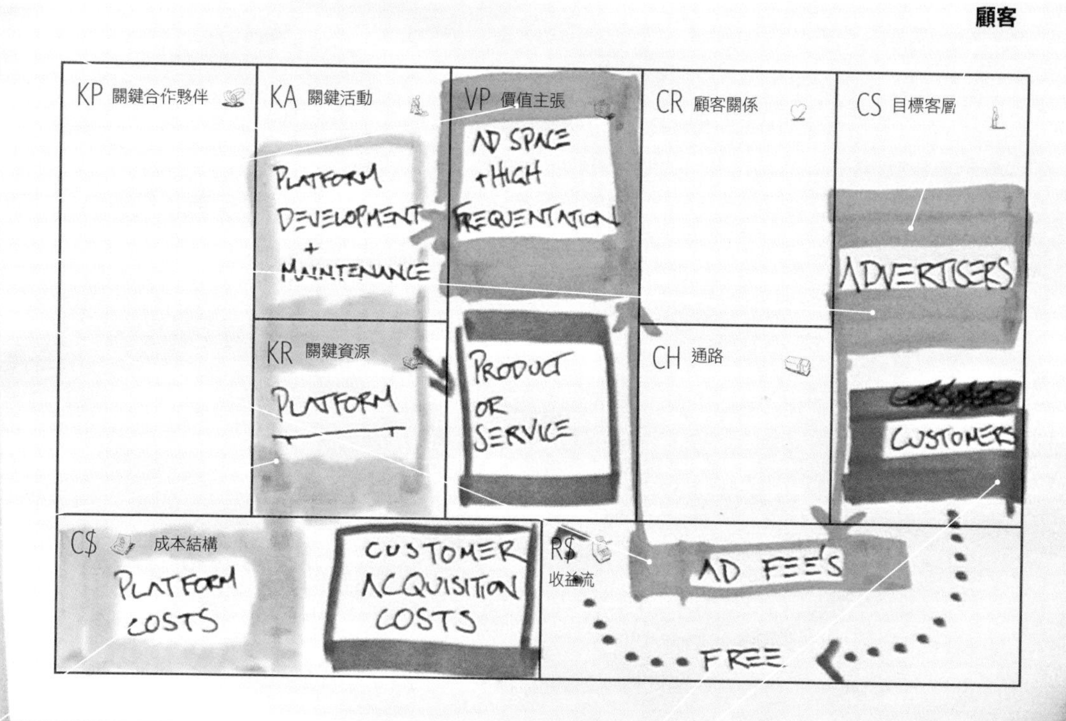

廣告版面＋高曝光率
產品或服務

有正確的產品或服務，再加上讀者眾多，這個平台就會吸引廣告主的興趣，因而可以收到廣告費，以補貼免費的產品與服務。

平台

平台成本
取得顧客的成本

主要成本是開發與維護平台；另外可能也會有一些取得及留住顧客的成本。

廣告費
免費

免費產品或服務會讓平台的顧客眾多，對廣告主就更有吸引力了。

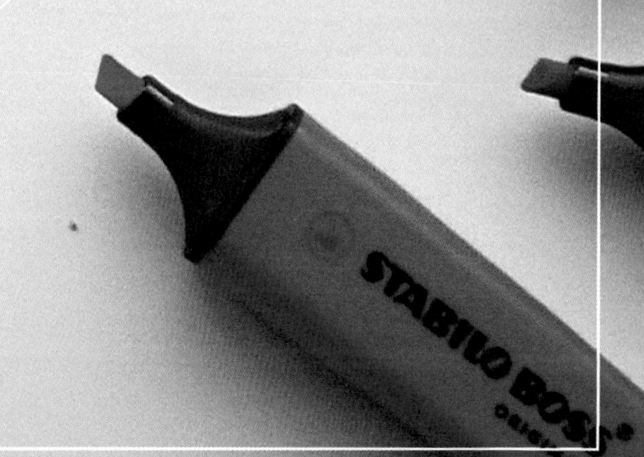

免費增值：基本的免費，更多就要付錢

免費增值（freemium）是魯金（Jarid Lukin）創出來的新名詞，並由創投資本家威爾森（Fred Wilson）在他的部落格上廣加宣揚。這個商業模式主要出現在以網路為基礎的行業，指的是免費（free）的基本服務，加上付費的增值（premium）服務。免費增值模式的特徵，就是大量的基礎用戶都可享受免費的、無附帶條件的產品或服務。大部分用戶並沒有變成付費顧客；只有一小部分、通常不到10%的用戶，才會花錢買增值服務，而這一小群付費的用戶則補貼了免費用戶。這個方法可行，是因為要服務額外的免費用戶，其邊際成本很低。在免費增值模式中，要注意的關鍵點是：(1)服務每個免費用戶的平均成本，以及(2)免費用戶轉為增值付費顧客的比率。

雅虎在2005年買下很受歡迎的照片分享網站Flickr，就為免費增值的商業模式提供了一個很好的範例。Flickr用戶可以免費登記一個基本帳號，上傳並分享影像。這個免費服務有一些基本限制，例如有限的儲存空間及每月最大上載數量。用戶只要再花一小筆年費，就可以購買pro帳號，享受無限上載及無限儲存空間，外加一些額外的功能。

Flickr

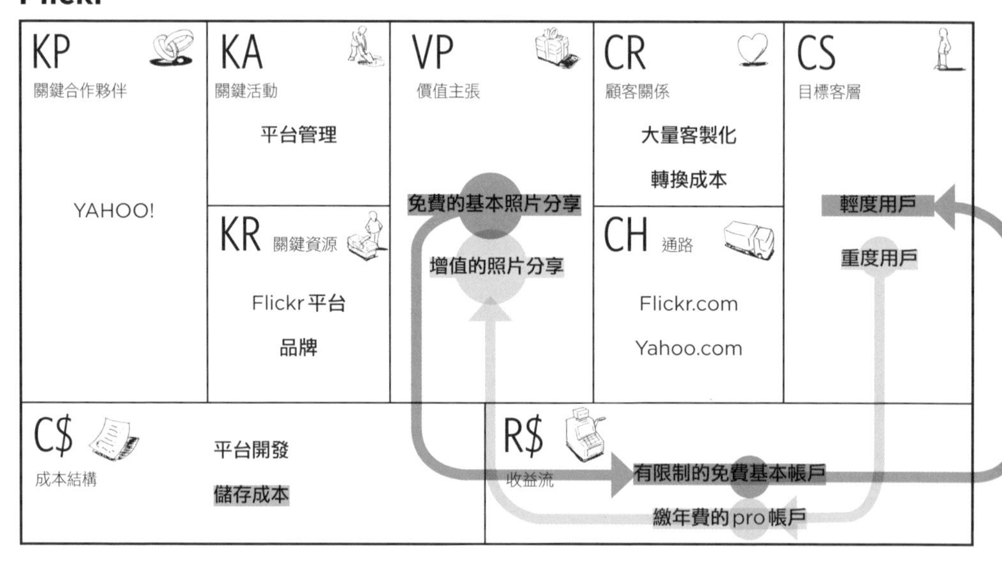

固定成本及套牢成本跟平台開發有關

變動成本要看照片的儲存數量而定

針對輕度用戶的大量基本帳號

一小部分繳年費的pro用戶

開放原始碼：免費增值的變奏版

企業軟體產業通常有兩個特徵：第一，固定成本很高，因為要負擔一大群軟體開發專家的費用；第二，基本的收益模式，是販賣以使用者人數為單位的使用權，以及軟體定期升級的費用。

但美國的軟體公司紅帽（Red Hat）卻把這個模式顛倒。他們不是從零開始創造軟體，而是把產品建立在所謂的開放原始碼（open source）軟體上，由全世界成千上萬的軟體工程師志願開發出來。紅帽公司明白，一般公司對穩健的、免授權費的開放原始碼軟體都很感興趣，但又不願意採用，因為擔心沒有一個實際的公司在法律上負責提供並維護這個軟體。紅帽公司填補了這個空隙，提供穩定、測試過、可供服務的免費開放原始碼軟體版本，尤其是Linux。

每次紅帽發表的版本都可支援七年。用戶由這個軟體獲益，因為他們可以享受開放原始碼軟體的零成本和穩定性，不必遭受一個被任何人不正式「擁有」的產品所帶來的不確定性。紅帽也因此獲益，因為其軟體的核心要點，就是透過開放原始碼社群免費地持續改進。這麼一來，就能大幅降低紅帽公司的開發成本。

當然，紅帽公司也得賺錢。他們不是向顧客收取每次新發表版本的費用──傳統的軟體收益模式──而是販賣獨創的訂閱模式。用戶只要繳交年費，就可以持續獲得往後紅帽公司所發表的軟體，以及無限制的服務支援，並保障可以和產品的法定擁有者持續互動。儘管Linux的很多版本和其他開放原始碼都是免費的，但很多公司還是願意付錢獲得這些好處。

紅帽

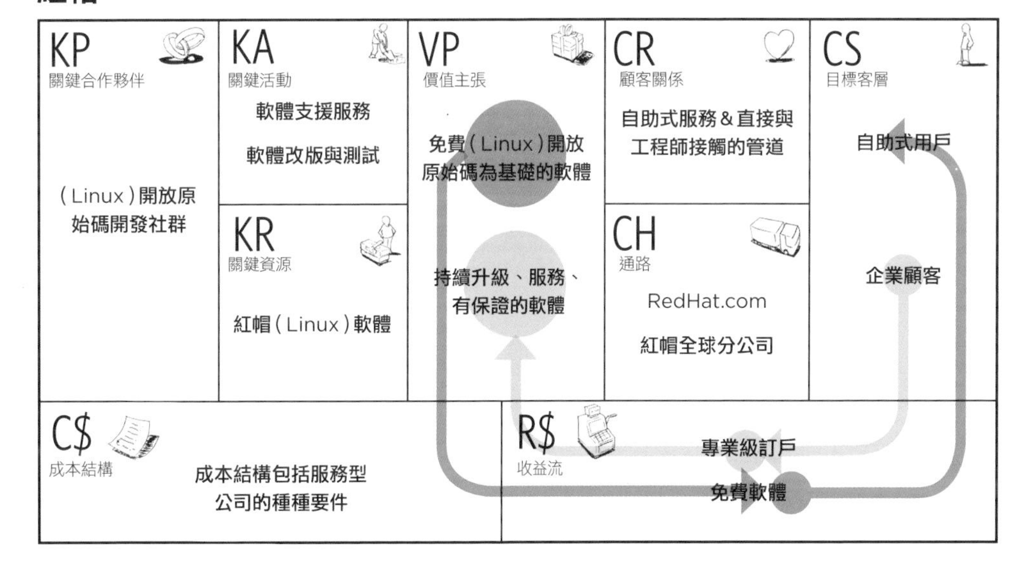

Skype

Skype為免費增值樣式提供了一個有趣的例子，他們透過網際網路提供免費電話服務，破壞了傳統的電信產業。Skype所開發的軟體，只要用戶安裝在電腦或智慧型手機裡，就可免費打給同樣裝置的用戶。Skype能提供這樣的服務，是因為其成本結構與電信公司截然不同。這些免費電話，完全透過網際網路所謂的點對點(peer-to-peer)技術，利用使用者硬體和網際網路當作通訊的基礎設施。於是，Skype不必像電信公司經營自己的網絡，而且支援更多用戶的成本也很小。除了後端軟體和處理使用者帳號的主機伺服器之外，Skype自己所需的基礎設施也很少。

用戶只有在使用SkypeOut這個增值服務、打電話到市內電話或手機號碼時，才需要付費，而且費率也很低。事實上，使用者所付的費用，只比Skype付給iBasis和Level 3這些批發電信商的跨網通信費用多一點點而已。

Skype宣稱，該公司自從2004年創立以來，已經有超過六億名註冊用戶，一年打超過三千億通的免費電話。Skype在2011年10月正式被微軟公司以85億美元收購，成為微軟旗下部門之一。微軟表示，截至2012年6月止，從Android手機上下載Skype的總數已經超過7千萬次；光是在2012年第2季，Skype用戶總共打了1150億分鐘的電話。

Skype

超過90%的Skype用戶註冊使用其免費服務

付費的SkypeOut 電話數量，占總使用量的不到10%

超過8年歷史
超過6億名用戶
打了超過3千億通電話

Skype破壞了電信產業，且協助將聲音通訊成本壓低至接近零。電信業者原先不明白Skype為什麼要提供免費電話服務，也沒認真把這家公司當一回事。何況傳統電話用戶只有一小部分人使用Skype。但漸漸的，愈來愈多的用戶決定用Skype打國際電話，侵蝕了傳統電信商最有利可圖的收益來源之一。這個樣式是典型的破壞性商業模式，嚴重影響了傳統的語音通訊業。根據電信研究公司Telegeography的資料，Skype如今已經成為全世界最大的跨境語音通訊服務供應商。

Skype vs. 傳統電信商

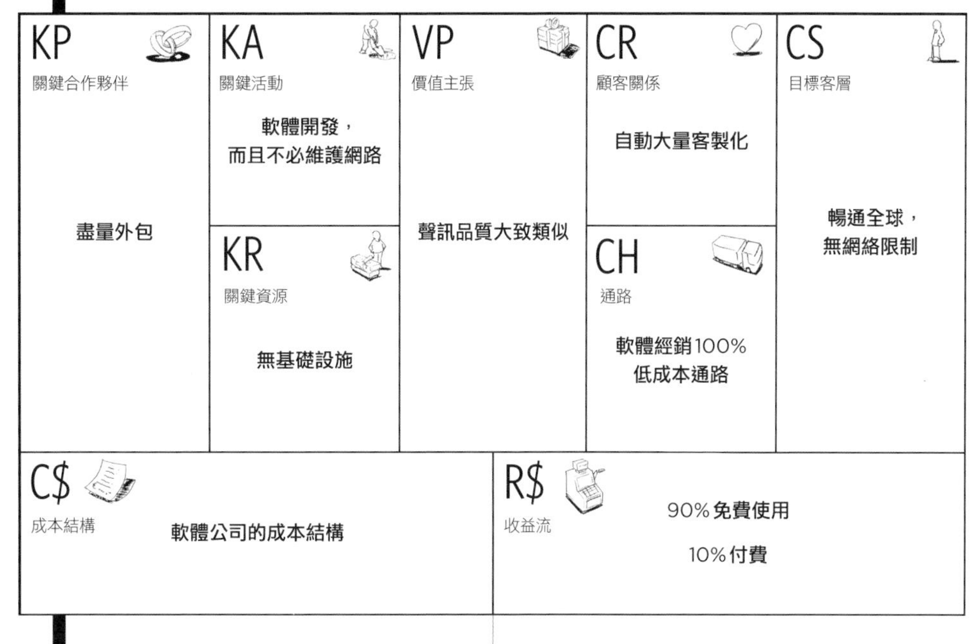

Skype是一家語音電話服務公司，不過卻是以軟體公司的經濟型態在經營

贈送軟體，且讓Skype用戶之間免費打電話，對Skype公司造成的成本費用很小

保險模式：顛倒的免費增值

在免費增值模式中，是以少部分增值服務付費的顧客來補助大部分免付費的顧客。但保險模式則是剛好相反──將免費增值模式上下顛倒過來。在保險模式中，大部分顧客花小額保險費來保護自己免於遭受不太可能、但一旦發生就會造成財務毀滅性後果的事件。簡單來說，就是以大部分付費顧客來補貼一小部分獲得理賠的人──但任何一個付費顧客隨時都有可能成為受益者。

以瑞士空中救援組織（REGA）為例，這個非營利組織利用直升機和飛機運送醫療人員到意外事故現場，尤其是瑞士山區。資助這個組織的所謂「贊助人」，超過兩百萬名。為了回報，REGA援救贊助人所產生的任何成本，都不必付費。山區救援行動有可能極其昂貴，所以REGA的贊助人發現這個服務很有吸引力，可以讓他們在滑雪假期、夏日健行、山區駕車碰到意外時，比較不必付出昂貴的代價。

REGA

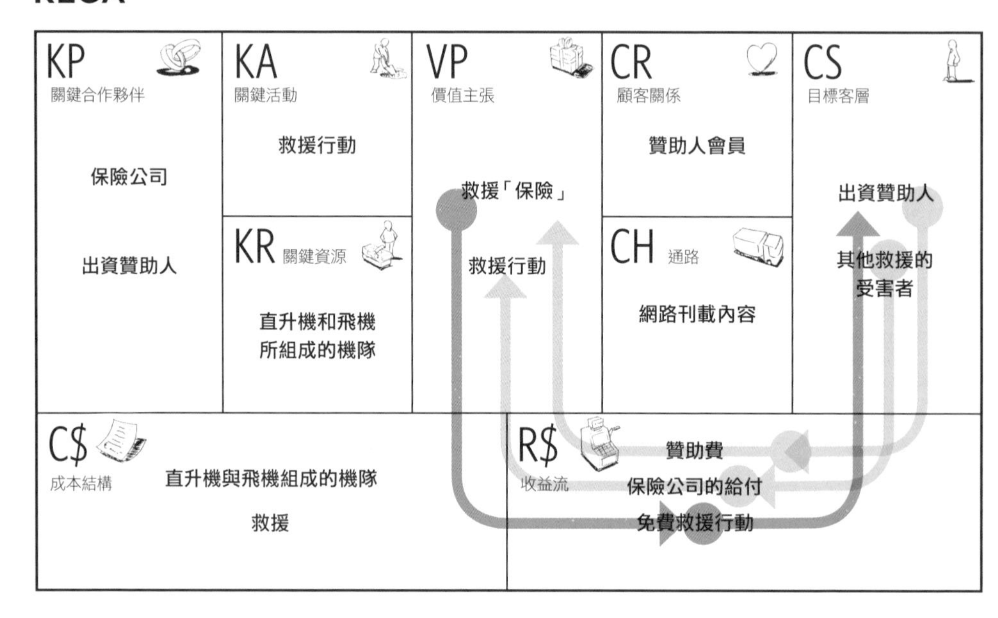

眾多付費用戶的費用，
足以負擔少數幾次理賠

所有數位化的產業，
最終都會變成免費。

—克里斯・安德森 Chris Anderson
Wired 雜誌總編輯

價格為零時所得到的顧客需求量，要比價格很低時的需求量高出很多倍。

—Hartik Hosanagar
華頓學院（Wharton）助理教授

我們再也不能袖手旁觀，
眼看著別人在錯誤的法理之下，
偷走我們的工作成果。

—Dean Singleton
美聯社社長

Google不是真正的公司，
只是個不牢靠的結構。

—Steve Ballmer
微軟公司執行長

Freemium Pattern

免費增值樣式

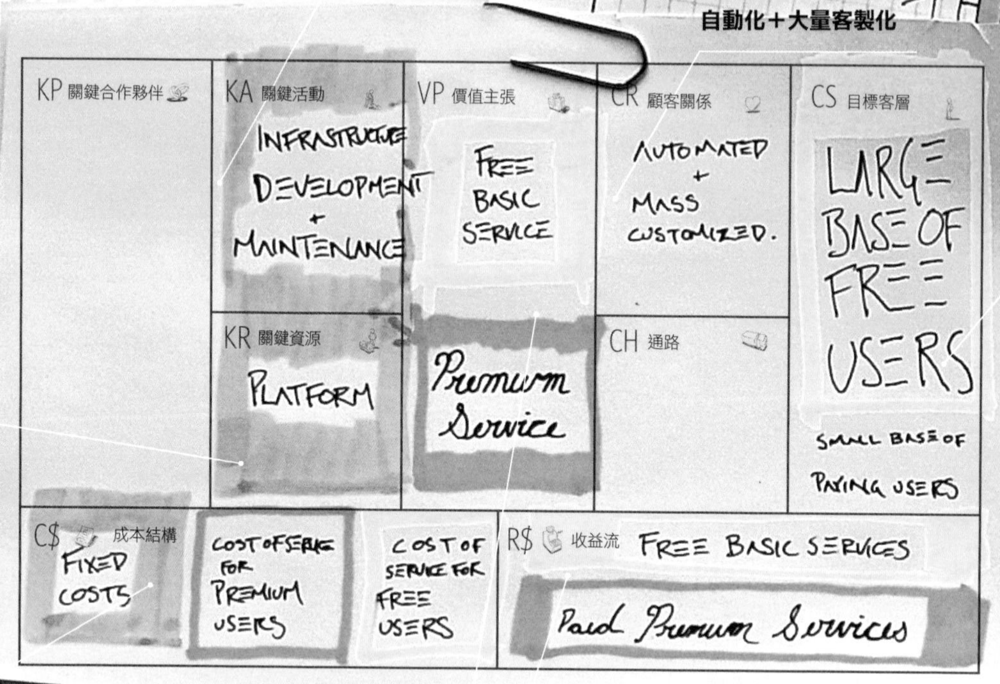

平台

在免費增值樣式中，平台是最重要的資產，因為有了平台，才能以很低的邊際成本，提供免費的基本服務。

固定成本
服務增值用戶的成本
服務免費用戶的成本

這個樣式的成本結構分為三部分：固定成本通常很高，提供免費帳戶服務的邊際成本很低，而增值帳戶的成本則另外計算。

免費基本服務
增值服務

客戶關係必須自動化且低成本，才能處理大量的免費用戶。

免費基本服務
付費增值服務

有個很重要的衡量標準，就是免費帳戶轉為增值帳戶的比率。

用戶數

描述一個採用免費增值商業模式的公司可以吸引到多少用戶

固定成本

一個公司運作其商業模式會產生的成本（例如系統成本）

大量的免費用戶
少量的付費用戶

免費增值模式的特色是，以少量的付費用戶來補貼大量的免費服務用戶。
用戶享受免費基本服務，同時可以付錢購買增值服務，享受額外的好處。

增值用戶與免費用戶所占的百分比
明確顯示所有用戶中，有多少是增值付費用戶，又有多少是免費用戶

服務成本
顯示一個公司提供免費或增值服務給用戶的平均成本

成長率與流失率
明確顯示流失多少用戶與新增多少用戶

取得用戶的成本
一個公司要獲得新用戶所產生的總費用

增值服務價格
指出公司傳遞一項增值服務給每個增值付費用戶的平均成本

operating profit period	income	cost of service	fixed costs	customer acquisition costs	operating profit
month 1	$2,116,125	$391,500	$1,100,000	$650,000	-$25,37[illegible]
month 2	$2,151,041	$397,960	$1,100,000	$650,000	$3,0[illegible]
month 3	$2,186,533	$404,526	$1,100,000	$650,000	$32,00[illegible]
month 4	$2,222,611	$411,201	$1,100,000	$650,000	$61[illegible]
month 5	$2,259,284	$417,986	$1,100,000	$650,000	[illegible]
month 6	$2,296,562	$424,882	$1,100,000	$650,00[illegible]	[illegible]
month 7	$2,334,456	$431,893	[illegible]	[illegible]	[illegible]
month 8	$2,372,974	[illegible]	[illegible]	[illegible]	[illegible]
month 9	$2,4[illegible]	[illegible]	[illegible]	[illegible]	[illegible]

cost of service period	users	% of free users	cost of service free users	users	% of premium users	cost of service premium users	cost of service to all users
month 1	9,000,000	0.95	$0.03	9,000,000	0.05	$0.30	$391,500
[illegible]	9,148,500	0.95	$0.03	9,148,500	0.05	$0.30	$397,960
[illegible]	[illegible]	0.95	$0.03	9,299,450	0.05	$0.30	$404,526
[illegible]	[illegible]	[illegible]	[illegible]	[illegible]	0.05	$0.30	$411,201
[illegible]	[illegible]	[illegible]	[illegible]	[illegible]	[illegible]	[illegible]	$417,986

income period	users	% of premium users	price of premium service/month	growth rate	churn rate	income
month 1	9,000,000	0.05	$4.95	1.07	0.95	$2,116,125
month 2	9,148,500	0.05	$4.95	1.07	0.95	$2,151,041
month 3	9,299,450	0.05	$4.95	1.07	0.95	$2,186,533
month 4	9,452,891	0.05	$4.95	1.07	0.95	$2,222,611
month 5	9,608,864	0.05	$4.95	1.07	0.95	$2,259,284
month 6	9,767,410	0.05	$4.95	1.07	0.95	$2,296,562
month 7	9,928,572	0.05	$4.95	1.07	0.95	$2,334,456
month 8	10,092,394	0.05	$4.95	1.07	0.95	$2,372,974
[illegible]	10,258,918	0.05	$4.95	1.07	0.95	$2,412,128
[illegible]	[illegible]	0.05	$4.95	1.07	0.95	$2,451,928
[illegible]	[illegible]	[illegible]	$4.95	1.07	0.95	$2,492,385
[illegible]	[illegible]	[illegible]	[illegible]	1.07	0.95	$2,533,509

收入 =｛用戶數 × 增值用戶% × 增值服務價格｝× 成長率 × 流失率
服務成本 =｛用戶數 × 免費用戶% × 服務免費用戶的成本｝+｛用戶數 × 增值用戶% × 服務增值用戶的成本｝
營運利潤 = 收入 − 服務成本 − 固定成本 −取得用戶的成本

餌與鉤

「餌與鉤」(bait & hook)這種商業模式的特徵是：一開始便宜或免費提供一種有吸引力的產品或服務，以鼓勵使用者往後持續購買相關產品或服務。這個模式一般也稱之為「虧本打頭陣」(loss leader)或「刮鬍刀與刀片」(razor & blades)模式。「虧本打頭陣」指的是一開始的產品採用補貼或甚至賠錢的方式，期望能從後續的銷售中獲得利潤。「刮鬍刀與刀片」則是指發明拋棄式刮鬍刀的美國商人吉列(King C. Gillette)所推廣的商業模式(見105頁)。我們使用「餌與鉤」一詞，泛指一開始先引顧客上鉤，再從後續的銷售中賺錢的營業模式。

行動電信產業為免費初期產品的餌與鉤模式，提供了一個很好的例子。行動網路業者現在的標準做法，就是提供綁約的免費手機。業者賠錢免費送手機，但透過隨後收取的月租費，就可輕易彌補這個損失。業者以免費手機提供當下的滿足感，而這支手機往後就可以製造常續性的收入。

免費手機的餌與鉤

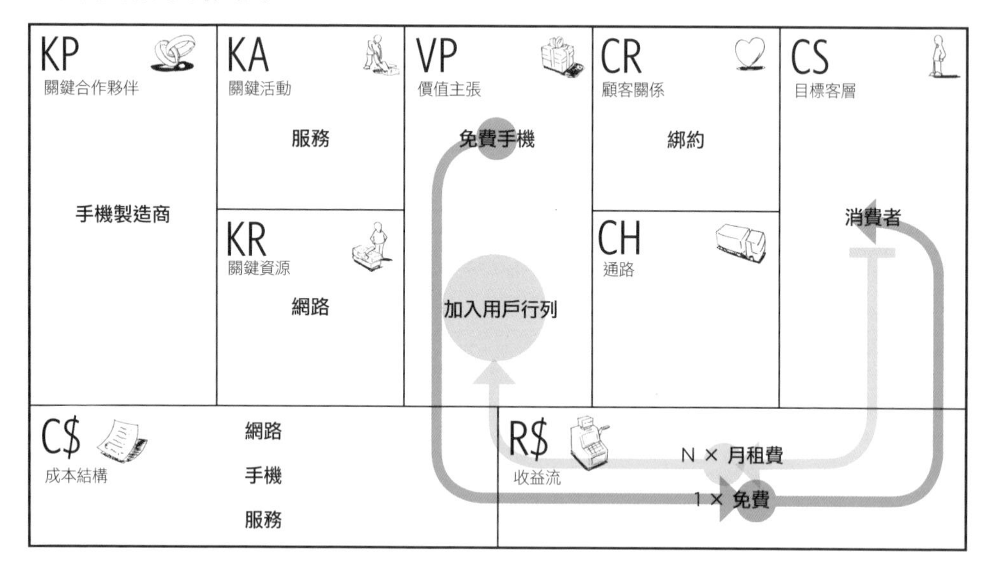

一般通稱為「刮鬍刀與刀片」的餌與鉤商業模式，是源自於第一個拋棄式刮鬍刀片的販售方式。1904年，吉列先生將他發明的第一個拋棄式刮鬍刀片系統商品化，決定將這種刮鬍刀以大幅折扣、甚至贈送的方式，跟其他產品一起銷售，好為他的拋棄式刀片創造需求。至今吉列依然是刮鬍產品的傑出品牌。這個模式的關鍵，就是將便宜或免費的創始產品，與高毛利的後續產品項目（通常是拋棄式的）緊密連結。控制這種「綁定」（lock-in）的效果，是此一模式成功的關鍵。透過互斥性專利（blocking patents），吉列確保競爭對手不能提供更便宜的刀片給吉列的刮鬍刀使用。事實上，今天刮鬍刀是全世界專利最多的消費產品，有超過一千項專利，內容包羅萬象，從潤滑條到裝卸系統都有。

這個模式在商業界非常普遍，也已經應用到許多別的產業，包括噴墨印表機。像HP、Epson、Canon這些印表機廠商，通常都以非常低的價格賣出印表機，但後續賣出墨水匣，就能賺進豐厚的毛利。

「刮鬍刀與刀片」模式：吉列

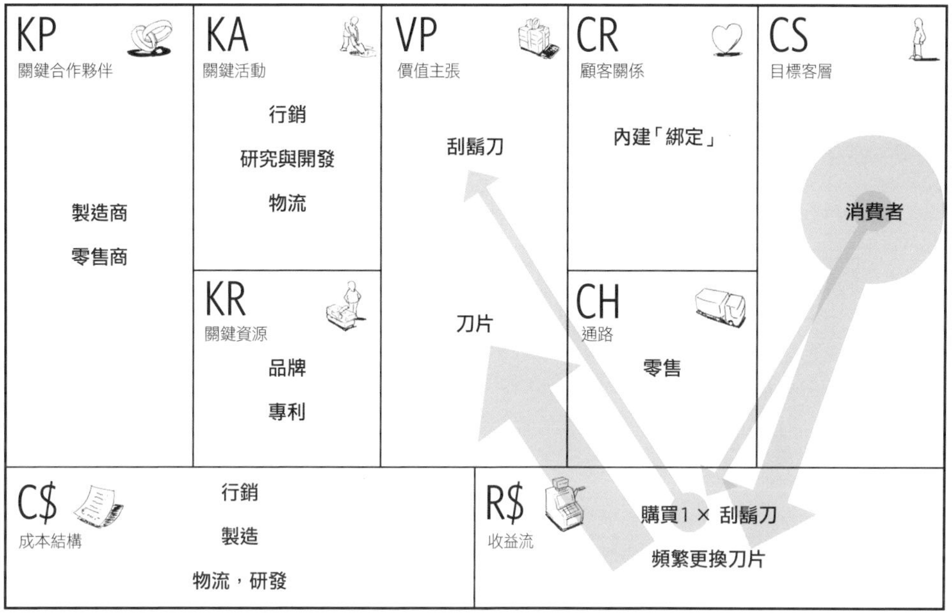

KP 關鍵合作夥伴
製造商
零售商

KA 關鍵活動
行銷
研究與開發
物流

KR 關鍵資源
品牌
專利

VP 價值主張
刮鬍刀
刀片

CR 顧客關係
內建「綁定」

CH 通路
零售

CS 目標客層
消費者

C$ 成本結構
行銷
製造
物流，研發

R$ 收益流
購買1 × 刮鬍刀
頻繁更換刀片

Bait & Hook Pattern

餌與鉤樣式

「餌」產品
「鉤」產品或服務

用便宜或免費的「餌」引誘顧客上鉤——同時緊密連結到一項（拋棄式的）後續產品或服務。

「綁定」

這個商業模式的特徵，就是創始產品與後續產品或服務之間的緊密連結或「綁定」。

目標客層

便宜或免費的創始產品或服務，所帶來當下的滿足感，吸引了顧客。

購買1×「餌」
重複購買「鉤」產品或服務

最初的一次購買，帶來的收益很小或是零收益，但透過往後重複購買高毛利的產品或服務，就可以得到彌補。

生產
服務執行

專注於傳送後續產品與服務。

專利
品牌

餌與鉤樣式通常必須有一個強大的品牌。

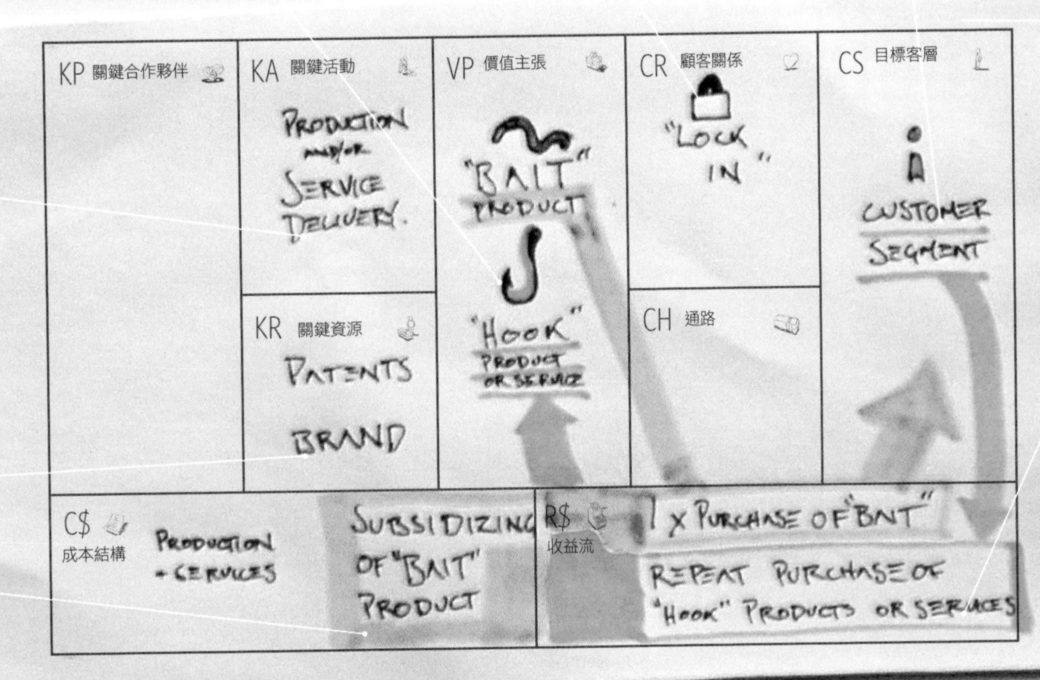

生產＋服務
補貼「餌」產品

成本結構中，重要的元素包括補貼創始產品，以及製造後續產品或服務的成本。

Open
Business
Models

開放式商業模式

定義_樣式 5

想要有系統地與外界夥伴合作，從而創造並獲取價值的公司，可以採用**開放式商業模式**。

• 這種商業模式的發生方式，可以是公司內部採用外界點子的「由外向內」，或是將公司內部閒置不用的點子或資產提供給外界使用的「由內向外」。

〔參考文獻〕

1 •*Open Business Models: How to Thrive in the New Innovation Landscape*. Henry Chesbrough. 2006.

2 •"The Era of Open Innovation." *MIT Sloan Management Review*. Henry Chesbrough. No 3, 2003.

〔實例〕

寶僑公司（P & G）
葛蘭素史克藥廠（GlaxoSmithKilne）
意諾新公司（InnoCentive）

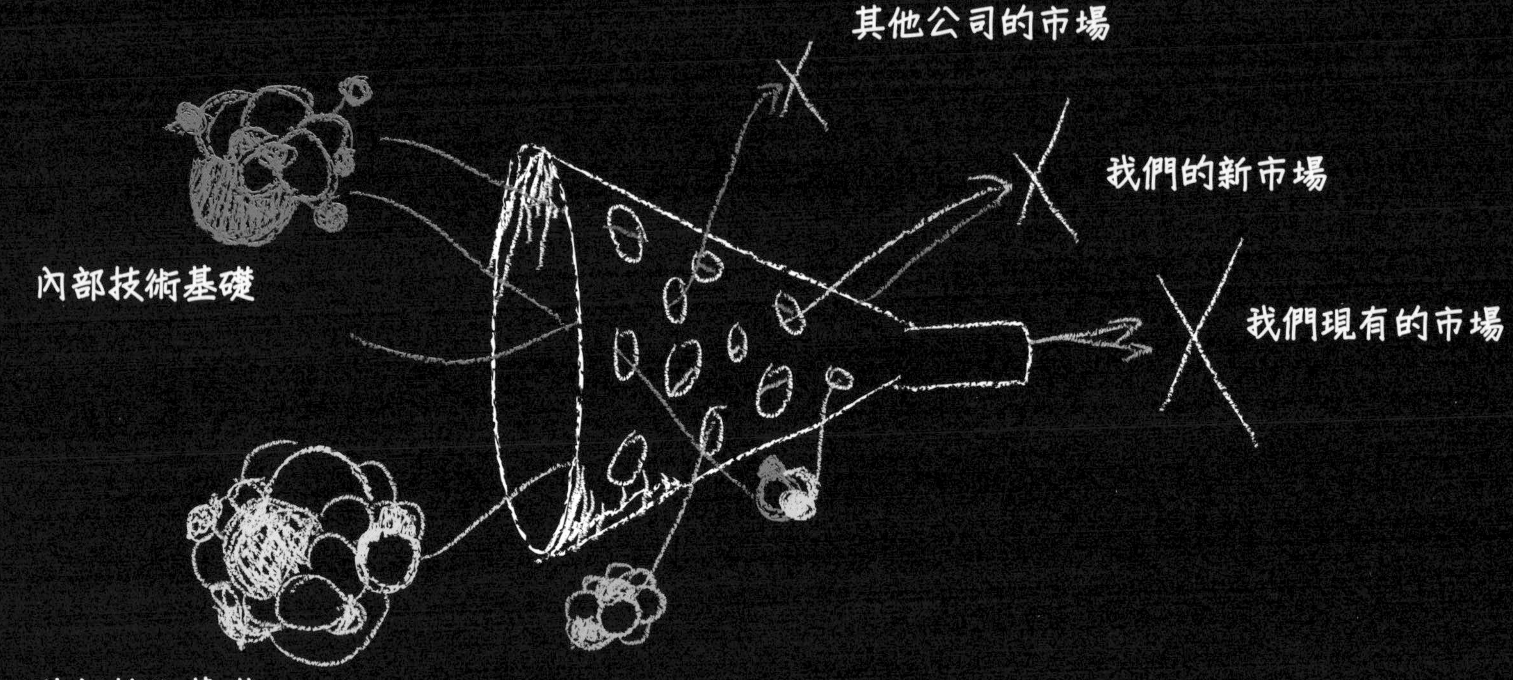

開放式創新和開放式商業模式這兩個詞，是伽斯柏（Henry Chesbrough）所創造出來的，指的是一個公司將研究過程向外界開放。伽斯柏主張，今日世界的特徵，就是知識散布在各處，各組織若是將外界的知識、智慧財產、產品，整合在自己的創新過程中，就可為自己的研究創造出更多價值與成就。此外，伽斯柏也說明，一個公司內部閒置不用的產品、技術、知識、智慧財產權，可以透過授權、共同投資、轉投資等方式提供給外界，因而賺得收入。伽斯柏還將開放式創新，分為「由外向內」和「由內向外」兩種。「由外向內」創新，指的是一個組織在開發和商品化的過程中，引入外界的點子、技術，或智慧財產權。右頁圖表說明了很多企業愈來愈仰賴外界技術資源，以強化自己的商業模式。「由內向外」創新，則是指某些組織將自己的智慧財產或技術，特別是未使用的資產，對外授權或販賣。接下來，我們就以實行開放式創新的公司為例，來說明這種商業模式。

創新的原則

封閉性	開放式
我們這個領域的聰明人，都替我們工作。	我們必須跟公司內外的聰明人一起合作。
為了從研發中獲利，我們必須自己發現、開發及安裝。	外部研發可以創造非凡的價值；內部研發必須取得這些價值的某些部分。
如果業界大部分的頂尖研究都由我們自己執行，我們就會贏。	我們不必自己研究，也可以從中獲益。
如果業界大部分的頂尖點子都由我們自己發想出來，我們就會贏。	如果我們能善加利用內部和外部的點子，我們就會贏。
我們應該掌控自己的創新過程，這樣競爭對手就不會從我們的點子中獲利。	我們應該從別人使用我們的創新中獲利，而且只要能增進我們自己的利益，就應該去購買別人的智慧財產。

資料來源：摘自2003年Henry Chesbrough及2009年維基百科相關內容

寶僑公司：連結與發展

2000年6月，寶僑（Procter & Gamble）在股價持續下滑期中，該公司資深高階主管賴夫利（A. G. Lafley）被指派為這個消費產品巨人的新執行長。為了讓寶僑公司恢復活力，賴夫利決定將公司的核心重新擺在創新上頭。但他沒有增加寶僑的開銷，而是著眼於建構一個新的創新文化：將集中於內部的研發方式轉為開放式研發過程。關鍵元素就是一個「連結與發展」策略，希望透過外部夥伴，善加利用公司內部的研究。賴夫利設定了一個充滿野心的目標：將寶僑公司與外部夥伴的創新占比，從原本的近15%，提高到50%。結果不僅在2007年就超越了這個目標，同時，寶僑的生產力也大增了85%，但研發費用比起賴夫利剛接任執行長時，只高了一點點。

為了要將內部資源與外界合作的活動連結在一起，寶僑公司在原來的商業模式裡增建了三道「橋梁」：技術型創業家、網際網路平台，以及退休人員。

1 技術型創業家是來自寶僑各事業單位的資深科學家，他們有系統地與各大學和其他公司的研究者發展關係。這些技術型創業家同時也扮演「獵人」的角色，四處留意外部的解決方案，以因應寶僑內部的挑戰。

2 透過網際網路平台，寶僑與世界各地解決問題的專家聯繫。利用諸如意諾新公司（InnoCentive，見114頁）這類平台，寶僑可以把自己的某些研究難題向全世界各地的科學家公告周知。如果回覆者能提出成功的解決方案，就可獲得寶僑提供的現金獎勵。

3 寶僑建構了YourEncore.com網站，徵求退休人士的知識貢獻，這個平台成了開放與外部溝通的創新「橋梁」。

由外向內

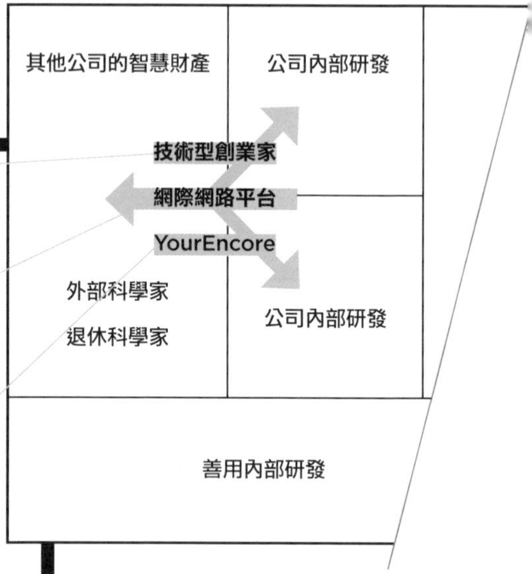

葛蘭素史克藥廠的專利庫

由內向外的開放式創新，通常焦點是利用公司內部未使用的資產（主要是專利與技術）來賺錢。不過以葛蘭素史克藥廠的「專利庫」（patent pool）研究策略而言，動機則略有不同。該公司的目標，是讓最貧窮的國家能更容易取得藥物，同時也鼓勵研究被忽視的疾病。要達到這些目標的一個方式，就是把開發這類疾病藥物的相關智慧財產權放在一個專利庫中，開放給其他專家進一步研究。由於大藥廠的主焦點都放在開發暢銷藥物上面，與某些冷門疾病相關的智慧財產往往閒置不用。專利庫整合了不同權利持有者的智慧財產，讓它們更容易取得。這麼一來，也可以避免因為無法解決某個權利，而阻礙研發的推展。

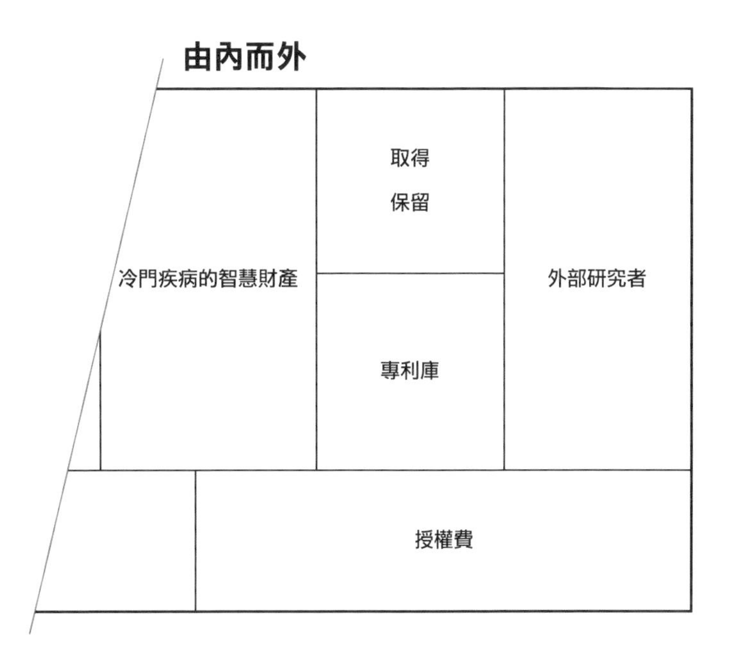

將內部有關於窮國疾病未使用到的點子、研發及智慧財產，都集中到專利庫，就有很大的價值。

連結者：意諾新公司

想吸引外部人才（包括個人或公司）來解決公司內部的問題，得付出可觀的成本。另一方面，研究者若想把自己的知識應用在所屬的機構之外，尋找有吸引力的機會，也得付出搜尋成本。意諾新公司（InnoCentive）就從這種狀況中見到了機會。

意諾新提供機會，讓有研發問題待解決的組織，以及世界各地熱中於挑戰的研究者，兩者之間可以連結起來。意諾新本來屬於禮來製藥公司（Eli Lilly）的一個機構，現在成為獨立的中介平台，為非營利組織、政府機構，以及諸如寶僑、蘇威（Solvay）、洛克斐勒基金會等商業組織服務。在意諾新網站上貼出難題的公司叫「提問者」（seekers），而企圖為難題找到解決方案的科學家叫「解答者」（solvers），如果能成功解決難題，這些公司會給予五千至一百萬美元的獎金酬謝。意諾新的價值主張，就是集中並連結「提問者」和「解答者」。這些特質，也是多邊平台商業模式的特徵（見76頁）。採用開放式商業模式的公司往往會建立這類平台，以減少搜尋成本。

意諾新

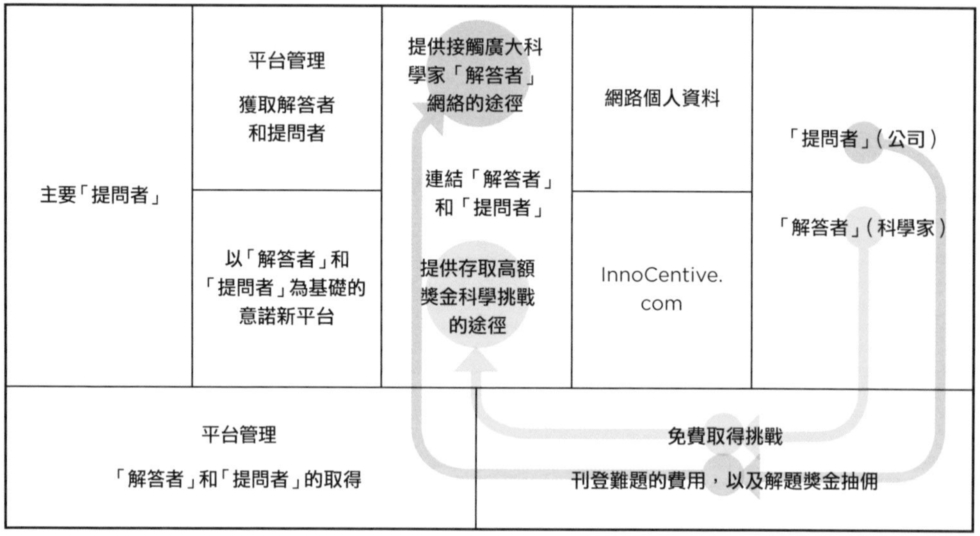

歸根結柢，開放式創新是因應當今知識龐雜的世界而順勢運作，在這樣的環境中，不見得所有聰明人都替你做事，所以你最好找出他們、聯繫他們，並仰賴他們的長才。

— 伽斯柏 Henry Chesbrough
加州大學柏克萊分校哈斯商學院
（Haas School of Business）
開放式創新研究中心執行長

眾所皆知，我們長期以來都喜歡一切自己來，但現在我們開始要從公司內外的各種可能資源尋找創新。

— 賴夫利 A.G. Lafley
寶僑公司董事長兼執行長

雀巢（Nestlé）很清楚，要達到成長的目標，就得拓展內部能力，廣闢策略合作夥伴關係。於是我們擁抱開放式創新，積極和策略夥伴合作，以共同開創重大的新市場和產品機會。

— 崔特勒 Helmut Traitler
雀巢公司創新合作夥伴部門主管

Outside-In Pattern

由外向內的樣式

創新夥伴
研究社群

外部組織（有時來自完全不同的產業）有可能提供寶貴的洞見、知識、專利或現成的產品，給公司內部的研發單位。

篩選
管理網絡
開拓次要市場

要仰賴外部知識，就得從事聯繫活動，讓外部能與內部業務流程和研發單位相連結。

篩選能力
接觸創新網絡的管道

要善用外部創新，需要一些特定的資源，以建立通向外部網絡的途徑。

外部開發成本

從外部資源取得創新，要付出成本。但仰賴外部開創的知識及先進的研究計畫，可縮短產品問世的時間，並增進其內部研發的生產力。

一般的公司若已擁有強大的品牌、配銷通路及顧客關係，就很適合由外向內的開放式商業模式。這樣的公司可以仰賴外部的創新資源，加強既有的顧客關係。

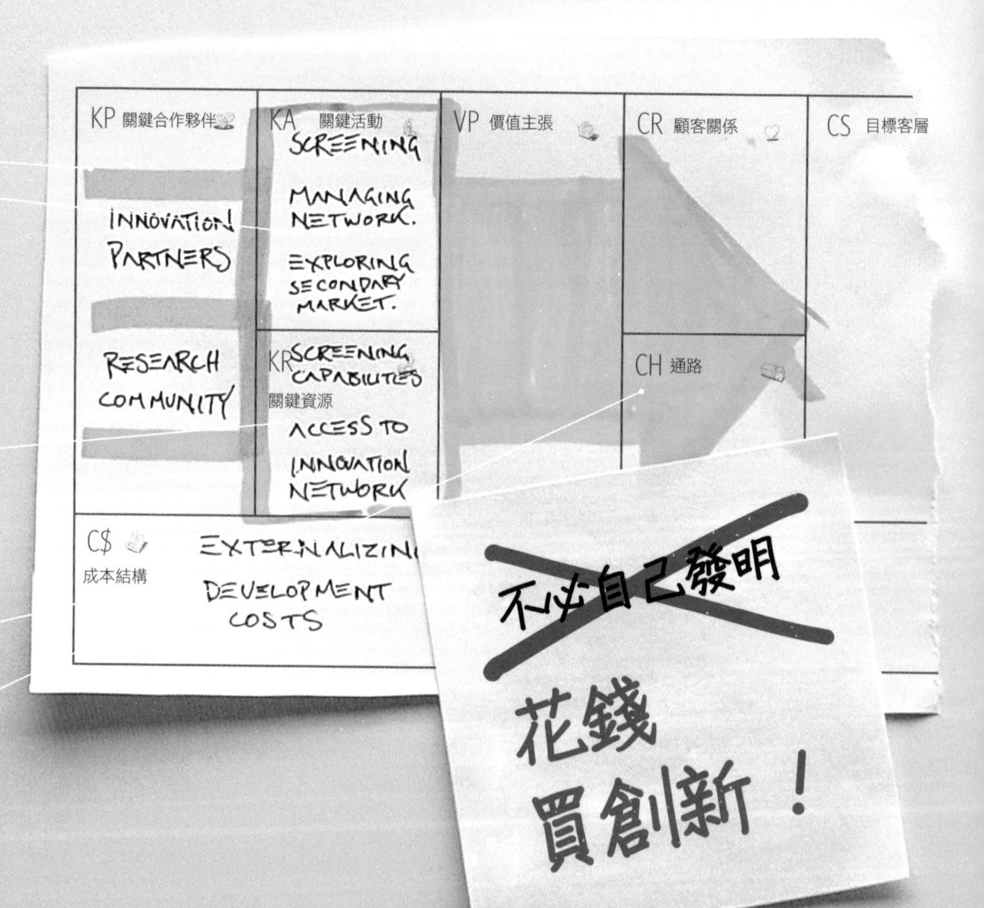

研發結果
未使用的智慧財產

有些內部研發成果，由於策略或經營上的理由而沒有使用，但可能對其他產業的組織很有價值。

注重研發的組織，通常都擁有很多未加利用的知識、技術、智慧財產。由於專注於核心業務，有些寶貴的智慧資產只能閒置不用。這類企業就很適合採用「由內向外」的開放式商業模式。

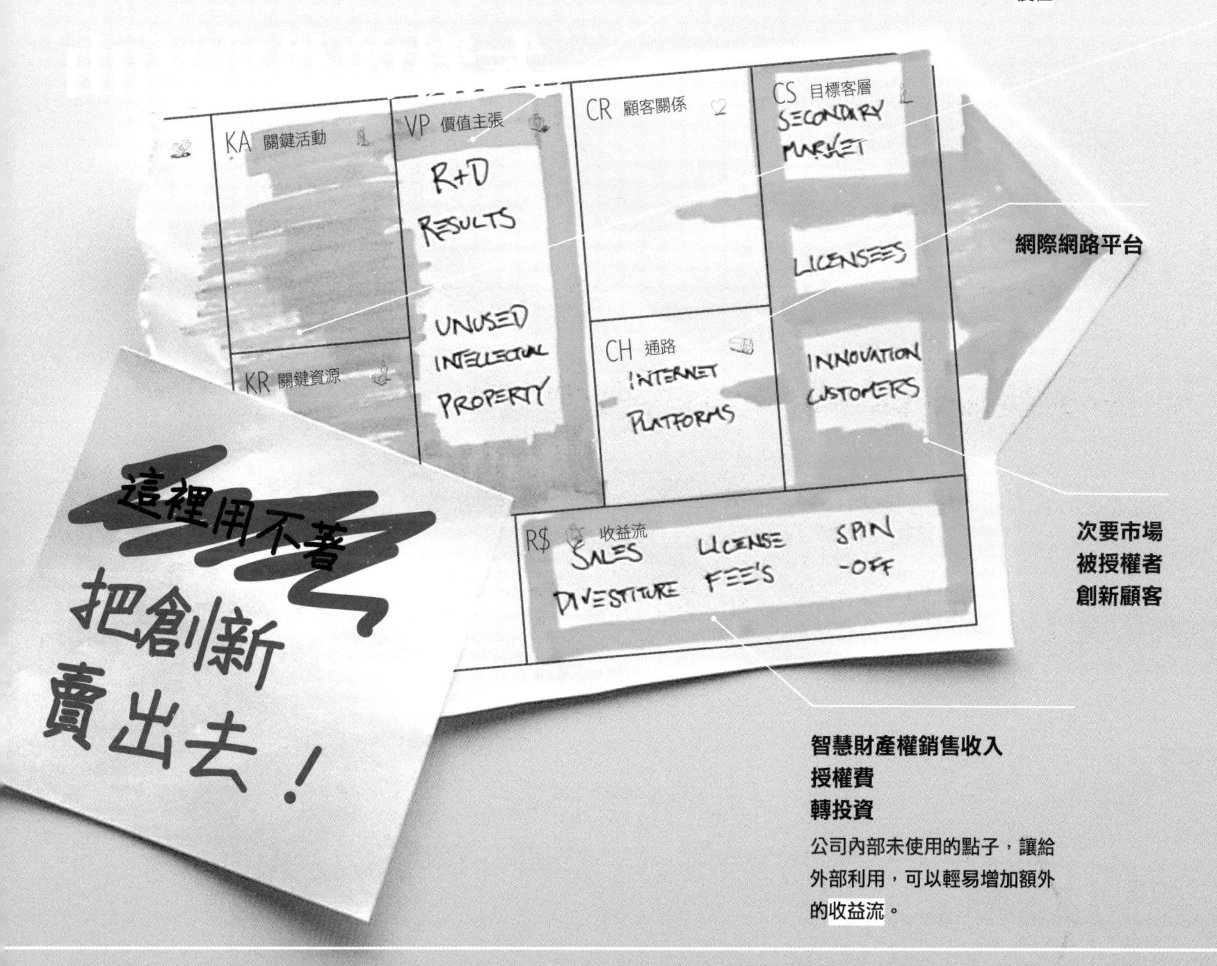

網際網路平台

次要市場
被授權者
創新顧客

智慧財產權銷售收入
授權費
轉投資

公司內部未使用的點子，讓給外部利用，可以輕易增加額外的收益流。

樣式一覽表

	分拆商業模式	長尾
背景（之前）	集中模式，將基礎設施管理、產品創新、顧客關係放在同一家公司。	價值主張的訴求目標，只限於最有利可圖的客戶。
挑戰	成本太高。 數種彼此衝突的企業文化都集中在同一家公司，造成不情願的取捨。	倘若瞄準較無利潤的客層，成本太高。
解決方式（之後）	將業務分拆成三個不同但互補的模式，分別處理： • 基礎設施管理 • 產品創新 • 顧客關係	新的或額外的價值主張，瞄準以往較無利潤的大量利基客層──這些顧客加起來的利潤總和，不容小覷。
理論根據	資訊技術和管理工具的改善，使得分拆及協調不同商業模式的成本更低，因此得以消除不情願的取捨。	改善了資訊技術和營運管理，就可以用低成本傳送量身訂做的價值主張，給大量的新顧客。
例證	私人銀行業 行動電信業	出版業（Lulu.com） 樂高

多邊平台	免費商業模式	開放式商業模式
一種價值主張，針對一個客層。	一種高價值、高成本的價值主張，只提供給付費顧客。	研發資源和關鍵活動都集中於組織內部： • 只由「內部」發想點子 • 研發成果只供「內部」使用
企業無法取得對公司既有顧客層感興趣的潛在新顧客（例如遊戲開發商感興趣的遊戲機用戶）。	高價格嚇跑顧客。	研發耗費成本，生產力下降
可以多加一個價值主張，「提供管道」去接觸公司的既有客層（例如遊戲機製造商可以提供軟體開發商去接觸遊戲機用戶的機會）。	好幾種價值主張，可以提供給不同的目標客層，帶來不同的現金流，其中一種是不收費的（或者成本很低）。	利用外部合作夥伴，補強內部研發資源和活動。內部研發成果轉為一種價值主張，提供給有興趣的目標客層。
在至少兩個客層之間運作的中介營運平台，為原本的模式增加現金流。	為了吸引最多用戶，用付費顧客帶來的收入，去補貼免付費客層。	從外部資源取得研發會比較便宜，可以縮短新產品的上市時間。未開發的創意如果賣出去，有可能帶來更多收益。
Google 任天堂、索尼及微軟的電玩遊戲機 蘋果電腦 iPod，iTunes，iPhone	廣告和報紙 地鐵報 Flickr 開放原始碼 紅帽公司 Skype（相對於電信公司） 吉列公司 刮鬍刀與刀片	寶僑公司 葛蘭素史克藥廠 意諾新公司

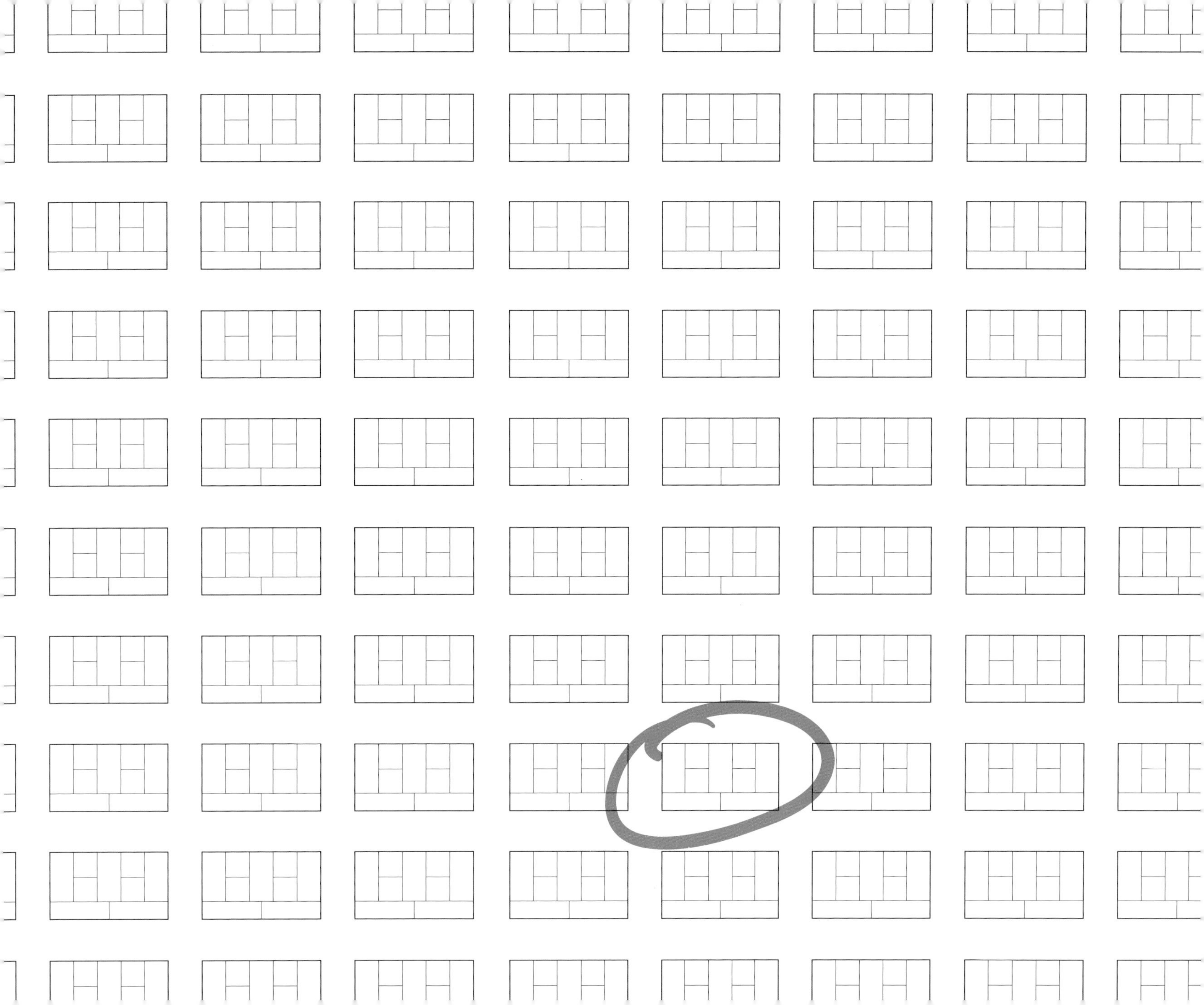

Des

sign

設計

"Businesspeople don't just need to understand designers better; they need to become designers."

企業人不只要更了解設計，還得變成設計師。

—羅傑・馬丁 Roger Martin

加拿大多倫多大學羅特曼管理學院

（Rotman School of Management）院長

本章將敘述一些設計界的技巧和工具，可以幫你設計出更好、更創新的商業模型。設計師的本分，包括不斷尋求最好的方法去創造、發掘有待探索的新領域，或發揮功能。設計師的職責是突破固有想法的限制，找出新的選項，而最終，就是要為使用者創造價值。要達到這個目的，就需要有能力去發想出「不存在的事物」。我們相信，專業設計師的工具和態度，對於成功建立一個商業模式，是不可或缺的。

事實上，企業人每天都不自覺地執行設計任務。我們設計組織、策略、商業模式、流程及提案。做這些設計，就必須考慮到種種錯綜複雜的元素，例如競爭對手、技術、法律環境等等。漸漸的，我們就得涉入不熟悉的未知領域。這就是設計的本質。企業人所欠缺的，就是可以補足他們商業技巧的設計工具。

以下我們要來探索六個商業模式的設計技巧，包括顧客觀點、創意發想、視覺化思考、原型製作、說故事以及情境描繪。每種技巧，我們都會用一個故事來帶入，說明如何將這些技巧應用在商業模式的設計中，並穿插一些練習及建議，具體說明這些設計技巧如何應用。有興趣更深入探索每種技巧的人，還可參閱最後的參考書目。

設計

Customer Insights
顧客觀點

2008年情人節

奧斯陸郊外
一棟辦公大樓外頭，
四個挪威青少年穿著
美式風格的字母夾克，
頭戴棒球帽，
跟一個五十來歲的男人
起勁地討論著……

……這些十來歲的青少年是時髦的雪地滑板客，他們正在回答理查．林恩（Richard Ling）的問題。林恩是資深社會學家，任職於全球第七大行動電信營運商Telenor。他基於研究需要，在街頭訪問這群青少年，收集有關社交網站照片使用及照片分享的意見。現在幾乎每支手機都有照相功能，手機業者也對照片分享很感興趣。林恩的研究，有助於Telenor了解照片分享的未來前景。但他的焦點，不光是現有和潛在的手機照片分享服務，而是更廣泛的問題，例如在信任、祕密、群體認同方面，照片分享扮演了什麼角色，以及這些年輕人所屬的社會結構。他研究的最終目的，是要讓Telenor設計並傳達更好的服務。

根據顧客觀點打造商業模式

—

很多公司在市場研究上不惜下重本，但最後設計出來的產品、服務和商業模式，卻往往忽略了顧客的觀點。好的商業模式設計會避免犯下這種錯誤。從顧客眼光去審視商業模式，可以發現全新的機會。但這並不表示，要創新，只能從顧客觀點出發，而是表示我們在評估商業模式時，就應該要納入顧客觀點。成功的創新必須對顧客有深入的了解，包括環境、每日作息、關注的事物，以及種種渴望。

蘋果公司的iPod數位影音播放器就是一個例子。蘋果公司明白，消費大眾對數位影音播放器本身興趣缺缺。他們意識到消費者想要的是一個流暢無接縫的方式，可以搜尋、找到、下載及聆賞數位影音內容（包括音樂），而且樂意付費去買成功的解決方式。在一個非法下載猖獗、大部分公司都主張沒人願意花錢在網路上買數位音樂的時代，蘋果公司的觀點很獨特。他們不理會其他公司的觀點，為顧客創造了一種無接縫的音樂經驗，整合了iTunes音樂和影音軟體、iTunes網路商店，以及iPod影音播放器。蘋果公司以這個價值主張做為商業模式的核心，進而稱霸網路數位音樂市場。

真正的挑戰，在於對顧客發展出一種深刻又正確的理解，並根據這種理解去打造出幾個可供選擇的商業模式。在產品與服務的設計領域，好幾家領導廠商都和社會科學家合作，來找出這種對消費者的理解。英特爾（Intel）、諾基亞、Telenor，都有人類學者和社會學者組成的團隊，以便開發出更好的新產品與新服務。同樣的方法，也可以找出更好的新商業模式。

很多領先的顧客導向公司，都會為高階主管舉辦實地參訪活動，讓他們與顧客、銷售人員面對面談，或拜訪暢貨中心。其他產業，尤其牽涉到重資投入的，他們的日常工作內容就已經包括了跟顧客對談。但創新的挑戰，在於發展出一種對消費者更深入的理解，而不是光問他們要什麼而已。

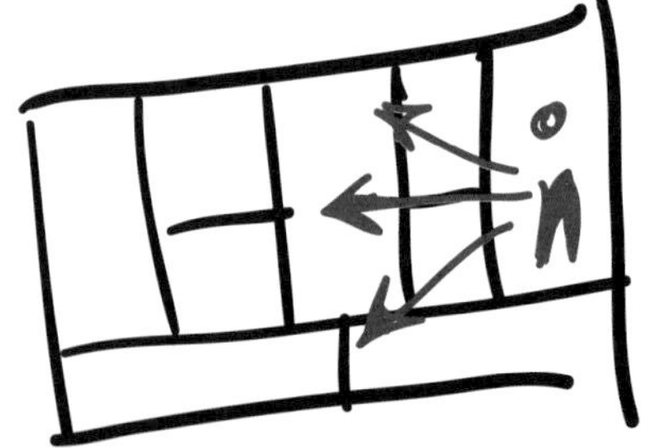

《《 **採用顧客觀點是整個商業模式設計過程的指導原則。我們應該參考顧客觀點來擬出我們的價值主張、配銷通路、顧客關係及收益流。**

就像汽車製造先驅亨利．福特（Henry Ford）說過的：「如果我去問我的顧客想要什麼，他們會告訴我『更快的馬』。」

另一個挑戰，就是知道要注意哪些顧客、忽略哪些顧客。今天的搖錢樹周圍，也許就是明天即將大幅成長的客層。因此商業模式創新者應該避免只專注在現有的目標客層上，而是要放眼未觸及的新客層。某些商業模式創新之所以成功，正是因為他們滿足了新顧客以往未能滿足的需要。例如創業家史特羅爵士（Stelios Haji-Ioannou）的易捷航空（easyJet），就滿足了很少搭飛機的低收入或中等收入顧客。而美國汽車共享服務公司Zipcar則讓都市居民省去都會車主的種種麻煩，只要付年費，就能計時租車。這兩個例子中的新商業模式，都是建立在現存模式目標客層（傳統搭飛機的旅客及傳統租車族）外圍的新客層。

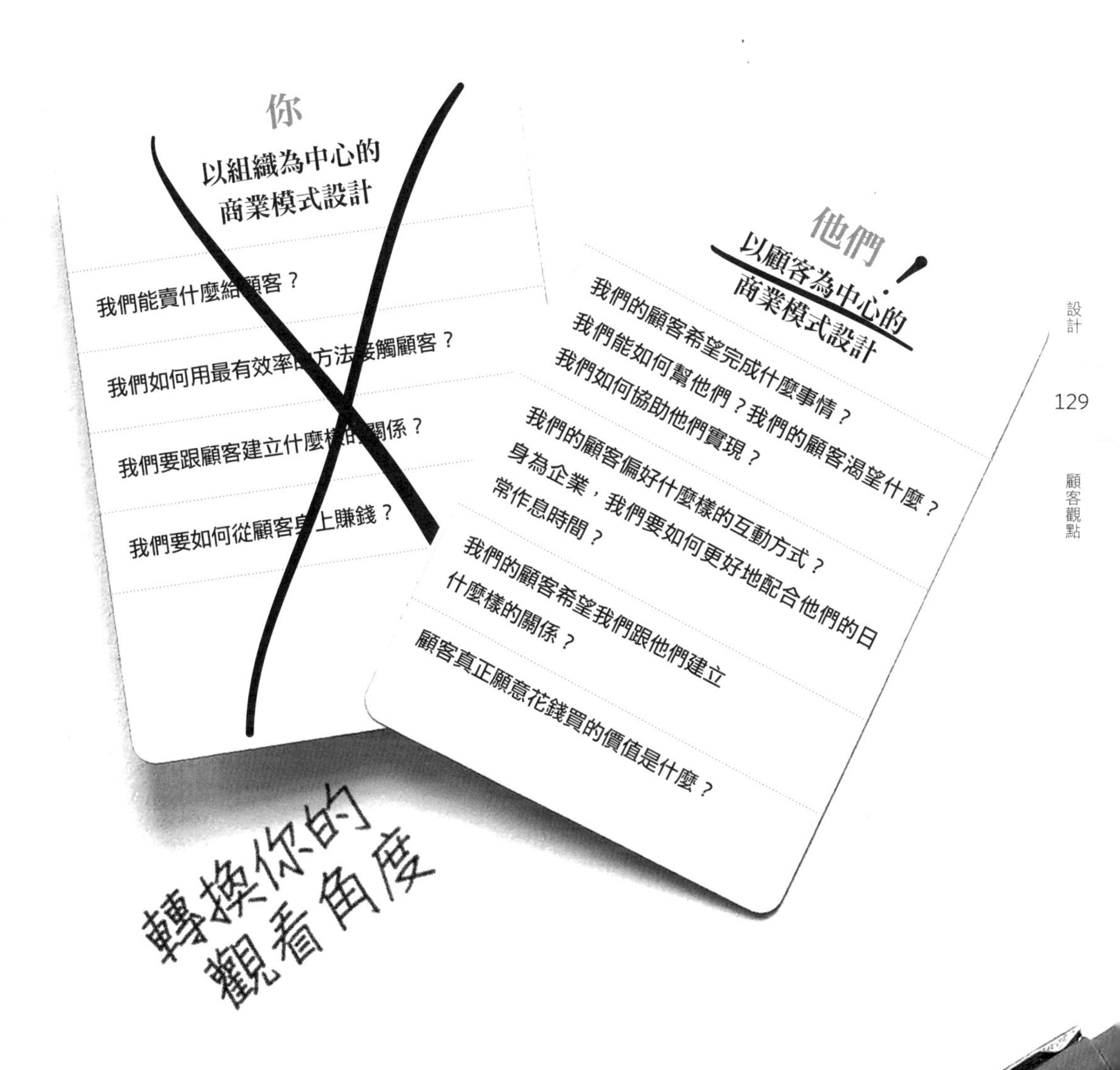

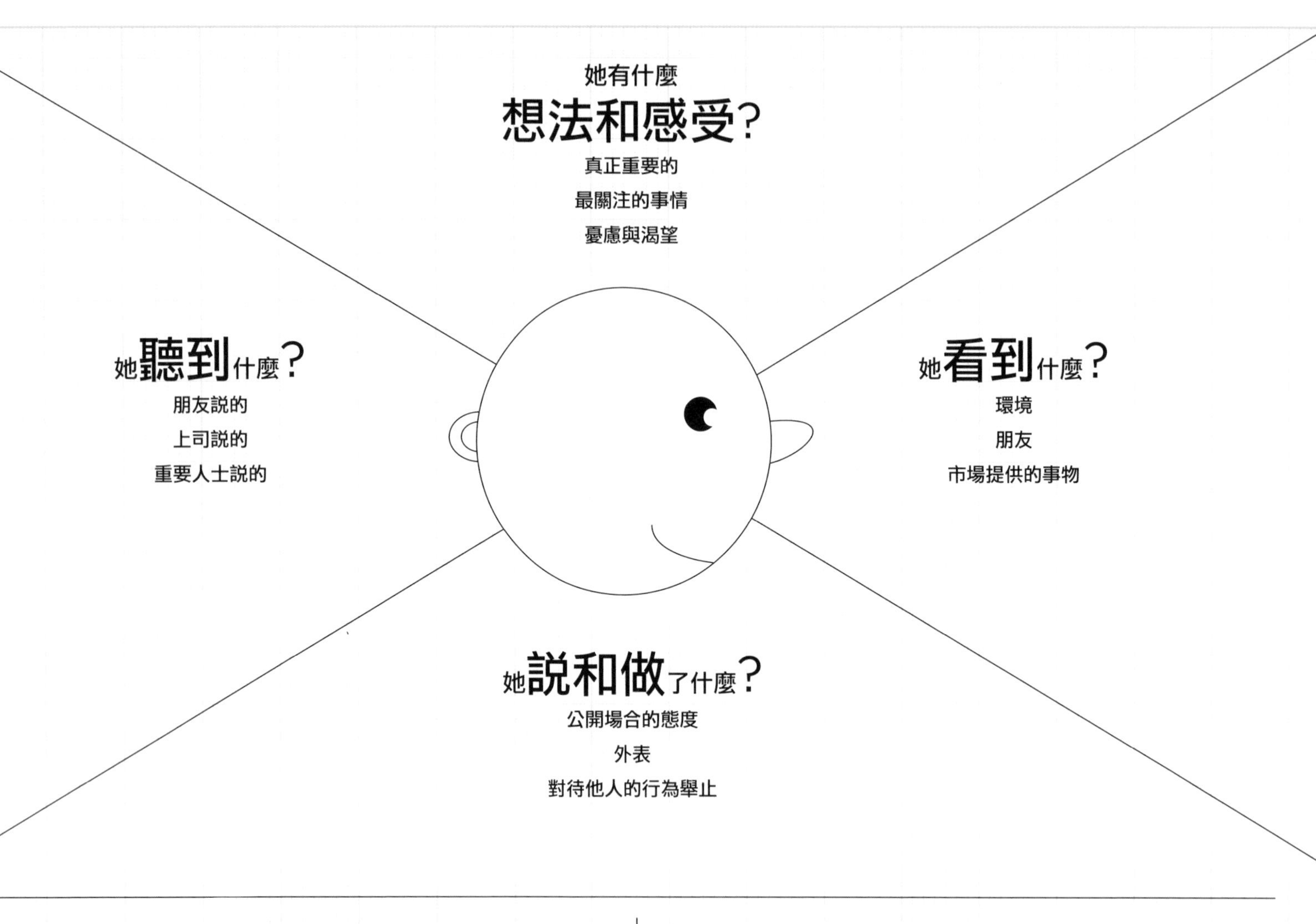

資料來源：改編自XPLANE

同理心地圖

我們很少人能享有一整組社會科學家的服務，但任何人只要檢視一個商業模式，就能粗略描繪出他們對待目標客層的方式。一個很好的下手方式，就是利用XPLANE公司以視覺化思考所開發出來的工具：「同理心地圖」（Empathy Map）。這個工具是一個很簡單的顧客側寫工具，可以幫你超越人口統計的特徵，對顧客的環境、行為、關懷及渴望有更深刻的了解，因而能想出更強而有力的商業模式。因為針對顧客的基本側寫，可以引導你設計出更好的價值主張、更容易接觸顧客的方式，以及更適切的顧客關係。最終，能讓你更了解顧客真正願意花錢買的是什麼。

如何利用（顧客）同理心地圖

操作方法如下。首先，大家一起腦力激盪，想出你們公司的商業模式所希望服務的各種可能的目標客層。然後再從中選出三個最有希望的客層，最後選出一個，當成你第一個側寫練習的對象。

一開始先幫這個顧客取名字，設定一些人口統計上的特徵，比方收入、婚姻狀況等等。然後，參考左頁圖，利用掛圖或白板，問答以下六個問題，為你新命名的顧客建立一份基本的側寫資料：

1

她看到什麼？

描述顧客在她的環境中所看到的

- 整個環境看起來如何？
- 她周圍有些什麼？
- 她的朋友有誰？
- 她每天接觸到的是哪些產品或服務？（不是整個市場所提供的全部產品或服務）？
- 她遭遇到什麼難題？

2

她聽到什麼？

描述環境如何影響顧客

- 她的朋友說些什麼？她的配偶說些什麼？
- 真正影響她的是誰？如何影響？
- 哪些媒體管道對她有影響力？

3

她真正的想法和感覺是什麼？

試著勾勒出這個顧客心裡的想法

- 對她來說，真正重要的（但她可能不會公然說出來的）是什麼？
- 想像她的情緒，什麼會令她感動？
- 她可能會為了什麼通宵熬夜？
- 試著描述一下她的夢想與渴望。

4

她說什麼、做什麼？

想像這個顧客可能會說什麼，或者她當眾可能會有的行為舉止

- 她的態度如何？
- 她可能會跟別人說些什麼？
- 特別留意顧客說的話跟她真正的想法和感覺可能有衝突。

5

顧客的痛苦是什麼？

- 她最大的挫折是什麼？
- 什麼障礙讓她無法得到自己想要或需要的？
- 她害怕冒什麼風險？

6

顧客得到了什麼？

- 她真正想要或需要達到的是什麼？
- 她衡量成功的指標是什麼？
- 想出一些她可能用來達成目標的策略。

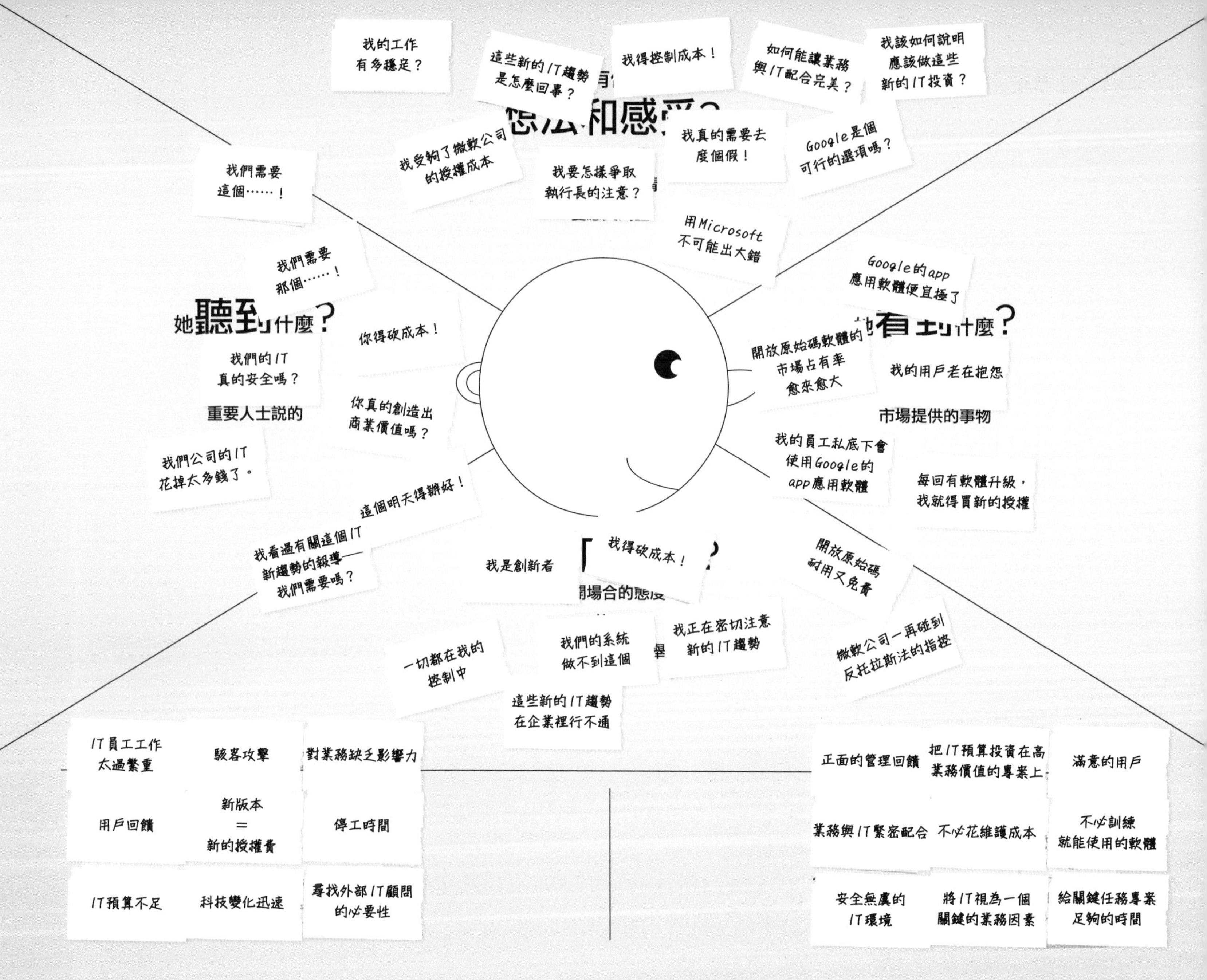

資料來源：改編自XPLANE

利用同理心地圖
了解一位B2B顧客

2008年10月，微軟公司宣布要在網路上提供整套Office應用軟體的計畫。根據宣布的內容，顧客將可以透過網路瀏覽器，使用Word、Excel和其他Office應用軟體。這將會讓微軟公司勢必要大幅改變其商業模式。這個商業模式更新之前，可以先為一個關鍵購買客層擬出一份顧客側寫檔案。比如對象是某公司的資訊長（CIO），他的職責是決定IT策略，並做各種採購決定。像這樣一個資訊長顧客，他的側寫檔案會怎麼樣？

你的目標是找出顧客的一個觀點，用以持續質疑你的商業模式假設。顧客側寫讓你可以想出更好的回答，去面對諸如以下的質疑：這個價值主張真能解決顧客的難題嗎？她真的願意為這個花錢嗎？她會希望我們如何跟她接觸？

技巧__ No. 2

Ideation

創意發想

2007年3月

牆面上鋪天蓋地
貼著滿滿的便利貼，
艾馬爾．莫克凝神聽著
彼得口沫橫飛地
說明其中一張便利貼
的想法……

……彼得服務的製藥集團，雇用艾馬爾．莫克（Elmar Mock）的創新顧問公司「創新狂」（Creaholic）協助處理一個突破性的產品。這個六人組成的創意團隊，在外頭舉行了一場為期三天的會議。

這個團隊刻意混雜各路人馬，由不同經驗和背景的人組成。儘管每個成員都是很有成就的專家，但他們並不是以專家身分加入這個團隊，而是以一個對現狀不滿的顧客身分。「創新狂」公司要求他們暫時把專業知識打包，拋在門外。

整整三天，這六個人組成了一個消費者的小世界，不去管技術或財務上的限制，盡情發揮他們的想像力，針對難題憑空想出各種可能的突破性解決方案。彼此的點子碰撞出火花，又激盪出新的想法，一直到想出很多有可能的解決方案後，他們才重拾各自的專業知識，從中選出三個最有希望的點子。

艾馬爾．莫克有一長串突破性創新的輝煌紀錄，他是傳奇性Swatch手錶的兩位發明人之一。之後，他和他「創意狂」團隊先後協助過BMW、雀巢、米克朗（Mikron）、奇華頓（Givaudan）等公司成功創新。

艾馬爾知道要為地位確立的公司進行創新改造有多麼困難。這類廠商往往要求可預測性、工作說明書及財務規畫。但真正的創新，是從某種「有系統的混亂」中冒出來的，而創新狂已經發現了一個可以控制這類混亂的方法。艾馬爾和他的創意團隊已經迷上創新了。

新商業模式的創意發想

—

為既有的商業模式勾勒地圖是一回事；設計一個創新的商業模式又是另一回事。這時需要的，是一個發想過程，先想出大量的商業模式點子，然後成功地從中篩選出最好的幾個出來。這個過程就叫做創意發想。掌握創意發想的技巧很重要，攸關是否能設計出可行的新商業模型。

傳統上，大部分產業都以一種主要的商業模式為特徵。但這個傳統如今已經徹底改變了。現在當我們在設計新的商業模式時，多了很多選擇。今天，不同的商業模式在同一個市場裡競爭，產業之間的界限已經愈來愈模糊──甚至完全消失了。

當我們想創造出新的商業模型時，要面對的一個挑戰，就是別去管現狀，先不考慮是否可行，這樣才能生出真正的新點子。

商業模式創新不能回頭撈寶，因為過往的狀況不太能顯示未來的商業模式可能的樣子；它也不是要關注對手的動向，因為商業模式創新並非抄襲或模仿，而是要開創新的機制以創造價值，帶來收益。因此，商業模式創新是要挑戰正統，設計出具原創性的商業模式，期能符合未滿足的、隱藏的顧客的需求。

要想出新的或更好的選項，就得發想大量的點子，然後進行篩選，挑出可行的組成一個候選名單。因此，創意發想有兩個主要的關鍵詞：一是想點子，而且愈多愈好；二是整合，經過討論、結合及縮減後，只留下少數幾個可行的選項。這些選項不見得一定要破壞原有的商業模式，也可能是拓展現有商業模式的範疇，以改善競爭力。

關於商業模式的創意發想，有幾個不同的起點。以下我們會探討兩個：一是利用商業模式圖，找出商業模式創新的核心點；二是利用What if？（假如……會怎樣）的概念。

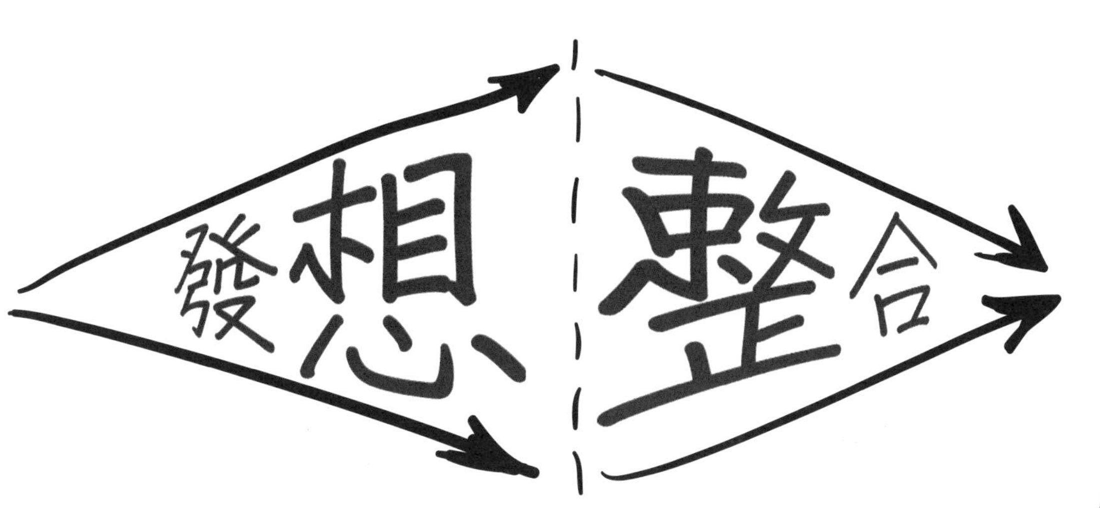

忽略現狀
忘掉過去
別管競爭對手
挑戰正統

商業模式創新的震央

商業模式創新的點子可以源自任何地方，但我們不妨從商業模式的九個構成要素開始著手。商業模式創新帶來的變革，會影響多個構成要素。我們可以將商業模式創新的震央分成以下四種：資源導向、產品導向、顧客導向，以及財務導向。

這四大震央，無論是哪一個，都是造成商業模式重大變革的起點，也都會對其他八個構成要素造成重大衝擊。有時，商業模式創新有可能從好幾個震央冒出。同時，改變往往源自「SWOT分析」所界定出來的四個區塊。所謂SWOT分析，就是探討一個商業模式的優勢、劣勢、機會、威脅（strength, weaknesses, opportunities, threats，詳見216頁）。

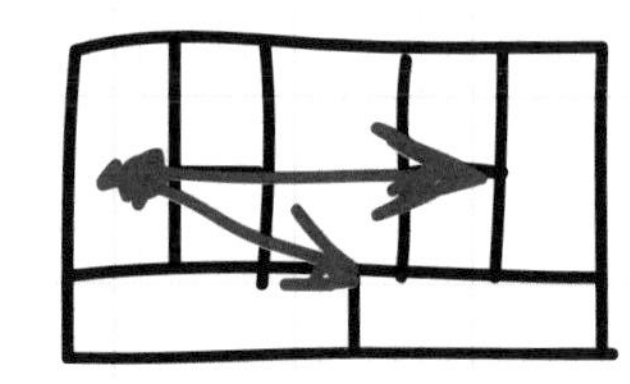

資源導向

資源導向的創新，是源自一個組織既有的基礎設施或合夥關係，可以拓展或改變商業模式。

例子：亞馬遜網路服務（Amazon Web Services）是以Amazon.com的零售基礎設施為基礎，向其他公司提供伺服器效能和資料儲存空間的服務。

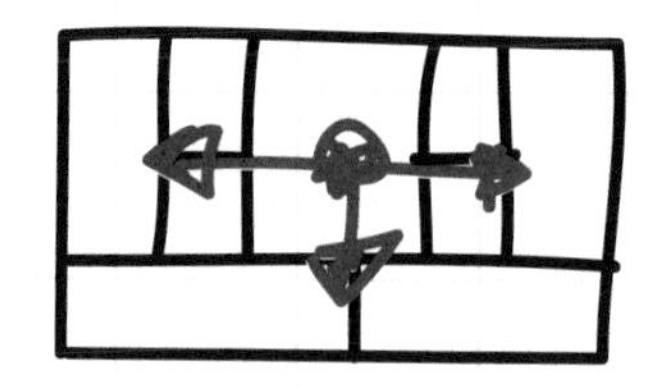

產品導向

產品導向的創新，會開創新的價值主張，影響商業模式中的其他構成要素。

例子：當墨西哥水泥製造商西麥斯（Cemex）承諾會在4小時內將預拌水泥送到工地、而非業界標準的48小時之內時，該公司的商業模式也必然要隨之改變。這項創新幫助西麥斯從墨西哥的地區性廠商，轉型為全世界第二大水泥生產商。

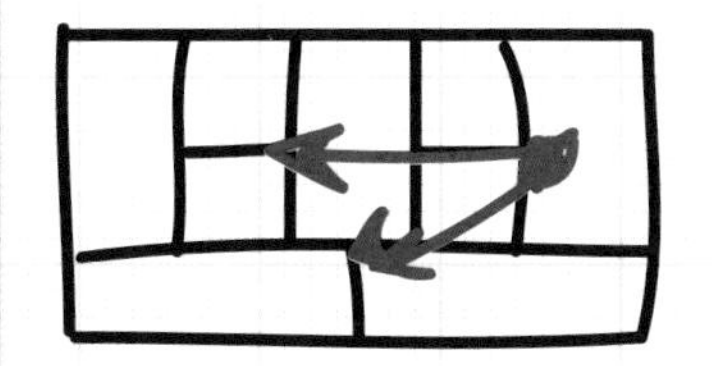

顧客導向

顧客導向的創新，是奠基於顧客的需求、產品或服務的易取得性，或是增加便利性。就像所有源自單一震央的創新一樣，顧客導向的創新也會影響到商業模式中的其他構成元素。

例子：基因業者23andMe提供個人客戶DNA檢測服務──這項服務過去只提供給醫療專業人員和研究人員。這項服務大幅牽涉到價值主張和檢測結果的交付，而23andMe透過大量客製化網路檔案辦到了。

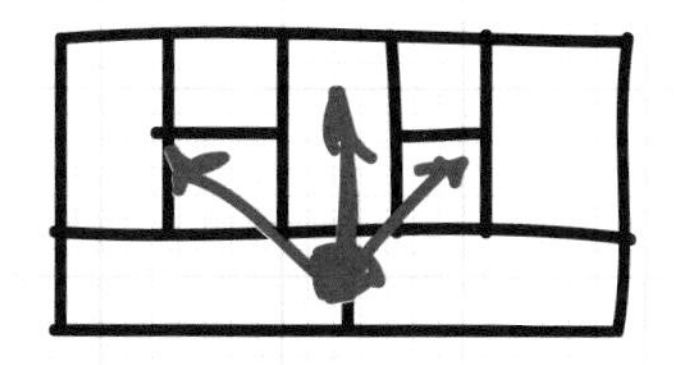

財務導向

由新的收益流、價格機制，或是降低的成本結構所驅動的創新，同樣也會影響商業模式的其他構成元素。

例子：全錄（Xerox）公司於1958年發明Xerox 914影印機（最早的普通紙影印機之一）時，對當時的市場來說，售價太高了。於是全錄開發出一個新的商業模式，以每個月95美元出租影印機，免費印兩千張後，往後每印一張收費5分錢。租用新機器的客戶，每個月的影印量都是幾千張以上。

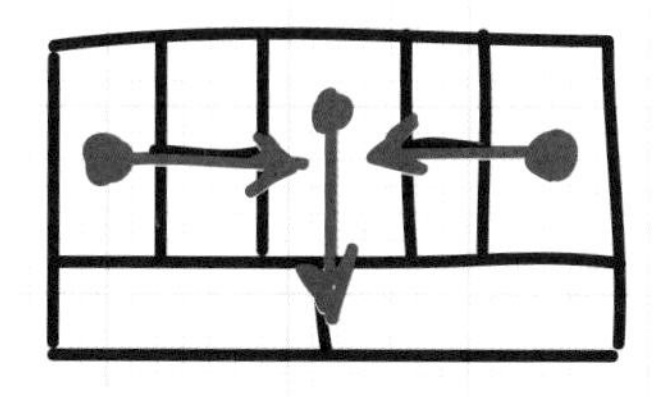

多點導向

由多個震央所驅動的創新，會對商業模式中的好幾個其他元素造成重大影響。

例子：全球營建專業工具製造商喜利得（Hilti），從賣斷工具轉型為出租整套工具給顧客。喜利得的價值主張因此產生了重大變動，也同時影響了收益流，從一次性的產品收益，轉向持續性的服務收益。

「假如……會怎樣」，提問的力量

我們往往很難構想出創新的商業模式，因為思路會被現狀所局限。現狀扼殺了想像力。要克服這個問題，可以用「假如……會怎樣」（what if）的提問法，挑戰傳統的種種假設。只要商業模式的組成要素都正確，我們原先以為不可能的事情，說不定其實是可行的。「假如……會怎樣」的提問，能幫我們突破現有模式所構成的限制，刺激、挑戰我們的想法。但這類有趣的提問內容，往往看起來似乎難以執行，讓我們陷入苦惱之中。

例如，一家日報的經理人可能會自問：假如我們停止印刷版，完全轉為數位版，透過亞馬遜的Kindle電子書閱讀器或網際網路，會怎麼樣？這麼做，可能會大幅降低這份報紙的生產成本及物流成本，但也必須彌補失去的紙本廣告收益，而且還要引導讀者過渡到數位通路。

「假如……會怎樣」的提問只是起點。這種提問先讓我們接受挑戰，然後去找出讓這些假定問題行得通的商業模式。當然，有些「假如……會怎樣」的提問，可能因為太誇張而無解；但有的只需要找出正確的商業模式，就能實現。

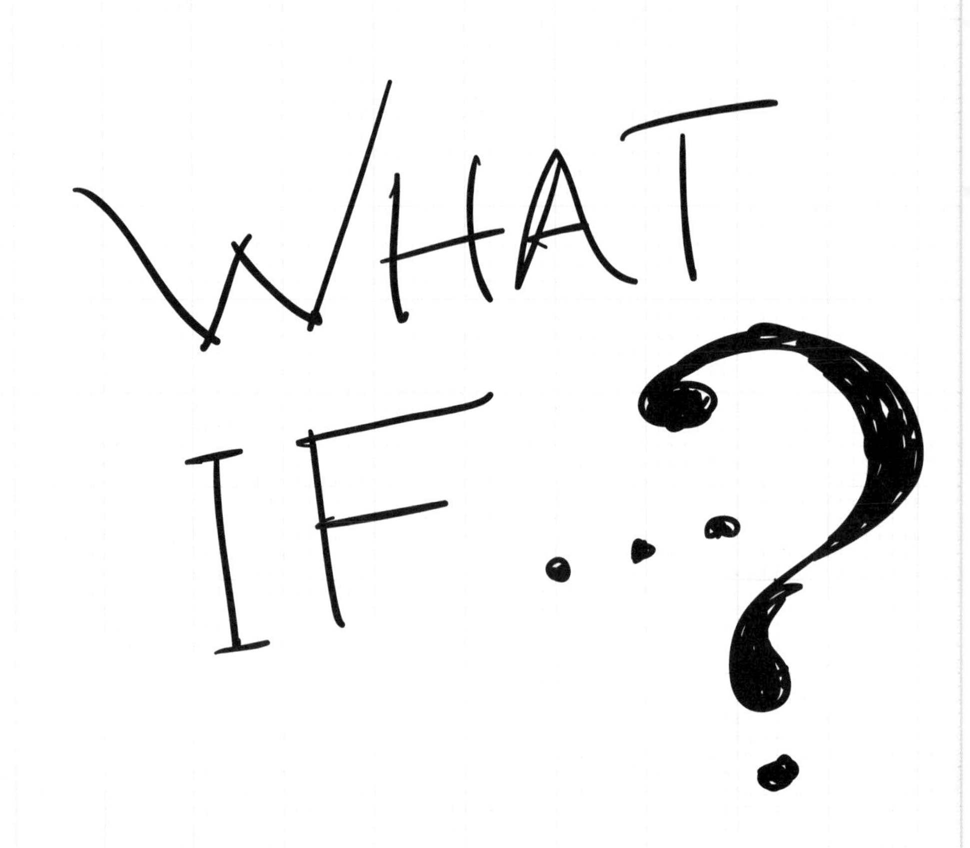

……買家具的人在大倉庫裡挑選家具組裝包，然後回家自己組裝？今天我們對這樣的狀況已經習以為常，但在宜家（IKEA）家具於1960年代提出這個概念前，卻是無法想像的。

……航空公司不幫自家的飛機買引擎，而是按照引擎運轉的時數付費？這就是勞斯萊斯的模式，他們從一家賠錢的英國製造商變身為服務公司，今天已經是全世界第二大的大型噴射機引擎供應商。

……打電話到世界各地都免費？ 2003年Skype推出一項服務，讓人們透過網際網路免費打電話。五年後，Skype已經有4億個註冊用戶，總共打了超過1千億通電話。

……汽車製造商不賣車，而是提供汽車共享服務？ 2008年戴姆勒（Daimler）汽車集團在德國烏爾姆市（Ulm），推出car2go這個實驗性的業務。car2go車隊所屬的車子讓用戶可以在全市各處領車、還車，只要按使用分鐘付費即可。

……個人之間可以互相借錢，而不用跟銀行借？ 2005年，總部位於英國的Zopa推出網際網路的P2P（個人對個人）借款平台。

……孟加拉的每個村民都有電話？這是小額貸款機構鄉村銀行（Gameen Bank）的合作夥伴鄉村電話（Grameenphone）當初打算達成的目標。那時候，孟加拉還是全世界電話密度最低的地方。但現在，鄉村電話公司已經成為孟加拉繳稅最大戶。

創意發想過程

創意發想過程有好幾種形式，以下簡單介紹一個用來產生創新商業模式選項的一般過程：

1. 團隊組成

關鍵問題：我們這組人是否夠多樣化，可以想出具有新意的商業模式點子？

要實際想出商業模式的新點子，基本條件就是要組織一個正確的創意發想團隊。各成員在年資、年齡、經驗及所代表的業務單位、顧客知識、專長領域等方面，應該要更多元。

2. 進入狀況

關鍵問題：在發想點子之前，應該研究哪些元素？

理想上，創意發想團隊應該要有一個搜集資料的投入期，形式上可以是一般調查、研究現有顧客或可能顧客、仔細探查新的技術，或是評估現有的商業模式。投入期可以長至幾個星期，短至舉辦兩次研習營（參見同理心地圖）。

3. 擴張點子

關鍵問題：針對每個商業模式的構成要素，可以發想出什麼樣的創意？

在這個階段，創意發想團隊要盡量發想，盡可能提出更多的點子。商業模式的九個構成要素，每一個都可以當成發想起點。這個階段的目標是點子的數量，而不是品質。先定出並遵循腦力激盪的規則，可以讓大家只專注在想點子，而不是過早提出批評（參見144頁）。

4. 創意篩選標準

關鍵問題：在篩選商業模式的新點子時，最重要的評估標準是什麼？

在發想出大量點子後，創意發想團隊應該要訂出創意評估的標準，以便將點子篩減到可控制的數量。這個評估標準要針對當時的商業環境，但也可以考量實施時間、潛在收益、可能的顧客阻力以及對競爭優勢的影響。

5. 原型製作

關鍵問題：如果採用這些篩選出的點子，所形成的商業模式會是什麼樣子？

制定出評選標準後，創意發想團隊應該可以把商業模式創新的點子刪減到三至五個。運用商業模式圖，將每個點子視為商業模式原型來討論（參見160頁）。

組成一個多元化的團隊

創意發想的任務，不應該專屬於那些平常被視為「創意型」的人，而是需要一整個團隊的參與。其實在本質上，商業模式創新就是需要企業中不同單位的代表一起參與。商業模式創新是透過探索新的商業模型構成要素，並在各個要素間形成創新連結，從而創造價值，這可能牽涉到商業模式圖的九個構成要素，不論是配銷通路、收益流或關鍵資源。因此，創意發想的過程需要能代表各領域的人貢獻點子。

因此組成正確的團隊，是發想新商業模式點子的關鍵前提，而且不應該只局限於研發部門或規畫單位。多樣化的成員將有助於想出、討論及篩選新點子，可以考慮讓外部人員加入，甚至兒童。除了力求多樣化，還要確保每個人都能學會傾聽他人的意見，並考慮在關鍵討論時，指派一個立場中立的指導員。

一個多樣化的商業模式創新團隊，其所屬成員……

- 來自不同的業務單位
- 年齡不同
- 專長領域不同
- 資歷不同
- 經驗不同
- 文化背景不同

腦力激盪的規則

成功的腦力激盪需要遵循一套規則。執行這些規則，有助於想出最多的有效創意。

聚焦

一開始就要明確地陳述要解決的難題。在理想的情況下，這個陳述應該是跟顧客的某個需求有關。別讓討論離題太遠，隨時把討論拉回難題本身。

執行規則

預先確立腦力激盪的規則，並貫徹執行。最重要的規則就是「先別批評」、「一次談一件事」、「追求點子的數量」、「視覺化」、「鼓勵瘋狂的點子」。這些規則應該由指導員執行。

視覺化思考

把點子寫下來或畫下來，讓每個人都可以看到。一個收集點子的好方法是把點子寫在便利貼上，然後貼在牆壁上。這樣的話，點子就可以移動並重組。

做好準備

在腦力激盪之前，先安排某種與主題相關的活動，讓團隊成員能進入狀況。這些暖身活動可以是實地考察、與顧客討論，或是其他能讓團隊成員沉浸在主題中的手段。

取材自*Fast Company*雜誌對IDEO總經理Tom Kelley的一篇專訪：〈良好腦力激盪的七個祕密〉

暖身：蠢乳牛練習

為了要讓團隊成員的創意源源不絕，創意發想時間一開始，不妨先來個暖身活動，例如「蠢乳牛練習」。方法是這樣：請大家為一隻乳牛畫出三個不同的商業模式。首先要求他們定義這隻乳牛的某些特徵（產乳、整天吃不停、發出哞哞聲等等），然後根據這些特徵，以乳牛為對象，想出一個創新的商業模式。限時三分鐘。

請記住這個練習可能會得到反效果，因為這個練習的確很蠢。但這個練習曾運用在高階主管、會計師、風險管理人、創業家身上，通常都很成功。這個練習的目標是讓團隊成員能夠抽離他們每天的日常業務，讓他們準備好突破正統、放縱想像力，生出一個個好點子。

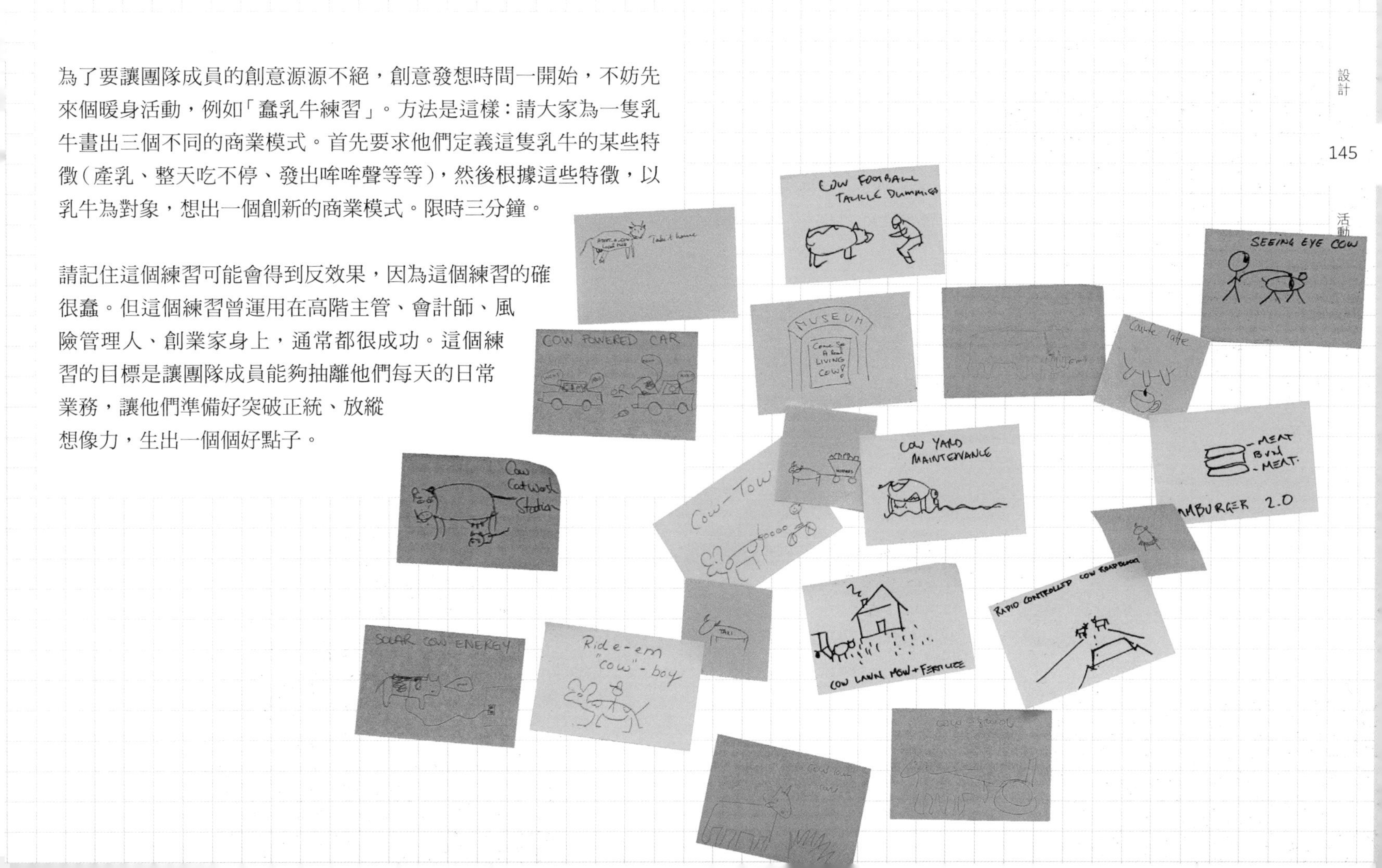

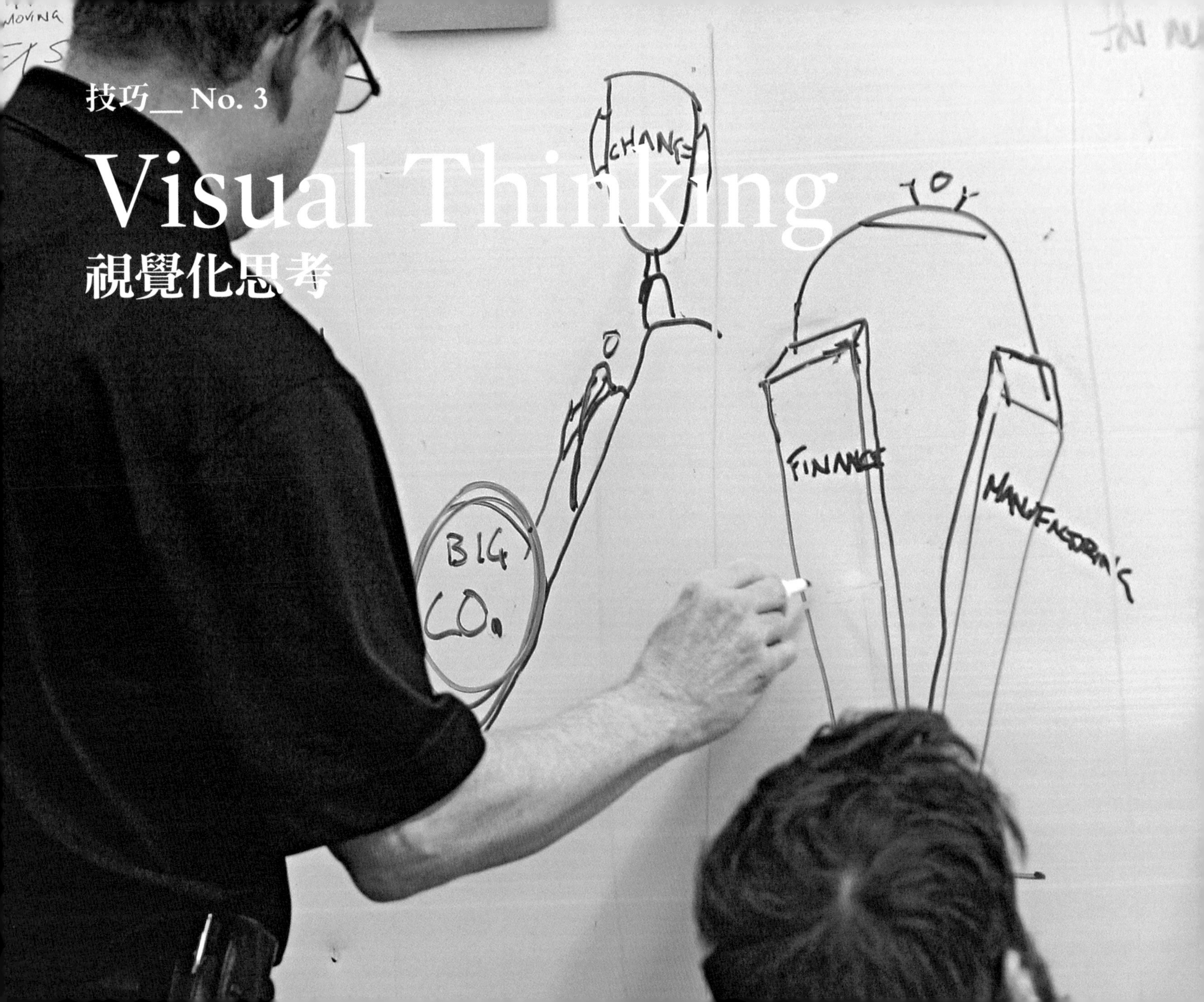

技巧__ No. 3

Visual Thinking

視覺化思考

2006年10月

會議室的牆上貼著
一張張海報，
裡頭有14個人正在
認真畫圖、貼著便利貼。
儘管畫面看似在上藝術課，
但其實這個房間位於
科技產品與服務巨人
惠普公司的總部……

……這14個人來自惠普的各個部門，但職務都與資訊管理有關。他們聚在這裡舉行為期一天的研習營，名副其實要為這家全球企業如何管理資訊流而畫出藍圖。

XPLANE顧問公司的創辦人兼董事長葛瑞（Dave Gray）是這個會議的指導員。XPLANE利用視覺化思考工具，協助客戶釐清從企業整體策略到營運執行的種種問題。葛瑞和XPLANE的一位藝術家共同協助這14位惠普的專家，讓他們更了解全球化企業資訊分享的未來前景。這一群人利用貼在牆上的草圖，討論資訊分享、界定各個元素之間的關係、填補遺漏的片段，並發展出對多項議題的共識。

葛瑞會心一笑，提到一個普遍的誤解：大家總認為，除非你了解一件事物，否則不應該畫出來。他解釋，其實正好相反，不論畫得多麼幼稚或拙劣，草圖都有助於描述、討論及了解問題，尤其是本質上很複雜的問題。對這14名惠普的研習人員來說，XPLANE的視覺化方式非常奏效。他們對「全球化企業如何管理資訊」原本就有深刻的理解，研習營結束後，他們的理解已能化約為簡單的一頁圖像。XPLANE的客戶名單涵蓋了全世界最成功的公司，證明愈來愈多的組織了解這種視覺化思考的價值。

視覺化思考的價值

—

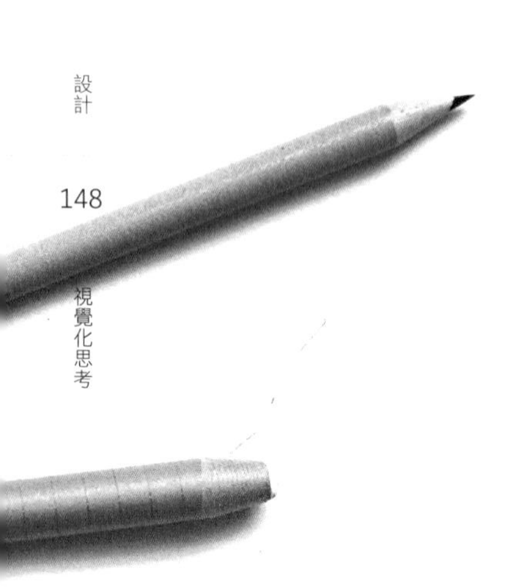

在處理商業模式時，視覺化思考是不可或缺的。這裡的視覺化思考，指的是利用圖像、草圖、圖表、便利貼之類的視覺工具，來建構及討論箇中意義。因為商業模式是複合式的概念，有各種不同的構成要素，還有彼此之間的相互關係，要是不畫出來，就很難真正了解一個模式。

商業模式其實是一個系統，其中的元素牽一髮而動全身，只有整體合一才有意義。如果不予以視覺化，就難以掌握全貌。事實上，經過視覺化所描繪出的商業模式，可以把其中沒能講清楚的假設轉化為明確的資訊。這讓商業模式更明確，也因而可以有更清晰的討論和改變。視覺技巧讓商業模式活了起來，同時也促使共同創造更加容易。

藉由畫出來，商業模式可以成為一個定位點或所謂的「概念錨」（conceptual anchor），不管討論多麼離題，總是可以拉回原點。這一點很重要，因為它將交談從抽象轉為具體，大幅改善了討論的品質。通常，如果你的目標是要改善一個既有的商業模式，視覺化的描述，可以揭露邏輯上的缺口，因而促進討論的品質。同樣的，如果你想要設計一個全新的商業模式，將它畫出來，就可以藉由增加、刪除或移動不同的圖像，很方便的同時討論不同選項。

圖像與圖表等各種視覺化技巧，早已在企業界廣為運用。這類元素被廣泛使用，以釐清報告或計畫中的訊息；但較少使用在討論、考察及定義商業議題方面。想想看，你有多久沒看到高階主管開會時在看板上畫圖了？然而，在策略性過程中，視覺化思考可以增加極大價值。藉著讓抽象變具體，藉著闡明各元素之間的關係，也藉著簡化複雜的事物，視覺化思考可以促進策略性研究。以下會描述在整個定義、討論、改變商業模式的流程中，可以如何利用視覺化思考協助你。

我們在此提出兩個技巧：一是善用便利貼，二是在商業模式圖上勾勒草圖。此外，我們也要討論透過視覺化思考、獲得改善的四個流程步驟：了解、對話、探索及溝通。

VISUAL
PLANNING
ACTION
SPACE

視覺化工具：便利貼

在思索商業模式時，便利貼是不可或缺的工具，每個人手邊都應該有一組。便利貼字條的功能就像是點子的容器，可以讓你增加、去掉，而且在商業模式構成元素之間輕易移動。這點很重要，因為在討論商業模式時，對於哪個元素應該放在商業模式圖上或放在哪個區塊，大家往往不會立刻達成一致的意見。在討論的過程中，為了要探索新點子，有些元素可能會屢次拿掉又放回去。

以下是利用便利貼的三個指導方針：(1) 使用粗的馬克筆，(2) 每張便利貼都只寫一個要點，(3) 每張便利貼都應言簡意賅。使用粗馬克筆，是為了避免在一張便利貼上寫太多資訊，而且也比較容易閱讀，很快就能抓住重點。

另外也要記住，使用便利貼來引導討論過程，重要性並不亞於最後導出的結果。要在商業模式圖貼上或拿掉哪張便利貼，或是對於某個元素如何影響其他的元素，這些討論都能讓所有成員深入了解商業模式及其動能。因此，便利貼字條並不只是一張代表商業模式構成元素的貼紙而已，它已變成了策略性討論的一種指引。

視覺化工具：圖畫

圖畫有時比便利貼更有力量，因為一般人對圖像的反應會比對文字強烈。圖像可以立即傳達訊息。簡單的幾筆勾勒，可以表達千言萬語的想法。

做法比我們想的簡單。一個火柴人加上笑臉，就能傳達情緒；一大袋錢和一小袋錢就能傳達比例。問題是我們大部分人都以為自己不會畫畫，會不好意思，擔心自己畫得太簡單或太幼稚。但其實就算是粗糙的幾筆，真誠描繪，都能讓事物變得具體且容易理解。比起文字表達的抽象概念，簡單的火柴人要容易理解太多了。

速寫和草圖有很多優點。最明顯的一個，就是透過簡單的圖像，來解釋、傳達你的商業模式，這個章節最後會說明怎麼做。另一個優點就是勾勒出一個典型的客戶及其所處的環境，用以代表及說明這個目標客層。這樣可以引發出比較具體、深入的討論，比用文字概述這個人的特徵要更有效果。此外，利用視覺化技巧，描繪出一個目標客層的需求及其有待解決的問題，是一個很有力的方式。

這類圖畫很可能引發有建設性的討論，新的商業模式創意因而紛紛浮現。以下就來仔細看看，因為視覺化思考而改進的四個步驟。

了解本質

視覺化語法

商業模式圖看板是一個概念圖，功能就像是一種視覺語言，有相對應的語法。它告訴我們要把哪些資訊放進商業模式中，又要放在哪裡。它就像一個視覺和文字組成的指南，讓我們知道畫出一個商業模式需要哪些資訊。

掌握全貌

把商業模式圖的所有元素畫出來，就可以讓觀看者立刻看出整個模式的全貌。這樣的草圖提供的是恰如其分的資訊，讓看的人掌握其中概念，但不會有太多令人分心的細節。商業模式圖在視覺上簡化了一個企業的所有流程、結構及系統。以勞斯萊斯的商業模式為例，噴射機引擎是計時出租而不是賣斷，這就是它整個模式凌駕一切的目標，而不是其他細節。

看出相互關係

想了解一個商業模式，不但要知道其組成元素，也要掌握各元素之間相互依賴的關係。這一點，用圖像要比用文字更容易表達。如果牽涉到的是好幾個元素和關係，更應該如此做。舉例來說，要描述一家低成本航空公司的商業模式，圖像可以有力地顯示出何以購買同類型的飛機，對降低維護與訓練成本如此重要。

促進對話

集體參考點

我們腦海裡都有一些沒說出口的假設，而訴諸圖像，就能將這些隱性的假設轉化為顯性的資訊，成為促進對話的有力方式。這讓商業模式成為具體而持續的目標，也提供了一個參考點，讓與會者的討論總是可以回到這一點。由於一般人短時間內能記住的點子有限，因此想讓討論順利，將商業模式視覺化是必要的。即使是最簡單的商業模式，都會包括好幾個構成要素和相互對應的關係。

共同的語言

商業模式圖是一種共同的視覺語言，不單是提供了參考點，也同時提供了字彙和文法，幫助大家彼此了解。一旦大家都熟悉了這個圖，它就成為一個有力的啟動器，讓大家能夠專注於討論商業模式的元素，以及這些元素如何彼此契合。這一點在矩陣式的組織結構特別寶貴，因為在這類組織中，我們對其他人的職務可能所知甚少。一個共通的視覺商業模式語言，能提供有力的支援，讓大家交換想法並促進團結。

達成共識

一個團隊要達成共識，最有效的方式就是將商業模式視覺化。來自組織內不同部門的人員，可能很了解商業模式的某些部分，但通常無法確實掌握全貌。當各部門的專家一起勾勒出一個商業模式後，參與的每個人就能了解各個組成部分，並對這些組成元素的關係達成共識。

開發點子

刺激出新點子

商業模式圖有點像是藝術家的畫布。一個藝術家開始作畫時，心裡面往往只有模糊的想法，而非明確的圖像。作畫時，他不是從畫布一角開始畫起，一路畫出全貌；而是放任靈感馳騁，逐步衍生出整個畫面。就像畢卡索說的：「我從一個靈感開始，但畫著畫著就變成別的了。」對畢卡索而言，靈感只是一個出發點而已。他知道在發展途中，它會演變成新的東西。

打造一個商業模式也一樣。商業模式圖中的點子，可以刺激大家想出新的點子。這個圖成了點子對話的工具，不但每個人都能盡情勾勒出自己的點子，也讓團隊可以一起開發出新點子。

演練

視覺化的商業模式也提供一個演練的機會。商業模式的各個元素都寫在便利貼、貼在看板上，然後大家就可開始討論如果拿掉哪些元素或加入哪些新元素，會發生什麼事。比方說，如果拿掉最無利可圖的目標客層，你的商業模式會怎麼樣？可行嗎？或者你需要這個無利可圖的客層去吸引有利可圖的顧客？去掉無利可圖的客層會讓你減少資源和成本，改善對有利潤客層的服務嗎？視覺化商業模式可以幫助你徹底思考修改某個元素後，對整體系統的衝擊。

促進溝通

創造全公司的共識

要傳達商業模式及其中的重要元素，圖像確實勝過千言萬語。組織裡的每個人都有必要去了解公司的商業模式，因為每個人都有可能貢獻力量，改善這個模式。至少，員工必須對這個模式有共識，才能朝共同的策略方向去努力。視覺化描述，是開創這類共識的最佳方法。

對內推銷

在組織裡，往往得向內部的各種層級「推銷」點子和計畫，以獲取支持或得到資助。一個加強推銷效果的視覺故事，可以增加你的機會，讓你的點子更能贏得大家的了解與支持。利用影像而不光是文字去說故事，可以讓你的說法更有力，因為圖像一看就懂。好的影像可以立即傳達你們組織的現狀、需要做什麼、如何做到，以及未來可能的形貌。

對外推銷

就像員工必須把點子向內部「推銷」一樣，創業者也要根據新的商業模式所擬出的計畫，向其他團體推銷，比方投資者或潛在的合作對象。強而有力的視覺圖像，可以大幅增進成功的機會。

不同的視覺化型態，因應不同的需要

商業模式的視覺化表現，必須因應不同的目標，表現出不同層次的細節。右邊是Skype的商業模式草圖，充分表現出該公司的商業模式與傳統電信公司的關鍵差異。這個草圖的關鍵目標，是指出Skype商業模式的構成要素和傳統電信公司大相逕庭，儘管兩者都提供類似的服務。

下頁則是荷蘭新興公司Sellaband的商業模式草圖，因為目標不同，於是有了更多細節。其目標是描繪出一個全新音樂產業商業模式的未來前景：這個商業模式的平台，可以幫獨立音樂家進行網路集資。Sellaband利用圖像，向投資人、合作夥伴、員工解釋其創新的商業模式，也證明了圖像與文字的結合，比純文字更能達成任務。

- Skype的關鍵資源和關鍵活動類似軟體公司，因為它服務的基礎，是透過軟體的網際網路來打電話。由於該公司的用戶超過四億名，因此基礎設施成本很低。事實上，該公司根本完全沒有電信公司的網路。

- 從一開始，Skype就是全球通話營運商，它的服務是透過網際網路來傳送，不受傳統電信網路的限制。因此業務規模可以大幅擴充。

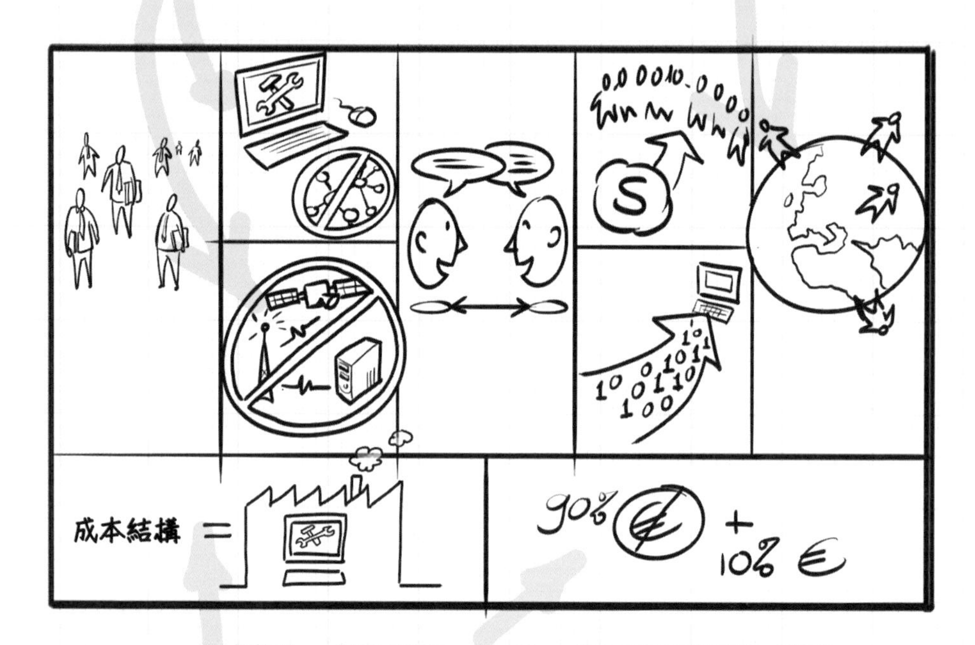

- 儘管Skype提供了電信公司的服務，但其商業模式的種種經濟特徵，卻不同於電信網路業者，而是與軟體公司一樣。

- Skype的90%用戶從未付費，據估計，只有約10%的用戶是付費顧客。不同於傳統電信商，Skype的通路和顧客關係都是高度自動化的。他們幾乎用不著人力介入，成本也相對便宜。

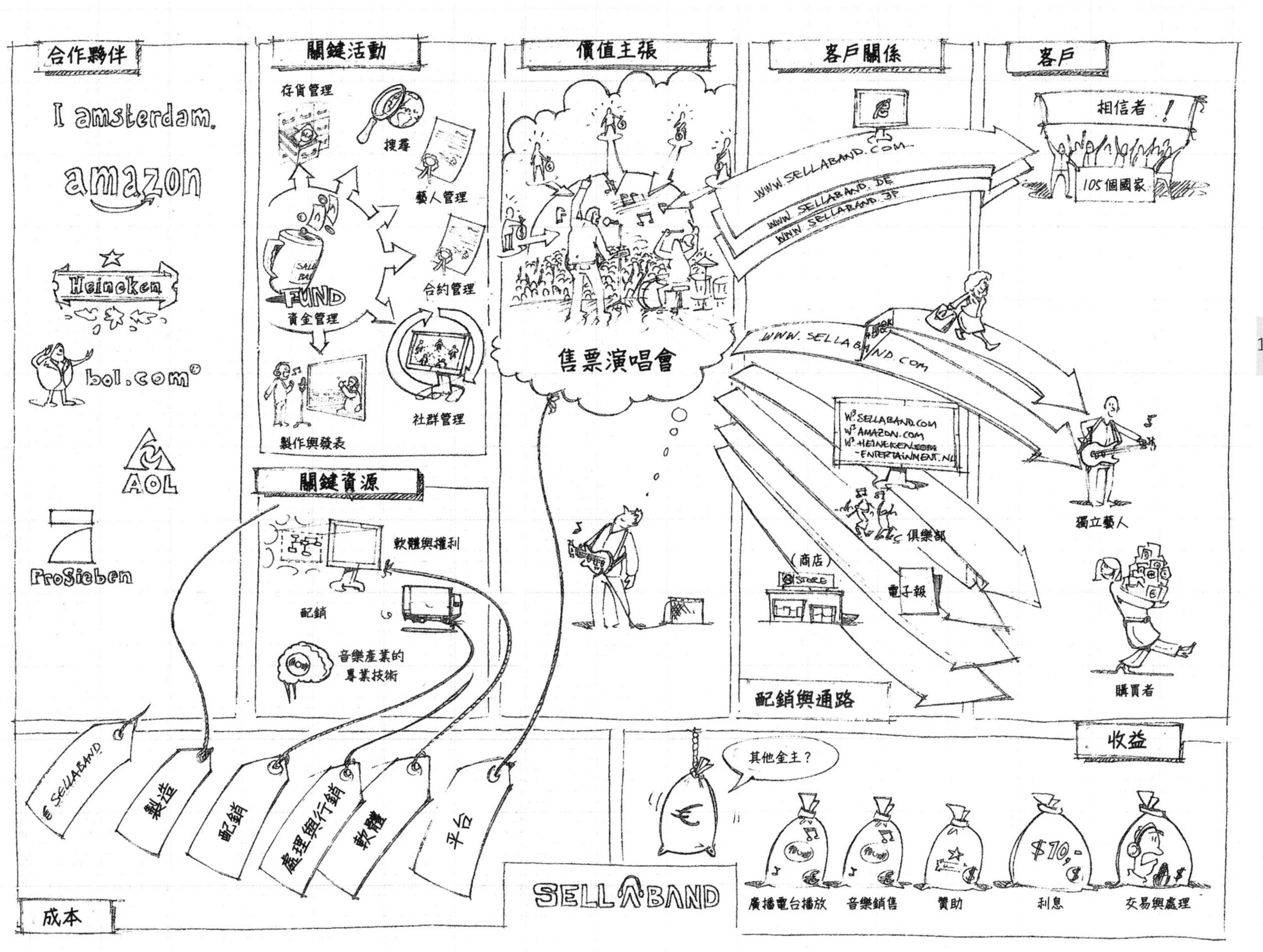
合作夥伴
I amsterdam
amazon
Heineken
bol.com
AOL
ProSieben
關鍵活動
存貨管理
搜尋
藝人管理
FUND
合約管理
資金管理
社群管理
製作與發表
關鍵資源
軟體與權利
配銷
音樂產業的
專業技術
價值主張
售票演唱會
客戶關係
WWW.SELLABAND.COM
WWW.SELLABAND.DE
WWW.SELLABAND.JP
客戶
相信者！
105個國家
WWW.SELLABAND.COM
W3.SELLABAND.COM
W3.AMAZON.COM
W3.HEINEKEN-ENTERTAINMENT.NL
獨立藝人
俱樂部
(商店)
STORE
電子報
購買者
配銷與通路
SELLABAND
製造
配銷
處理與行銷
軟體
平台
成本
其他金主？
SELLABAND
收益
$10,-
廣播電台播放
音樂銷售
贊助
利息
交易與處理

看圖說故事

想要成功的解說商業模式，方法在於說故事時，一次只展示一張圖。如果把整張商業模式圖都秀出來，有可能會讓觀眾吃不消，最好是每次只講一部分，逐一介紹。你可以一次畫一個圖，或者利用PowerPoint進行。另一個很有吸引力的方法，就是在便利貼上預先畫好商業模式的所有元素，然後解釋這個模式時，再一個接一個貼上去。這樣觀眾就能明白商業模式的建構，你所解釋的內容也有了視覺上的補充。

看圖說故事的進行步驟

1

繪製商業模式

- 一開始先根據文字，畫出一個簡單版的商業模式。
- 將商業模式的每個組成元素分別寫在便利貼上。
- 這個過程可以獨自完成，也可以分組完成。

2

畫出每個商業模式元素

- 每個元素畫一張，在每張便利貼畫上商業模式的內容。
- 圖像要保持簡單，省略細節。
- 只要能傳達訊息就好，畫得好不好不重要。

3

確定故事情節

- 說故事之前，要先決定便利貼的先後順序。
- 試試看不同的順序，可以先從目標客層開始，也可以從價值主張開始。
- 基本上，只要故事說得通，從哪個元素開始都可以。

4

說故事

- 逐一用這些畫了草圖的便利貼，說出你的商業模式故事。

註：你也可以視狀況和個人喜好，使用PowerPoint或Keynote等簡報軟體。不過，這些軟體不太可能製造出像便利貼這樣令人驚喜的效果。

技巧_ No. 4

Prototyping

原型製作

2000年夏天

魏德海管理學院的教授
小理查・博蘭滿臉驚恐，
看著蓋瑞建築師事務所
的建築師麥特・芬奧
不當回事地
把新校舍的設計圖
撕得粉碎……

……博蘭（Richard Boland Jr.）和芬奧（Matt Fineout）已經忙了整整兩天，力圖將明星建築師蓋瑞（Frank Gehry）平面圖上約5,500平方呎的空間去掉，好留空間給會議室和辦公設備。

在這個馬拉松式的規畫會議末尾，博蘭長吁了一口氣。「終於弄好了。」他心想。但就在這一刻，芬奧從椅子上站起來，將那些文件撕碎，然後將碎片扔進垃圾桶，兩人辛苦的工作成果一點痕跡都不留。看到博蘭教授震驚的表情，芬奧聳了聳肩，輕鬆地說道：「我們已經證明自己『可以』做得到；現在我們得想想我們要『怎麼』做到。」

回想起來，博蘭將這個事件視為一個極端的例子，說明他和蓋瑞團隊在進行魏德海管理學院（Weatherhead School Management）新大樓設計時，所體會到那種堅持不懈的探究精神。設計期間，蓋瑞和他的團隊製作了數百個不同材質、不同尺寸的模型，只為了要摸索出可能的新方向。博蘭解釋，製作原型不只是要測試或驗證點子是否可行而已；那是一種方法論，不斷探索不同的可能性，直到真正的好點子浮現。他指出，像蓋瑞採取的這種原型製作，是探索過程的核心，有助於參與者在初步了解一個狀況時，更加清楚其中缺了什麼。這個方法導向了全新的可能性，從其中可以找出正確的方向。對博蘭教授而言，與蓋瑞建築師事務所共事的經驗是一個轉折點。現在他明白，設計技巧（包括原型製作）有助於為各種商業問題找出更好的解答。博蘭與柯洛皮（Fred Collopy）教授及其他同事，現在都成了「設計式管理」（Manage by Designing）這個概念的先鋒，他們將設計式思考、技藝、經驗整合到魏德海學院的企管碩士課程中。在修課期間，學生利用設計工具來描繪替代選項，解決有問題的狀況，突破傳統的界限，並將新點子製作成原型。

原型製作的價值

—

要發展出一個創新的商業模式，原型製作是一個有力的工具。就像視覺化思考一樣，原型製作也能讓抽象的概念具體化，有助於新點子的開發。原型製作源自於設計界和工程界，廣泛運用於產品設計、建築及互動式設計。但它在商業管理界並不常見，因為組織行為和策略的本質上較不具體。不過在商業與設計的領域中，原型製作長期以來還是有其作用，例如近年來在工業產品設計界，無論是流程設計、服務設計，甚至組織與策略設計，原型製作都已經逐漸發揮影響力。底下將會說明，原型製作如何對商業模式設計做出重要的貢獻。

儘管使用的術語一樣，產品設計師、建築師、工程師對「原型」的內涵是什麼，卻各自有不同的理解。我們眼中的原型，代表了未來可能的商業模式：在討論、探索或證明某個概念時，這個工具有助於我們達到目的。商業模式原型的形式可以是一張簡單的草圖、一套以商業模式圖呈現的完整概念，或是一個類似新企業財務報表的試算表。

有一點很重要，我們要明白，商業模式原型不必然會成為未來實際商業模式的草圖。原型其實是一個思考工具，幫助我們探索商業模式未來可能發展的不同方向。比如說，如果我們增加另一個客層，整個商業模式會怎樣？拿掉一個高成本的資源，會有什麼後果？如果我們將某項收益改為免費贈送，以某種更創新的收益取代呢？製作並巧妙操作一個商業模式原型，會迫使我們去處理結構、關係、邏輯方面的問題，而這些是僅僅透過思考和討論做不到的。為了要真正了解不同可能性的優缺點，也為了要更進一步探索，我們必須替我們的商業模式建構出各種精密程度不同的原型。透過原型的互動，遠比純粹的討論更容易激盪出新點子。商業模式原型製作可能會引發種種想法（甚至瘋狂的點子），也因此可以促使我們的思考。這麼一來，原型就成了路標，指引我們走向原先想像不到的方向，而不光是代表未來即將採用的商業模式而已。所謂的「探索」，意味著堅持不懈地尋找最佳解答。只有在深度探索之後，我們才能有效地挑選一個原型，在設計成熟後，予以琢磨並執行。

對於這種商業模式的探索過程，企業人可能的反應有兩種。有些人可能會說：「呃，這個想法不錯，只不過我們沒有時間去探索不同的選項。」另一種人可能會說：「要找出新的商業模式，市場研究調查會是同樣好的辦法。」這兩種反應的出發點，都是危險的偏見。

第一種反應是假設「一切如常」，或只要稍加改進，就足以在當今的競爭環境中生存。我們相信，這種想法將會導致平庸。不想花時間去為開創性的新商業模式找點子並製作原型，就會冒著被更有活力的競爭對手淘汰或趕上的風險，或是被那些不曉得從哪裡冒出來的挑戰者所擊敗。

第二種反應是假設「設計新的策略選項時，收集資料是最重要的任務」。但其實不然。為強而有力的新商業模式建立原型，未來有可能勝過競爭對手或開發出完全不同的新市場，而在這個漫長而辛勞的過程中，市場研究只是其中一環而已。

你想要站在哪個位置？是業界龍頭，因為你肯花時間為強有力的新商業模式建立原型？還是被對手拋在後頭，因為你忙著維持現有的模式？我們相信，只有深入且堅持不懈的探究，才能發展出新的、改變遊戲規則的商業模式。

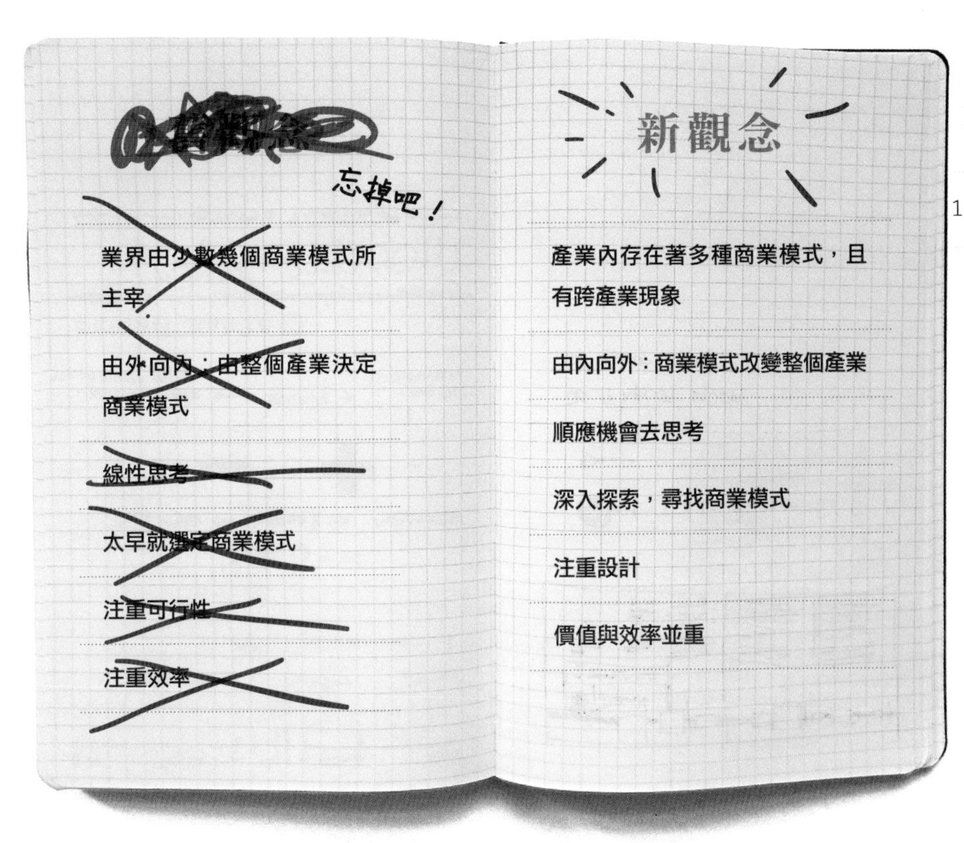

設計態度

如果太快鎖定一個點子，你會愛上它。
如果太快就將它琢磨得更完美，你會變得依戀它，
然後你將很難繼續探索，繼續尋找更好的。
尤其是早期模式的粗胚，更要慎重。

Jim Glymph，蓋瑞建築師事務所

身為企業人，我們看到原型時，都會傾向於注意它的實質形體或表現手法，認為這個原型是最後成品的示範樣本，或濃縮了其中的精華；我們把原型當成了一種需要琢磨得更精緻的東西。在設計這一行，原型的確在實行前，扮演了視覺化和測試的角色。但它同時也扮演了另一個非常重要的角色：探索的工具。就這個意義上，原型可以幫助我們思考、探索新的可能性，讓我們更了解自己的潛力。

這種設計態度也可以應用在商業模式的創新中。藉由製作一個商業模式原型，我們可以探索一個點子的各個面向，比如新的收益流。參與者建構並討論原型時，可以學習到其中的種種元素。一如前述，商業模式的原型製作有不同的規模和不同的精細程度。我們相信，在發展出一個特定的商業模式之前，先徹底考慮過一些基本商業模式的可能性，這點是非常重要的。這種探索的精神，就叫做設計態度，因為就像博蘭教授發現的，這是專業設計人才的核心精神。設計態度的特徵，包括願意去探索粗糙的點子，迅速丟出來，花時間去檢驗多種可能性，然後才挑少數幾個點子繼續琢磨──還有，要能接受這種不確定性，直到設計方向成熟。企業人不習慣這種狀況，但要製作新的商業模型，就要有這樣的精神。設計態度要求我們改變自己的既定習慣，從做決策轉變為想出可供選擇的選項。

不同規模的原型

在建築或產品設計中，我們可以透過製作不同規模的「原型」來幫助理解，因為這類原型都是具體「實物」。建築師法蘭克．蓋瑞和產品設計師菲利普．史塔克（Philippe Starck）會在一個案子中建構無數個原型，從素描和粗胚，到詳盡的、包含全部特性的原型。我們製作商業模式原型時，可以應用同樣的規模和尺寸變化，不過比較偏向於概念式應用。所謂的商業模式原型，可能是在餐巾紙上的一個粗略速寫，也可能是可供實際測試的商業模式。你可能會納悶，這跟很多企業人或創業家的商業想法有什麼不一樣？為什麼我們要特別稱之為「原型製作」呢？

原因有兩個。首先是心態不一樣。其次，商業模式圖提供了一個有助於我們探索的結構。

製作商業模式的原型，重點在於我們稱之為「設計態度」的心態。這種心態代表了堅定的承諾：從許許多多的原型（粗略的和細緻的都有）中找出更新、更好的商業模式，而這些原型代表的是眾多的策略選擇。重點不是只提出你打算執行的點子；而是要藉由增減每個原型的元素，去探索新的、或許荒謬的、甚至不可能的想法。你可以實驗不同規模的原型。

餐巾紙速寫

描繪並丟出一個粗糙的點子

畫出一個簡單的商業模式圖，只用關鍵元素描繪其中想法。

- 大略描繪想法
- 加入價值主張
- 加入主要的收益流

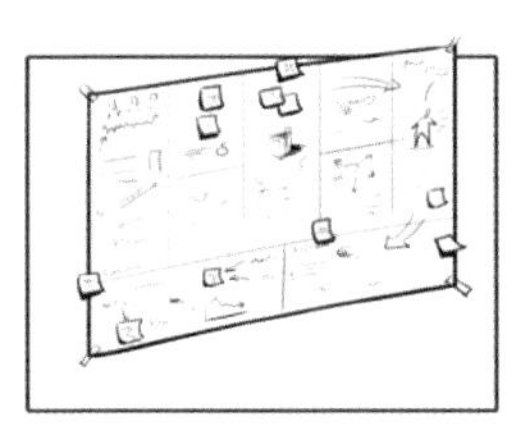

詳盡的商業模式圖

探索要做哪些事情，才能讓這個點子實現

畫出一個更詳盡的商業模式圖，來探索這個商業模式運作所需要的一切元素。

- 畫出完整的商業模式圖
- 徹底想清楚你的商業邏輯
- 估算市場潛力
- 了解各個構成元素間的互動關係
- 做一些基本審核

企畫案的製作

檢驗這個點子的可行性

把詳盡的商業模式圖轉化為試算表，估算這個模式的獲利潛力。

- 畫出完整的商業模式圖
- 加入關鍵數據
- 計算成本與收益
- 估算獲利潛力
- 根據不同的假設，擬出不同的財務方案

實地測試

調查顧客的接受度及可行性

你已經決定要採取一種可能的新商業模式，現在想在幾方面做一些實地測試。

- 為新模式準備一個行得通的企畫案
- 將潛在顧客或實際顧客納入實地測試
- 測試價值主張、通路、訂價機制，以及市場中的其他元素

出版一本書的八個商業模式原型

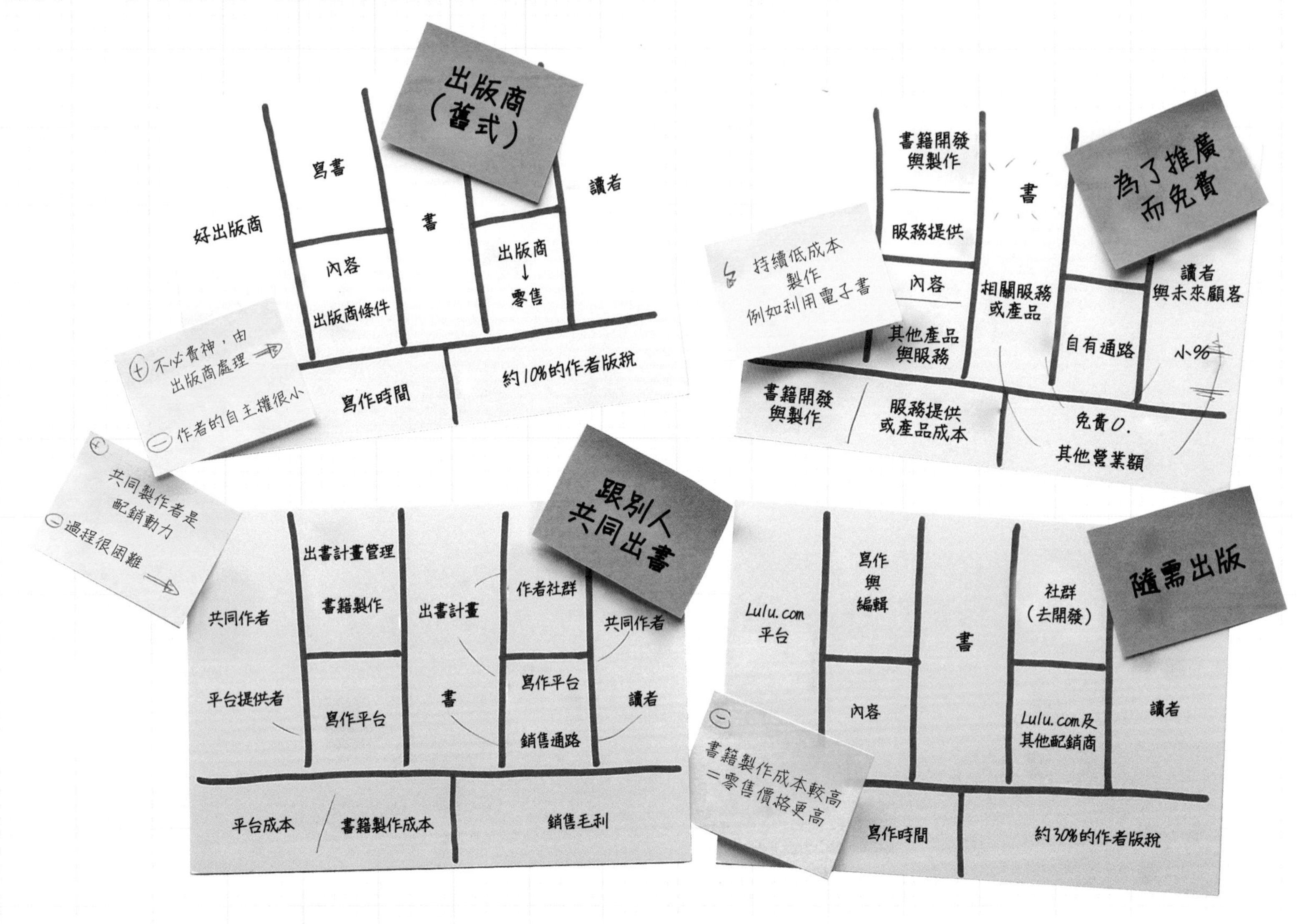

這裡是八個不同的商業模式原型，描繪的是出版一本書的可能方式。每個原型都特別強調模式中的不同元素。

原型很少能描述「真正」商業模式的所有元素，因此要將焦點擺在啟發模式內特定的面向，以便能指出新的探索方向。

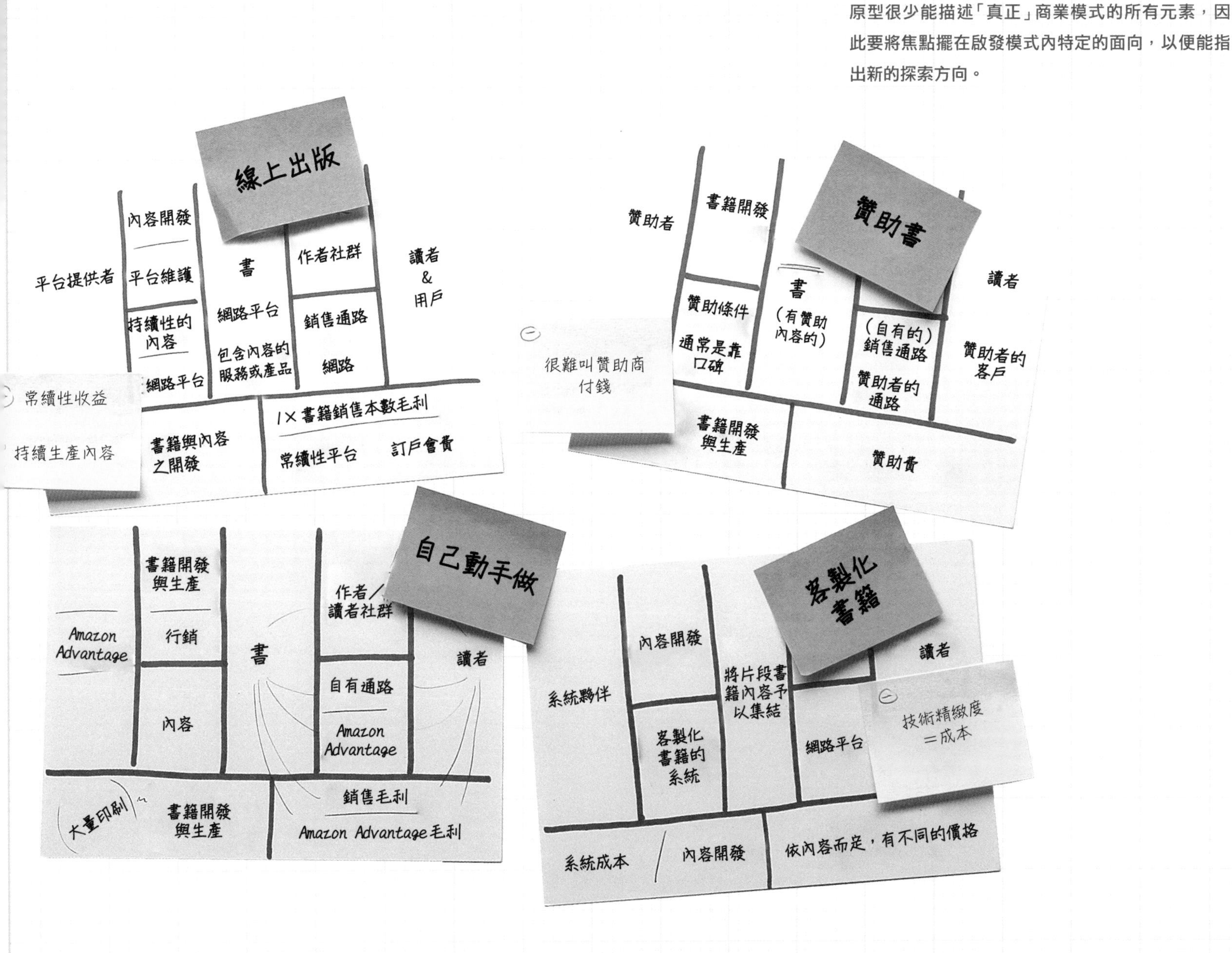

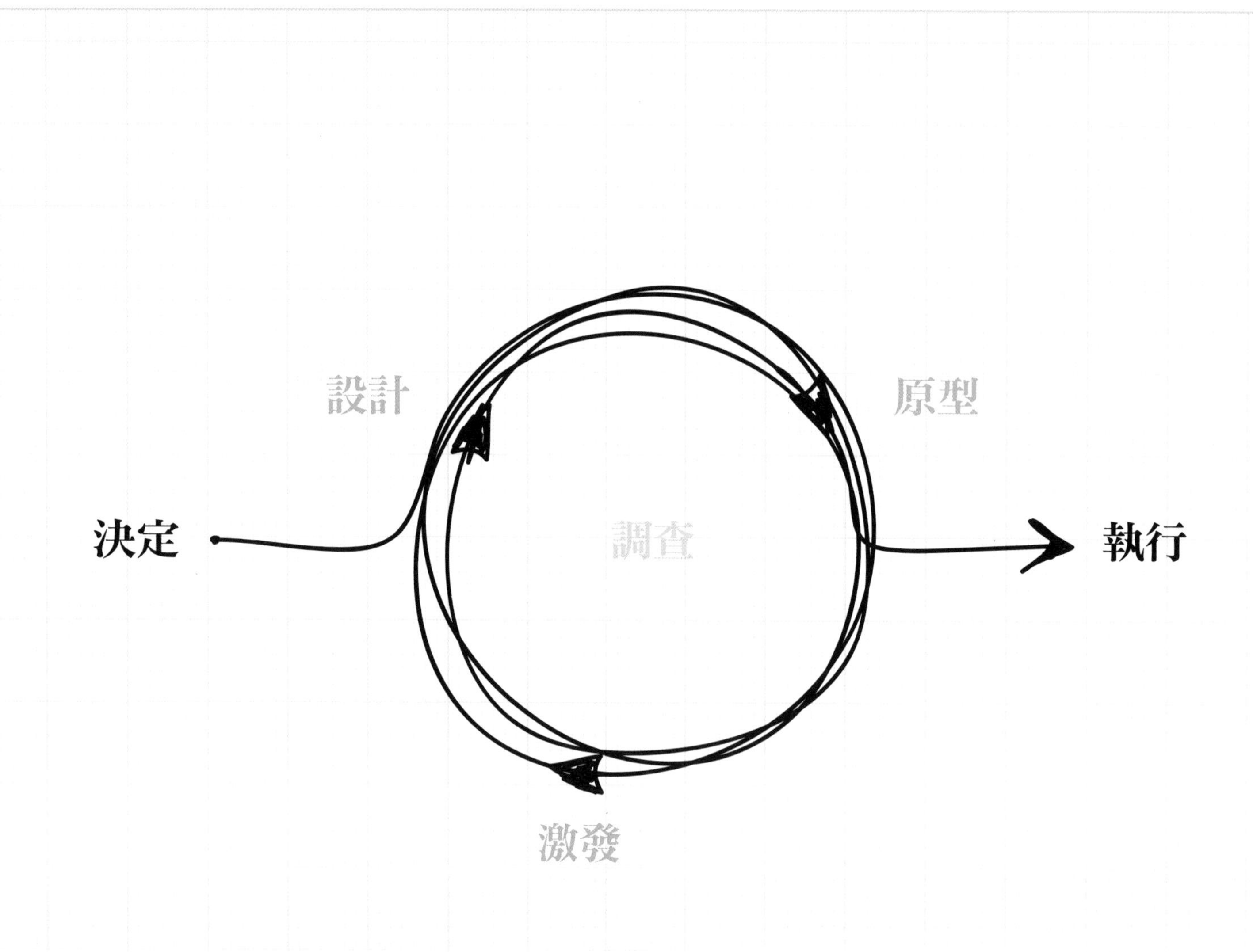
設計
原型
決定
調查
執行
激發

徵求：新的顧問商業模式

約翰．沙瑟蘭（John Sutherland）需要你的幫助。約翰是一家中型全球顧問公司的執行長，核心業務是為企業的策略和組織問題提供建議。他正在為公司尋找一個外部的新觀點，因為他認為他的事業需要新前景。

約翰，55歲
策略顧問公司創辦人與
執行長
員工210人

約翰的公司已經有二十多年的歷史，在全球各地有210名員工；其顧問業務的焦點是協助高階主管開發有效的策略，改善其策略管理，並重新整頓其組織。他的競爭對手是McKinsey、Bain、Roland Berger這些大型的全球企管顧問公司。他所面對的一個問題，就是他的公司規模比不上這些大公司，但又比典型聚焦於利基的策略顧問公司要大很多。不過約翰不太在意這個問題，因為他的公司依然運作得相當好。真正讓他困擾的，是策略顧問這一行在市場上的聲譽不佳，而且愈來愈多客戶覺得一般計時與根據專案收費的模式已經過時了。儘管他的公司聲譽依然良好，但他聽幾個客戶提過，說他們覺得顧問公司收費太高、履行的承諾太少，而且對客戶的專案表現得並不熱中。

這類評論讓約翰警覺，因為他相信自己這一行匯聚了一些最聰明的人才。思索再三之後，他判定這種負面聲譽是源自於過時的商業模式，現在他希望改變自己公司的做法。約翰的目標是把計時與專案收費制度淘汰掉，卻不太明白該如何著手。

請你協助約翰，為創新的顧問商業模式提供一些新鮮的觀點。

1

概述大問題

- 想出一個典型的策略顧問客戶。
- 挑選目標客層和你選擇的產業。
- 講出五個有關策略顧問的最大問題。參考「同理心地圖」（131頁）。

2

想出可能性

- 仔細檢視你所選擇的五個問題。
- 盡量發想顧問商業模式的點子，愈多愈好。
- 挑出五個你覺得最棒的點子（不見得是最務實的）。參考「創意發想」（134頁）。

3

商業模式原型製作

- 從五個點子中，挑出三個差異性最大的。
- 製作成三個概念性的商業模式原型，將每個點子的各個元素畫在商業模式圖上。
- 幫每個原型加上優缺點評註。

技巧_ No. 5

Storytelling

說故事

2007年春天

早已經過了半夜十二點，安娜柏．賈茵還盯著她白天拍的影片畫面……

……賈茵（Anab Jain）正在替一家曾獲獎的辦公家具設計製造商Colebrook Bosson Saunders拍攝一系列短片。她是個設計師，也是個說故事的人，正在進行的這些影片是專案的一部分，目標是協助該公司理解未來的工作和職場可能會是什麼樣貌。為了要讓這個未來更具體，她創造了三個主角，設定他們生活在2012年。她根據未來生活的新科技、人口結構的衝擊及環境風險等研究，為這三個主角安排新工作，並在這些影片中，展現出這個就在不遠的未來。但安娜並未描述2012年的情況，而是以說故事人的角色造訪這個未來的環境，訪問了這三位主角，讓他們解釋自己的工作，介紹他們使用的東西。這些影片很真實，足以讓觀眾信以為真，並被這個不同的環境勾起興趣。這正是微軟、諾基亞等公司雇用賈茵的原因，他們想要的是故事，好讓潛在的未來變得具體。

說故事的價值

—

身為父母，我們會念故事書給小孩聽，有些是我們小時候就聽過的故事。身為同事，我們會分享公司最新的八卦。身為朋友，我們會交換各自生活中的故事。然而，一旦我們身處商場，卻會避免說故事。這真是太令人遺憾了。你有多久沒聽過有人用故事來介紹並討論商業議題了？在商業世界裡，說故事是一個被低估且太少使用的技藝。以下我們就來看看，說故事如何能成為一個有力的工具，讓新的商業模式更活靈活現。

從本質上來說，新的或創新的商業模式可能是既難描述又難理解的。因為這些模式會挑戰現狀，用大家不熟悉的方式安排事物，逼迫聽眾打開心胸去接受新的可能性。對於不熟悉的模式，大家的反應很可能是抗拒。因此，如何使用一種不會引起抗拒的方式去描述新的商業模式，是很重要的關鍵。

如同商業模式圖可以幫你畫出並分析新模式，說故事也能幫你有效地傳達這個模式的全貌。好故事能吸引聽眾；要對一個商業模式及其邏輯展開深入討論時，故事是最理想的工具。說故事能讓人放下對陌生事物的懷疑，商業模式圖的解釋力量因而能充分發揮。

為什麼要說故事？

介紹新事物

新商業模式的點子有可能從組織裡的任何地方冒出來，其中有些可能不錯，有些可能很平庸，有些可能一點用也沒有。但就算是出色的新點子，還是得辛苦的歷經管理單位層層審核，最後才能成為組織裡的策略。因此，關鍵就在於能否把你的商業模式點子，有效率地推銷給管理階層。在這個過程中，一個好故事就能助你一臂之力。說到底，管理人感興趣的就是數字和事實，但說對了故事可以贏得他們的注意。一個好故事深具威力，可以在談到細節前，先迅速勾勒出一個大致的狀況。

向投資人推銷

如果你是個創業家，就很可能需要把你的點子或商業模式，向投資人或其他潛在股東推銷（而且你已經知道，當你告訴他們你會成為下一個Google的那一刻，他們就懶得聽下去了）。投資人和其他股東想知道的是：你要如何為顧客創造價值？你要如何從中賺錢？這正是一個故事的完美背景。在談到完整的企業規畫之前，要介紹你的新事業和商業模式，最理想的方法就是說故事。

說服員工

組織要從既有的商業模式轉型到新的商業模式時，一定要說服全體員工遵從，讓大家對這個新的模式及其意義有透徹的了解。簡言之，組織必須強而有力地吸引員工參與新模式。這是以文字為主的傳統PowerPoint簡報做不到的。要介紹一個新的商業模式時，以一個吸引人的故事來呈現（以PowerPoint、圖畫或其他技巧表現），更有可能激起聽眾的共鳴。先抓住聽眾的注意力和好奇心，往下再深入介紹、討論一些聽眾不熟悉的內容，就比較順利了。

讓新事物具體化

解釋一個未經測試的新商業模式，就如同只用文字描述一幅畫；然而，如果能用說故事的方式來表達這個模式如何創造價值，就像是在畫布塗上鮮亮的顏料。這麼一來，就變得很具象了。

清楚易懂

要向大家介紹你的點子，說明你的商業模式如何解決顧客問題，說故事是個清楚易懂的方式。故事讓聽眾「買帳」，而這正是你往下解釋你的模式時所需要的。

打動人心

故事比邏輯更能打動人心。在吸引人的故事敘述中，逐步鋪陳你模式中的邏輯，就能讓聽眾更容易接受新的或陌生的事物。

讓商業模式變得更具象？

說故事的目的，是用一種吸引人且具體的方式，介紹一個新的商業模式。故事要簡單，只出現一個主角。你可以依照觀眾的狀況，使用不同的主角和觀點。以下是兩個可能的起點。

公司觀點

員工觀察者

從一個員工的觀點說故事，來解釋這個商業模式。以這個員工為主角，現身說法談這個新模式為何有意義。答案可能是因為他觀察到的顧客問題，可以透過新的商業模式來解決；也可能是新的商業模式比舊的更能善加利用資源、活動，或合作夥伴（例如降低成本、改善生產力、新增收益來源等等）。透過這樣的故事，能具體呈現組織及其商業模式的內部運作，也能說明為何轉換新模式的理由。

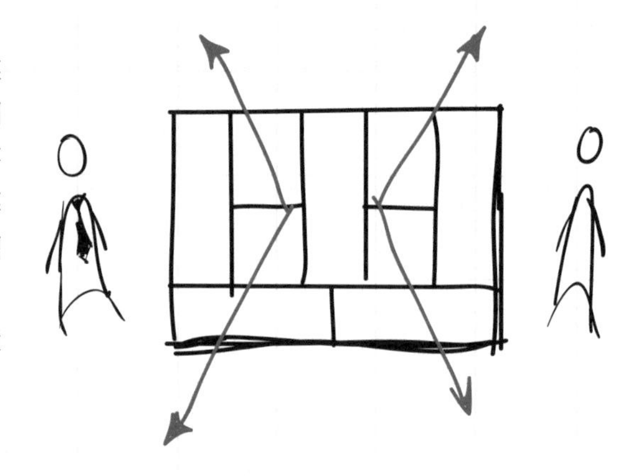

顧客觀點

顧客的任務

以顧客的觀點來講故事，是很有力的起點。創造一個顧客主角，從她的觀點來說故事，講出她所面對的挑戰和她必須完成的任務，然後概述你的組織如何為她創造價值。故事可以描述她收到了什麼產品或服務、如何符合她的需要、她願意付多少錢。還可以加入一些戲劇和情感元素，描述你的組織如何讓她的生活更美好。最好能在故事中穿插一些情節，例如你的組織如何幫她完成工作，用了什麼資源和活動。從顧客觀點來說故事的最大挑戰，就是要讓故事有真實感，而且要避免太油腔滑調或一副高高在上的口吻。

讓未來變得具體

故事有個神奇的效果，可以把真實和虛構的界線變模糊。也因此，故事提供了一個有力的工具，可以讓不同版本的未來具體化。這點可以幫助你挑戰現狀，或是證明採用新的商業模式是對的。

目前的商業模式

未來的商業模式是什麼？

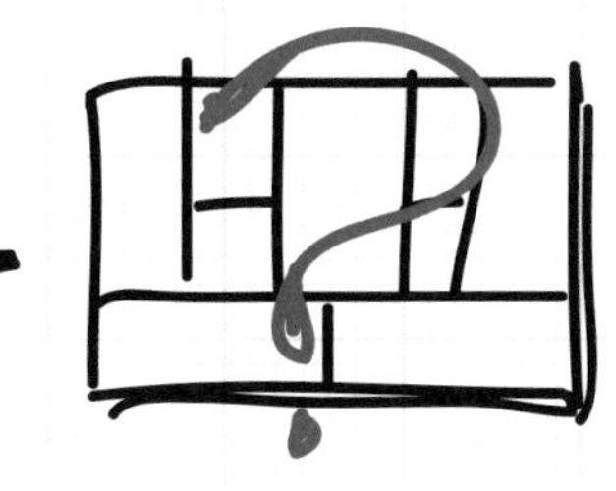

激發創意

有時說故事的唯一目的，就是挑戰組織的現狀。這類故事，一定要生動描述出未來的競爭環境，強調現有的商業模式將會受到嚴酷考驗或甚至被淘汰。一個這樣的故事能模糊虛實的界線，讓觀眾彷彿置身未來，暫時放下疑慮，感受到其中的急迫性，體認到有必要擬出一個新的商業模式。這樣的故事，可以從組織觀點出發，也可以採用顧客的角度。

計畫未來的商業模式

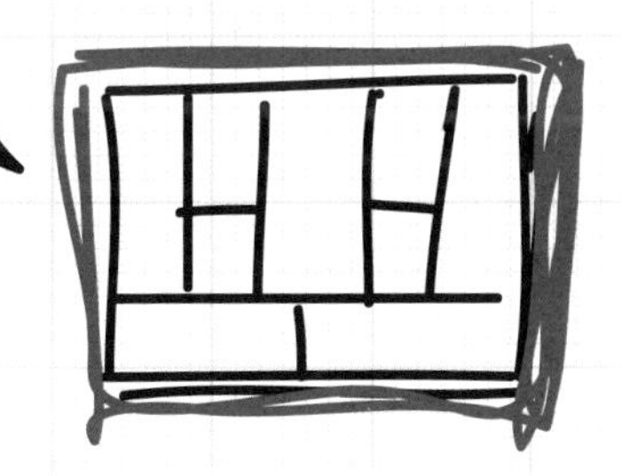

改變是正確的

如果一個組織很清楚未來的競爭環境將如何演變，此時故事的目的，就要顯示出新的商業模式將可以完美地協助組織在新環境中競爭。故事能讓人暫時放下疑慮，協助大家想像現有的商業模式該如何演變，才能在將來繼續保持效率。故事的主角可以是顧客、員工，或是高階管理人。

鋪陳故事

說故事的目的，是以一種既吸引人又具體的方式，來介紹一個新的商業模式。故事要簡單，而且只用一個主角。你可以視觀眾狀況，選用不同觀點的人物當主角。以下是兩種可能的切入點。

方式一：從公司觀點切入
阿吉特，32歲
Amazon.com資深IT經理

阿吉特（Ajit）擔任Amazon.com的IT經理已經9年了。多年來，他和同事熬過無數個不眠的夜晚，打造出世界級的IT基礎設備，服務並維護公司的電子商務。

阿吉特以自己的工作為榮。Amazon.com的銷售內容廣泛，從書籍到家具無所不包，除了出色的訂單處理能力（1, 6）之外，功能強大的IT基礎設施和開發能力（2, 3），成為這個購物網站成功的核心（7）。Amazon.com（8）在2008年提供超過五十萬個不同的網頁給網路購物者（9），並花費超過十億美元在技術和內容上（5），尤其偏重電子商務的經營業務。

但現在，阿吉特更興奮了，因為Amazon.com要跨出傳統零售業，企圖成為電子商務界最重要的基礎設施供應商之一。

他們推出一個叫做「亞馬遜簡單儲存系統」（Amazon Simple Storage System／Amazon S3）（11）的雲端儲存服務，利用自家的IT基礎設施，以超低價格提供其他公司線上儲存服務。這表示一家網路影音虛擬主機服務公司，可以將所有顧客的影音檔案存在亞馬遜的基礎設施，不必自己購買主機並維護。「亞馬遜彈性雲端運算」（Amazon Elastic Computing Cloud／Amazon EC2）（11）也是類似的狀況，這項服務是將亞馬遜自家的運算功能提供給外界客戶。

阿吉特知道外界可能會覺得這類服務偏離了亞馬遜公司的核心零售業務。但從內部的觀點，這個多元化的方向完全合理。

阿吉特想起四年前，他的團隊花了很多時間，跟管理IT基礎設施的網絡工程部門，以及管理Amazon.com眾多網站的應用軟體部門協調。然後他們決定在這兩個部門之間建立一個所謂的「應用程式介面」（application programming interfaces／APIs）（12），讓應用軟體可以輕易建立在IT基礎設施上。阿吉特也清楚記得自己後來明白，這個介面對內部有用，對外部顧客也同樣有用。所以在亞馬遜執行長貝佐斯（Jeff Bezos）的領導下，Amazon.com決定創辦

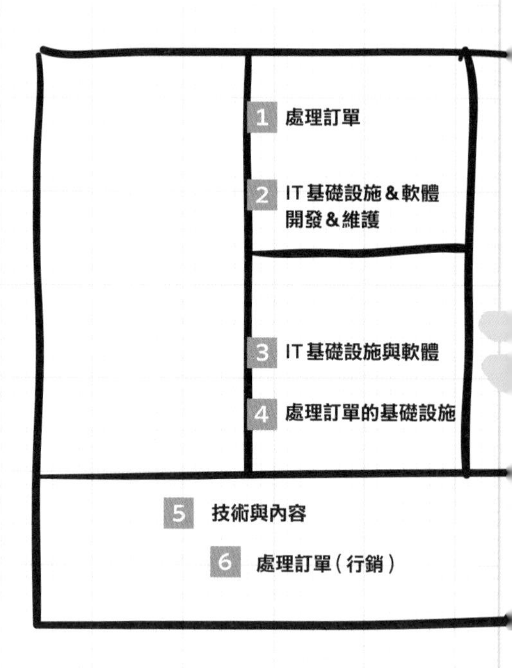

一個可能為公司帶來巨大收益來源的新事業。Amazon.com開放所屬IT基礎設施APIs，對外提供所謂的「亞馬遜網路服務」（Amazon Web Services），收取服務費（14）。由於Amazon.com無論如何都必須花錢花心力設計、創造、提供及維護這些基礎設施，提供給第三方，也不太算是偏離核心。

方式二：從顧客觀點切入
蘭迪，41歲，網路創業家

蘭迪（Randy）是個充滿熱情的網路創業家。在軟體產業有18年資歷，現在正在經營自己的第二家新公司，主要業務是在網路上提供企業軟體。先前他有10年時間在大型軟體公司服務，自行創業也有8年了。

在他的職業生涯中一直有個困擾，就是如何正確投資在基礎設施上。對他來說，為了提供服務而買伺服器，基本上是個單純的貨物交易，卻因為成本太高而很掙扎。嚴密的管理是關鍵，當你經營一家新公司，就不能投資幾百萬美元養一堆伺服器。

但當你服務的主要目標是企業市場，你就最好擁有一套強健的IT基礎設施。所以當在亞馬遜公司工作的朋友告訴蘭迪，說亞馬遜打算要推出新的IT基礎設施服務時，蘭迪非常動心。這樣一來，就解決了蘭迪最重要的內部業務之一：以世界級的IT基礎設施運作他的伺服器，規模可以迅速增減，而且只按照他公司實際用到的部分付費。這正是亞馬遜網路服務（11）所保證的內容。有了Amazon S3，蘭迪可以透過一個應用軟體介面（APIs）（12）連接到亞馬遜的基礎設施，把自家服務所需要的一切資料和應用程式，全都存在Amazon.com的伺服器裡。亞馬遜的彈性雲端運算也是類似的狀況。蘭迪不用為了計算創業應用服務的各種數字，而花大錢建立及維護自己的基礎設施。只要連上亞馬遜網站，利用他們的運算能力即可，而且只要按照使用的時數計費（14）。

蘭迪當下明白了，何以為他創造價值的是電子零售業巨人亞馬遜，而不是IBM或企管顧問公司埃森哲（Accenture）。亞馬遜為了網路零售業務（7），每天都要以全球規模提供並維護IT基礎設施（2, 3, 5）。這是該公司的核心能力。再多踏出一步，提供同樣的基礎設施服務給其他公司（9），對亞馬遜來說並不勉強。而且由於Amazon.com是零售業，毛利很低（11），所以一定要非常講求成本效率（5），這也是該公司新的網路服務能以超低價提供的原因。

說故事的技巧

要講出一個引人入勝的好故事，方法有好幾種。每種技巧都有優缺點，最好配合特定的狀況及觀眾來決定。清楚知道觀眾是誰及所處的情境後，再挑選一個合適的技巧。

	談話與圖像	影音短片	角色扮演	文字與圖像	漫畫
描述	使用一張或多張圖像輔助，講述故事主角及其環境的故事	講述故事主角及其周圍環境的故事，可用影片模糊虛實之間的界線	真人扮演故事中的角色，讓劇情顯得真實而具體	以文字和圖像，描述故事主角及其周圍環境的故事	以一系列漫畫式的圖像，具體講述主角的故事
何時？	用於小組報告或研討會	用於對大批觀眾，或在公司內部做重大財務相關決策時使用	用於研習營，讓參加者將商業模式的新點子表演給彼此看	用於對大批觀眾報告時	用於對大批觀眾報告時
時間與成本	低	中等至高	低	低	低至中等

超級吐司公司的商業模式

現在就用這個簡單又有點呆的習題，開始練習你的商業模式說故事技巧：右圖是超級吐司公司（SuperToast）的商業模式概況。你喜歡從哪個區塊開始都可以，可以是客層、價值主張、關鍵資源，或是任何其他區塊。創造你自己的故事，但只能運用右邊的九個簡圖。試著從不同的構成要素切入，把故事說個幾遍。每個不同的切入點，都會讓這個故事有些小小的變化，並凸顯這個模式中的不同面向。

順帶一提，這是個很棒的方法，可以用簡單且吸引人的方式，把商業模式圖介紹給不懂的人，關鍵就是──說故事。

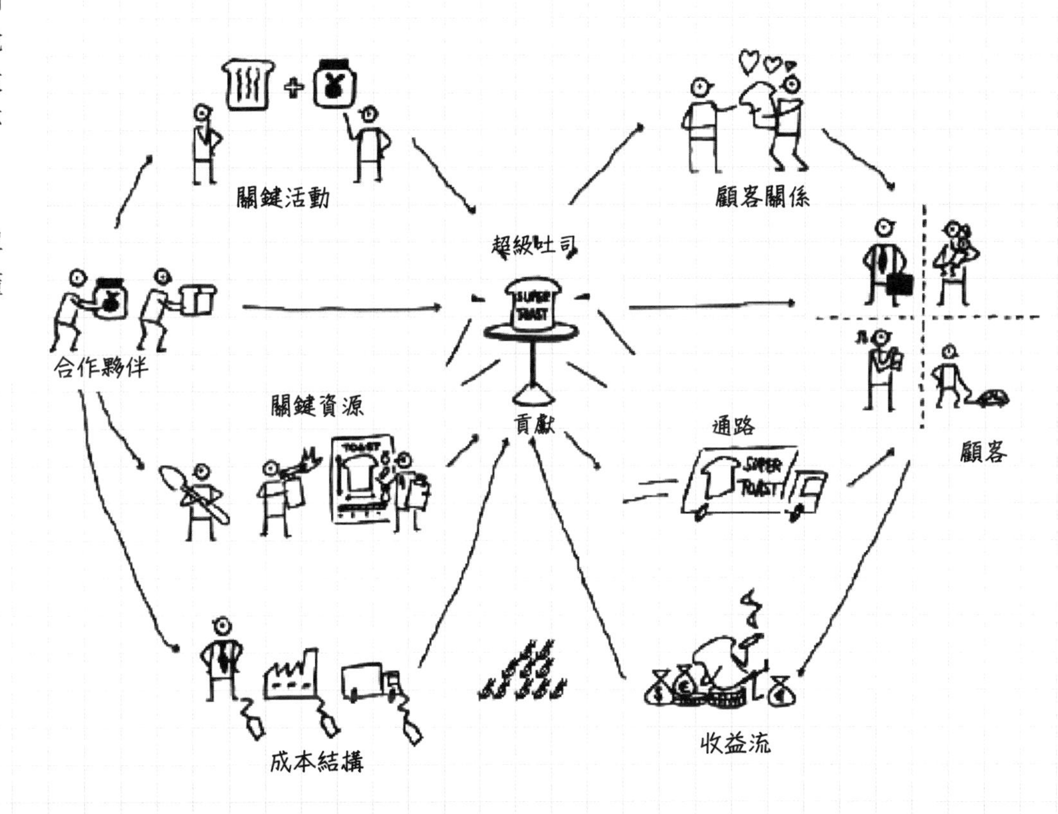

技巧_ No. 6

Scenarios

情境描繪

2000年2月

妙瑞兒・瓦德佛格和
傑佛瑞・黃教授
端詳著「瑞士之家」的
比例模型，若有所思。
「瑞士之家」是將興建在
麻州波士頓的
瑞士領事館新建築……

……瓦德佛格（Muriel Waldvogel）和黃（Jeffrey Huang）教授被延請來構思設計這棟建築。這裡的功能不是發簽證，而是要成為一個關係網絡和知識交換中心。兩人正在研究幾個關於如何利用「瑞士之家」（Swisshouse）的情境描繪，同時他們也建構出實體模型和類似電影劇本的文字內容，好讓這個空前的政府設施功能更加具體。

其中一個情境是敘述一個剛從瑞士搬到波士頓的腦外科醫師尼可拉斯。他來到瑞士之家，和志趣相投的科學家及其他瑞士裔美國人社群的成員碰面。第二個情境，講的是史密斯教授的故事，他在瑞士之家發表他在麻省理工學院媒體實驗室的研究成果，觀眾不但包括波士頓的瑞士人社群，還透過高速網際網路，與兩所瑞士大學的學者連線發表。

這些情境描繪雖然簡單，卻是密集研究過這棟新型態領事館可能扮演的角色之後，才得到的結果。這些故事說明了瑞士政府的企圖，也是引導這棟建築設計的思考工具。最後，這棟新大樓成功地符合了當初所設想的種種用途，達成了目的。

今天，由於協助讓大波士頓的科技社群建立了更強的國際連結，瑞士之家聲名遠播。透過瑞士科技中心（swissnex），瑞士之家也啟發了位於舊金山、上海、新加坡、印度班加羅爾等地的同類設施。

用「情境描繪」說明你的商業模式設計

—

當你需要說明新商業模式的設計，或是創新改造既有的商業模式時，情境描繪是很好用的一招。就像視覺化思考（146頁）、原型製作（160頁）、說故事（170頁）一樣，情境描繪可以讓抽象的事物變得具體。藉由讓設計背景更具體且詳盡，這些方法都能為商業模式的發展過程注入活力。

以下我們要談兩種類型的情境描繪。第一種，是針對顧客所設定，比如：顧客可以如何使用某項產品或服務？什麼樣的顧客會使用該產品或服務？或是顧客關心、渴望或追求的目標是什麼？這類情境描繪要以顧客的觀點為基礎（126頁），把有關顧客的知識融入一組明確、實在的影像中。藉由描述一個特定的狀況、一個有關顧客的情境，讓顧客的觀點變得具體。

第二種類型的情境，是描述一個商業模式在未來可能面對的競爭環境。這種情境描繪的目標，不是預測未來，而是想像可能的未來有什麼樣具體的細節。這種方式有助於創新者為每個可能的未來環境，想出最適當的商業模式。

把情境描繪的技巧應用在商業模式的創新上，會迫使我們思考一個模式在某些狀況下必須怎麼演變。這會讓我們更明白某個商業模式，也更明白未來可能需要的適應能力。更重要的，這能幫助我們為未來做好準備。

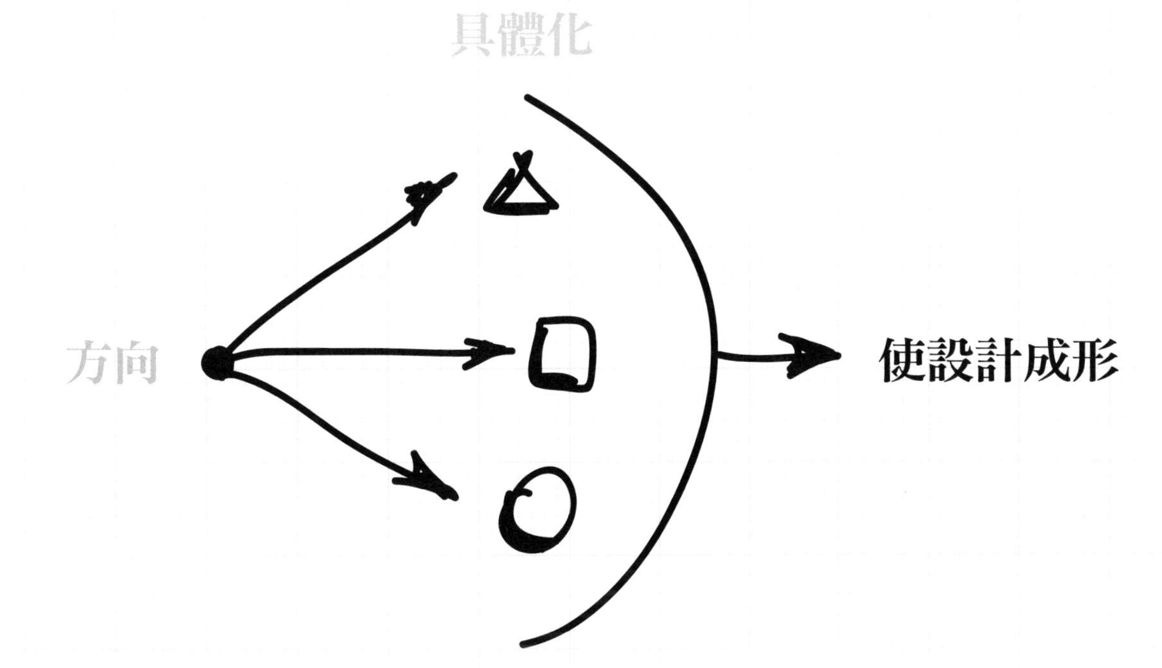
具體化
方向
使設計成形

發現更多好點子

以顧客為對象的情境描繪，可以在設計商業模式時引導我們，協助我們處理種種議題，例如哪個通路最適當，哪種顧客關係應該優先建立，以及顧客最願意為哪個解決方案付費等等。一旦我們為不同的目標客層模擬出情境，就可以自問，光靠一個商業模式，是否足以解決所有問題──還是說，我們需要為每個客層調整模式？

以下是針對全球定位系統（GPS）適地性服務（location- based services）的三個不同的情境描繪。它們使得商業模式設計得以成形，但在有關價值主張、配銷通路、顧客關係、收益流等範圍則刻意保持開放，以便彈性處理某些特定問題。這個情境描繪，是以行動電話營運商的立場出發，努力發展出一個開創性的新商業模式。

宅配服務

湯姆一直夢想要經營自己的小生意。他知道很難，但能夠靠自己熱愛的方式謀生，即使工作更辛苦、錢賺得更少，也絕對值得。

湯姆是個電影迷，經營的是DVD電影宅配服務。他對電影的知識有如百科全書，這也是他的顧客欣賞他的一點。在訂購宅配服務之前，顧客可以問他有關演員、製作技術，以及幾乎任何與電影相關的問題。

由於現在網路競爭激烈，經營這門生意當然不容易。但湯姆可以利用他從行動電話系統服務商取得的GPS運送規畫軟體，提高自己的生產力、改進顧客服務。只要交一點費用，他的手機就可以裝上這個軟體，並輕易整合他的目標客層管理程式。這個軟體協助他更妥善規畫宅配路線，避免塞車，因而幫他省了很多時間。他雇用了兩個助理，在週末送件數最多的時候來幫忙，而這個軟體還能整合兩位助理的手機。湯姆知道他的小生意絕對不可能讓他賺大錢，但要他放棄而去大公司上班？門都沒有。

遊客

戴爾和羅絲這個週末連假正在巴黎旅行。他們很興奮，因為自從25年前的蜜月旅行後，他們就沒去過歐洲了。出發兩星期前，他們才規畫了這次的小小旅行，把三個小孩託給父母。因為沒時間也沒力氣規畫旅行的細節，他們決定隨興玩。結果，他們在飛機上看到雜誌有篇文章，介紹一個供手機使用的新型GPS遊客服務，很感興趣。他倆都很熱中於科技新產品，飛機一降落在巴黎戴高樂機場，兩人就去租了那款手機。現在他們遵照手機所建議的客製化行程，開心地在巴黎街頭漫步，完全不需要傳統的旅遊指南。他們尤其欣賞手機內建的語音導覽，每回他們接近某個觀光景點時，就會有各式各樣的故事和背景資訊供他們選擇。在回程飛機上，戴爾和羅絲盤算著退休後要搬到巴黎居住。兩人開玩笑的說，到時候不曉得這項服務是否能幫他們適應巴黎文化。

酒農

亞歷山大繼承了祖傳的葡萄園，他的祖父當年從瑞士移民到加州，種植釀酒用的葡萄。亞歷山大傳承了家族中努力工作的門風，但也喜歡在這個漫長的種植葡萄傳統中，加入一點小小的創新。

他最新的發現是一個簡單的土地管理應用軟體，現在安裝在他的手機裡。雖然這個軟體不是針對酒農設計的，但因為設計的方式，亞歷山大輕易就可以調整為符合自己的特定需要。這個軟體結合了他的工作清單，這表示他現在有了個GPS的待辦事項清單，可以提醒他何時該去哪裡檢查土壤或葡萄品質。現在他還在思考，要如何把這個軟體分享給他所有的經理。畢竟，只有管理團隊裡每個人都能隨時更新自己的土壤和葡萄品質資料庫，這個軟體工具才有意義。

遊客

- 這個服務必須使用專門的手機，或是可以直接下載到顧客的手機？
- 航空公司可以成為通路夥伴，幫忙配銷這種服務或配置嗎？
- 有哪些可能的內容，會讓供應者夥伴有興趣加入這個服務？
- 哪些價值主張會是顧客最樂意付費的？

宅配服務

- 附加價值足以促使宅配業者付月費嗎？
- 透過哪種通路最容易接觸到這個目標客層？
- 這項服務還必須整合其他什麼設備或軟體？

酒農

- 附加價值足以促使地主付月費嗎？
- 透過哪種通路最容易接觸到這個目標客層？
- 這項服務還必須整合其他什麼設備或軟體？

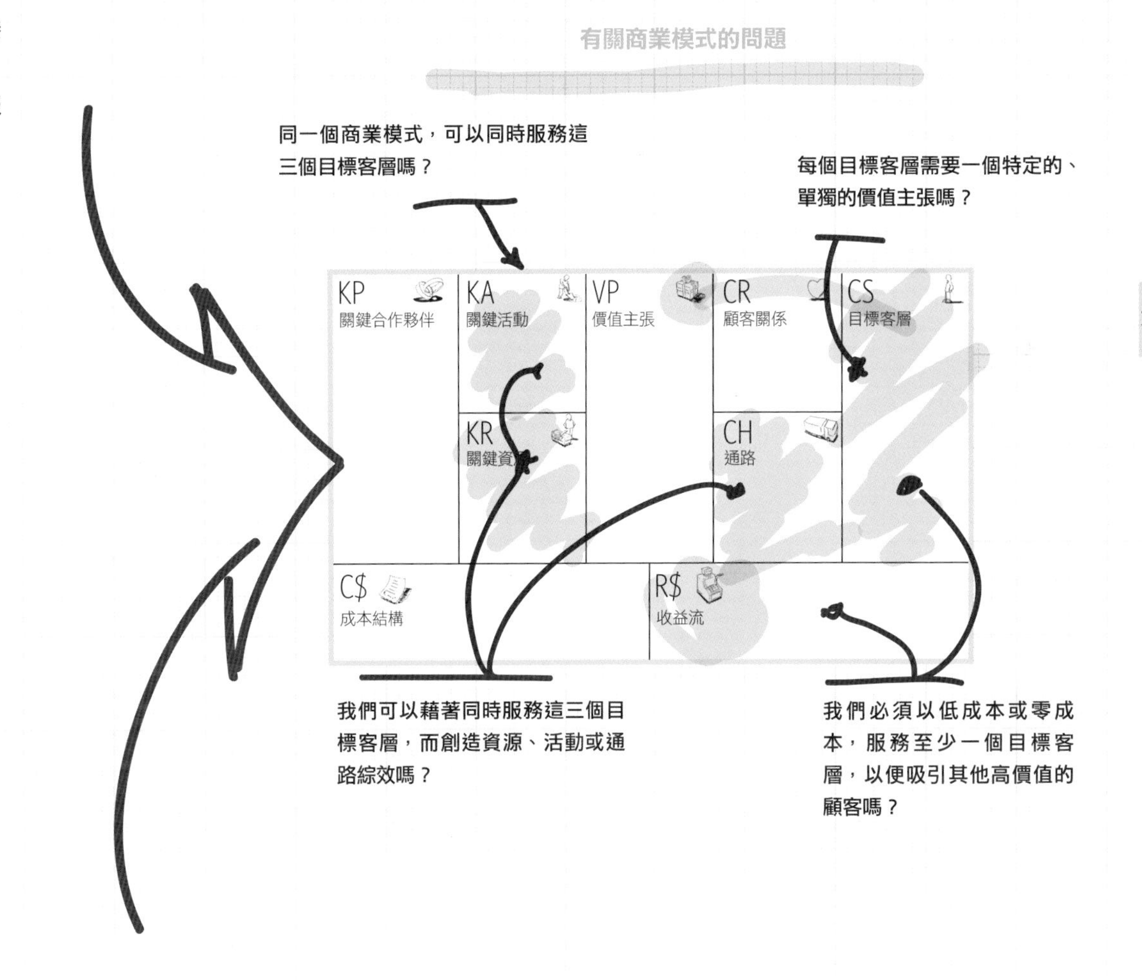

未來情境描繪

情境描繪是另一個可以協助我們省思未來商業模式的思考工具。情境描繪能提供具體的未來背景，因而開啟我們的創造力，想出適當的商業模式。這通常會比天馬行空的腦力激盪去想出可能的未來商業模式更容易，也更有成果。不過，要發展出幾種夠深度、夠逼真的情境，成本有可能非常高。

目前處於強大壓力、必須想出創新商業模式的一個產業，就是製藥業。原因有幾個：大藥廠的研究績效近年下滑了，但又面臨巨大挑戰，必須發明並行銷新的暢銷藥物（傳統上這是他們的核心業務）。同時，許多搖錢樹藥品的專利也快要到期了。這意味著來自這些藥品的收益，可能會被生產學名藥（即專利過期藥）的藥廠搶走。產品線空虛、收益銳減，正是目前折磨各藥廠的兩大頭痛問題。

在這種不安的背景之下，將一套對未來發展的情境描繪，融入商業模式的腦力激盪中，會是很有用的練習。對於未來的描繪，有助於讓我們跳脫傳統思維──這在試圖開發出創新商業模式時，通常不容易做到。以下就大略介紹一下這樣的練習，可以如何執行。

首先，我們要想出一套劇本，描繪出未來製藥業的種種狀況。這工作最好交給情境規畫專家來做，因為他們有正確的工具和方法。為了說明起見，我們根據兩個未來十年可能形塑製藥業的演變，想出四個基本的劇情骨架。當然，如果更深入研究這個產業，就會找出其他的驅動因素，想出更多不同的劇本。

我們選擇的兩個驅動因素，分別是 (1) 個人化醫學的崛起，以及 (2) 從治療轉向預防。前者是基於藥物基因體學（pharmacogenomic）近幾年的進展，這種科學根據人類的DNA結構，鑑定出基本病因。有一天，這可能會讓治療導向完全個人化，根據每個人的基因結構，使用客製化藥物。至於治療之所以轉向預防，一部分是因為藥物基因體學，一部分是因為診斷法的進步，另一部分是因為成本意識的提高，使得大家意識到預防比住院和治療要便宜得多。這兩個驅動因素所指出的趨勢，在未來可能實現、也可能不實現，並因此產生出四種不同的情境描繪（見下述及右頁圖解）：

- **產業狀況不變**：儘管個人化醫學在技術上可行，但還是無法上路（例如隱私等等原因），治療仍是核心收益來源。
- **個人化醫學**：個人化醫學落實了，但治療仍是核心收益來源。
- **健康的病人**：持續朝向預防醫學發展，但個人化醫學即便技術上可行，仍沒有很普遍。
- **徹底改造製藥業**：個人化和預防式醫學成為製藥業新的成長領域。

未來的製藥業商業模式

C) 健康的病人：

- 預防性醫學的時代，需要什麼樣的顧客關係？
- 在發展我們的預防性醫學商業模式時，該找什麼樣的合作夥伴？
- 在轉向預防性醫學時，醫師與業務代表之間的關係會有什麼改變？

預防變成主要收益來源

D) 徹底改造製藥業：

- 在這樣的新環境下，我們的價值主張會是什麼？
- 在新的商業模式下，目標客層會扮演什麼角色？
- 我們是否該在公司內部或透過合作夥伴，發展出相關的活動，比如生物資訊學和基因定序？

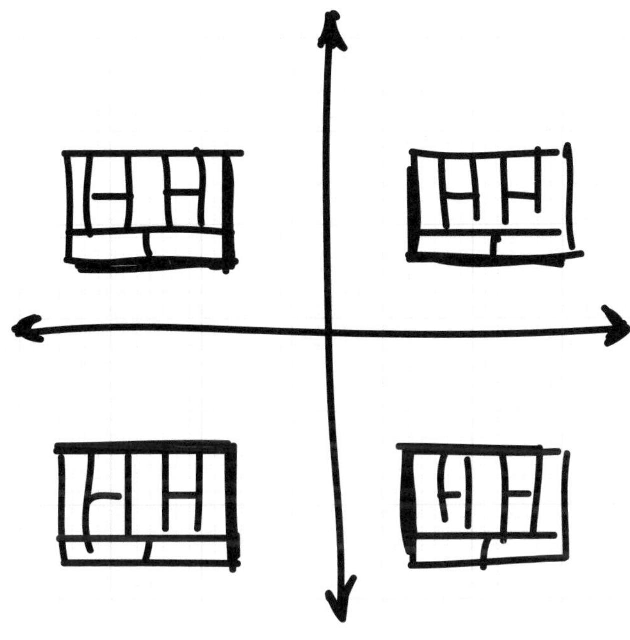

個人化醫學仍只是奇想

個人化醫學成為市場主流

A) 產業狀況不變：

- 如果這兩個驅動因素都沒有改變，我們的商業模式在未來會是什麼樣子？

治療仍為主要收益來源

B) 個人化醫學

- 我們必須跟病患建立什麼樣的關係？
- 對個人化醫學來說，什麼配銷通路最適合？
- 在諸如生物資訊學和基因定序方面，我們必須發展什麼樣的資源和活動？

情境描繪D:
徹底改造製藥業

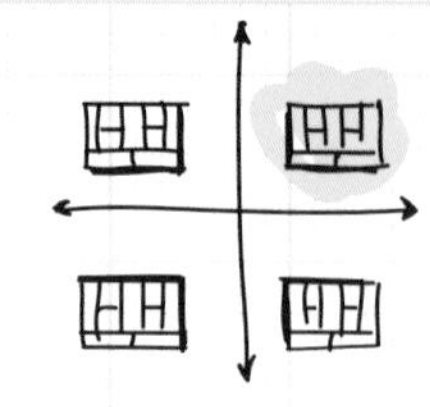

製藥業的環境完全改變了。藥物基因體學的研究實現了願景，成為這個產業的核心了。根據個人基因檔案所量身訂做的個人化藥物，成了產業收益的一大來源。這一切，加深了預防醫學的重要性──多虧診斷工具的大幅改進，以及醫界對於疾病與個人基因之間的關聯更加了解，預防取代了部分的治療。

這兩種趨勢──個人化藥物的問世以及愈來愈重要的預防醫學──完全改變了傳統製藥業的商業模式。這兩個趨勢對藥廠的關鍵資源和關鍵活動，都帶來了戲劇化的衝擊，改變了藥廠對顧客的方式，也大幅改變了收益的來源。

新的製藥環境使得各家藥廠遭受沉重的打擊。無法迅速適應的藥廠，不是消失，就是被更靈活的藥廠收購。同時，擁有創新商業模式的後起之秀，也取得了可觀的市場占有率。而其中一些新興公司也被規模較大、但較不靈活的藥廠收購，納入整體的營運中。

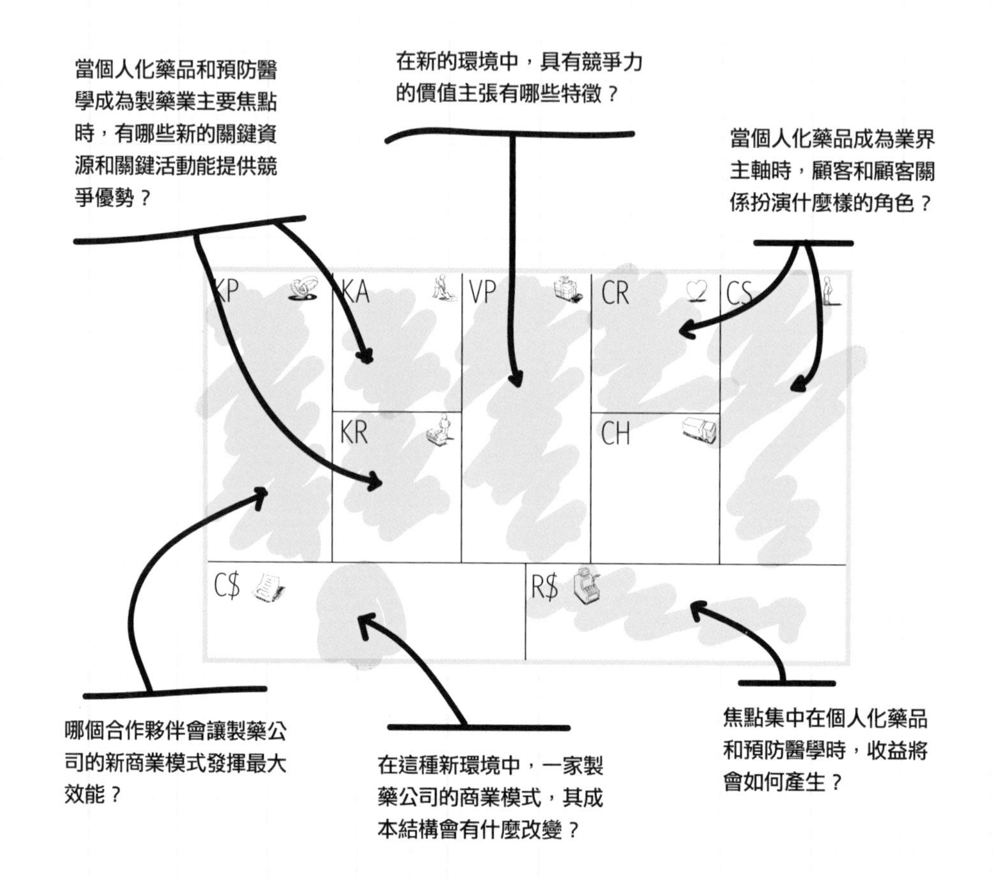

未來的情境描繪，以及新的商業模式

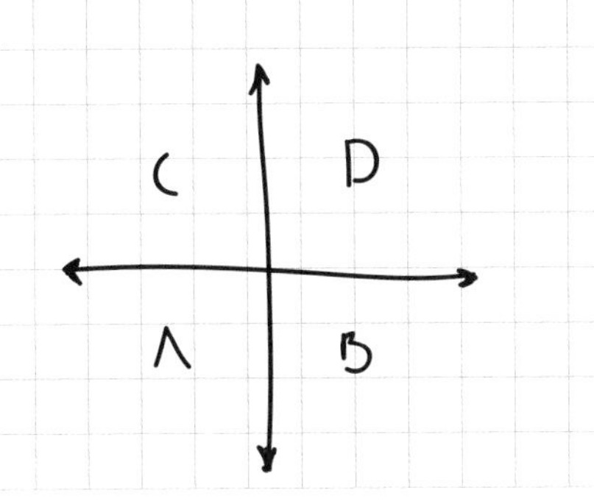

根據至少兩個主要準則，發展出一套未來的情境描繪。

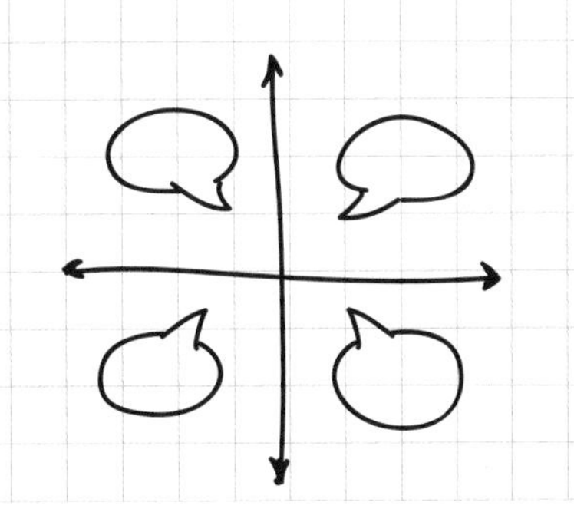

用一個故事來描述每個情境，大略介紹其中的主要元素

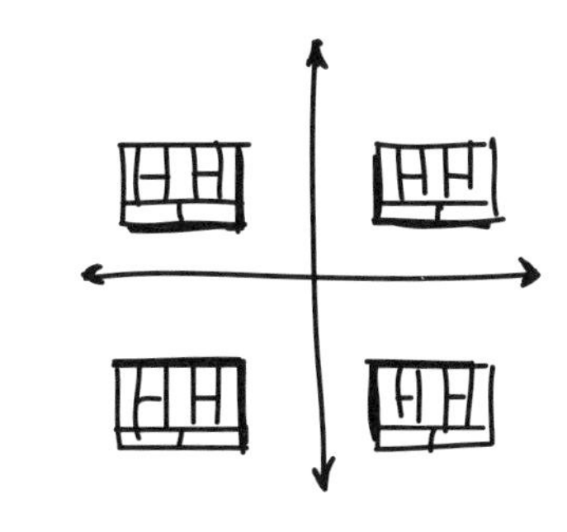

為每個情境描繪，開發出至少一個適當的商業模式

想要幫你的組織為未來做好準備，可以把情境描繪以及為商業模式創新所做的一切努力結合起來。這個過程會引發大家對困難議題的深度討論，因為這會迫使參與者有如身歷其境的置身於未來環境（雖然是假設的）。當參與者描述他們的商業模式時，必須以特定的情境為背景，為自己的選擇說出充分而清晰的理由。

在商業模式研討會開始之前，你應該先發展出來一套情境描繪。「劇本」的細緻程度，視預算而定。記住，一旦將情境發展出來，也可能在其他方面派上用場。即使是簡單的劇情，也能有助於開啟創造力，讓參與者彷彿置身於未來。

理想的狀況下，如果要讓情境描繪的討論能夠順利進行，應該根據至少兩個評估標準，開發出兩個或四個不同的情境。每個情境應該要加上標題，而且有一段簡短、精確的介紹，概要敘述主要的元素。

研討會一開始，要先要求參與者複習這些情境，然後為每個情境開發出適當的商業模式。如果你的目標是希望大家盡可能了解所有可能的未來，可以讓大家共同討論，為每個情境想出不同的商業模式。反之，如果你的重點是希望能產生一套多樣化的未來商業模式，則可將大家分成不同小組，分別針對每個情境想出一套商業模式。

有關設計與商業的延伸閱讀

設計態度

Managing as Designing

by Richard Boland Jr. and Fred Collopy (Stanford Business Books, 2004)

A Whole New Mind: Why Right-Brainers Will Rule the Future

by Daniel H. Pink (Riverhead Trade, 2006)

中譯本《未來在等待的人才》，大塊文化，2006

The Ten Faces of Innovation: Strategies for Heightening Creativity

by Tom Kelley (Profile Business, 2008)

顧客觀點

Sketching User Experiences: Getting the Design Right and the Right Design

by Bill Buxton (Elsevier, 2007)

Designing for the Digital Age: How to Create Human-Centered Products and Services

by Kim Goodwin (John Wiley & Sons, Inc. 2009)

創意發想

The Art of Innovation: Lessons in Creativity from IDEO, America's Leading Design Firm

by Tom Kelley, Jonathan Littman, and Tom Peters (Broadway Business, 2001)

中譯本《IDEA物語》，大塊文化，2002

IdeaSpotting: How to Find Your Next Great Idea

by Sam Harrison (How Books, 2006)

中譯本《怎樣發現設計創意：寫給未來的設計大師》，上海人民美術，2006

視覺化思考

The Back of the Napkin: Solving Problems and Selling Ideas with Pictures

by Dan Roam (Portfolio Hardcover, 2008)

中譯本《餐巾紙的背後》，遠流，2008

Brain Rules: 12 Principles for Surviving and Thriving at Work, Home, and School

by John Medina (Pear Press, 2009) (pp. 221-240)

中譯本《大腦當家：靈活用腦12守則，學習工作更上層樓》，遠流，2009

原型製作

Serious Play: How the World's Best Companies Simulate to Innovate

by Michael Schrage (Harvard Business Press, 1999)

中譯本《認真玩創新：進入創新與新經濟的美麗新世界》，遠流，2003

Designing Interactions

by Bill Moggridge (MIT Press, 2007) (ch. 10)

說故事

The Leader's Guide to Storytelling: Mastering the Art and Discipline of Business Narrative

by Stephen Denning (Jossey-Bass, 2005)

Made to Stick: Why Some Ideas Survive and Others Die

by Chip Heath and Dan Heath (Random House, 2007)

中譯本《創意黏力學》，大塊文化，2007

情境描繪

The Art of the Long View: Planning for the Future in an Uncertain World

by Peter Schwartz (Currency Doubleday, 1996)

Using Trends and Scenarios as Tools for Strategy Development

by Ulf Pillkahn (Publicis Corporate Publishing, 2008)

WHAT STANDS IN YOUR WAY?

你會遇上哪些困難？

一家中小企業（木材製造業）的管理階層一直拖到銀行再也不想給他們信用額度後，才開始要改變他們的商業模式。其商業模式創新的最大阻礙（不管是木材製造業或任何產業），就是在麻煩出現不得不修正行動之前，一般人都會抗拒任何改變。

——Danilo Tic，斯洛維尼亞

根據我跟非營利組織的合作經驗，商業模式創新的最大阻礙是：**1.** 無法了解現有商業模式，**2.** 缺乏討論商業模式創新的語言，**3.** 在設計新商業模式時，受到了某些與想像力背道而馳的限制。

——Jeff De Cagna，美國

大家都是等到遇上麻煩，才會愛創新。

商業模式創新的最大障礙不在技術，而是我們人類以及我們所處的機構。兩者都會頑固抵抗去實驗和改變。

——Saul Kaplan，美國

我發現很多中小企業的管理階層和關鍵員工，都缺乏一種共通的架構和語言去討論商業模式創新。他們沒有理論背景，但他們卻是這個過程中不可或缺的，因為他們最了解公司的業務。

——Michael N. Wilkens，丹麥

障礙，就是那些用來衡量成功的指標。

這些指標可以指出人們的眼界和雄心。最好的狀況下，它們夠靈活，可以帶來真正的破壞性創新；最糟的狀況，它們會讓你的視野縮減到短期的反覆循環，因而無法在變動的環境中抓住機會。

——Nicky Smyth，英國

害怕冒險。身為執行長，要有勇氣才能下決心採取創新的商業模式。2005年，荷蘭電信供應商KPN決定預先遷移到IP系統，忍痛犧牲掉傳統的業務。現在，KPN已被全世界公認是電信業中表現出色的領先者。

——Kees Groeneveld，荷蘭

以我在一個大型檔案庫工作的經驗，最大的障礙就是要讓他們了解：即使是檔案庫也有商業模式。我們克服這一點的方式，就是透過一個小型提案，向他們說明這會影響到他們現有的模式。

——Harry Verwayen，荷蘭

讓每個人都參與，並保持改變的速度，並不容易。

Seats2meet.com是一個顛覆性會議概念，我們有長達四個月的時間，幾乎每天都在訓練員工，只是為了跟所有相關的人溝通這個新的商業模式。

——Ronald van Den Hoff，荷蘭

1. 來自組織內部對這個新方案的反彈勢力，因為他們的資源被抽走了，不利於他們的業務目標。**2.** 專案管理流程跟不上大膽創意的風險與不確定性，於是領導人傾向拒絕或抽回想法，退到現有的舒適區。

——John Sutherland，加拿大

最大的障礙就是堅信新模式必須涵蓋所有細節——經驗顯示，客戶會要求很多，但一旦他們洞悉了他們的企業本質，就會安於接受簡單的狀況。

——David Edwards，加拿大

1. 不了解：什麼是商業模式？什麼是商業模式創新？ **2.** 不知道：如何去改革一個商業模式？ **3.** 不願意：為何要改革我的商業模式？有急迫性嗎？ **4.** 以上皆是。

—— Ray Lai，馬來西亞

以我的經驗，最大的障礙是無法從傳統的線性思考方式，改為整體的、有系統的思考方式。

創業家必須持續努力發展出一種能力，將商業模式想成一個整體的、非線性的系統，其中每一部分都和其他部分互動，彼此息息相關。

—— Jeaninne H. Gassol，西班牙

身為網際網路行銷人員，15年來我看過很多新商業模式來來去去。

致勝關鍵是要讓每個關係人都完全了解，並且不斷改善這個模式。

—— Stephanie Diamond，美國

障礙，就是高階主管和董事會心目中的模式。

由於缺乏開誠布公，以及害怕脫離現狀，使得大家陷入集體迷思。高階主管安於有利可圖的現有階段，而不願涉入未知又有風險的「探索」階段。

—— Cheenu Srinivasan，澳洲

以我身為網際網路創業家與投資家的經驗，最大的障礙就是缺乏願景與管理不當。一個公司如果沒有好的願景和管理，就會忽略新興的產業範例，也就無法及時改造商業模式。

—— Nicolas De Santis，英國

在大型的跨國公司裡，關鍵是要開創跨部門的理解和綜效。商業模式創新不像公司裡的員工有部門之間的界限。如果要成功執行，關鍵就是要所有部門的人都參加，大家互相溝通！

—— Bas van Oosterhout，荷蘭

障礙是，對現有商業模式的**恐懼、不確定，以及貪婪……**

—— Frontier Service Design有限公司，美國

組織內缺乏創業精神。

創新就是要聰明地承擔風險。如果沒有開創性洞見的空間，或者不肯跳脫現有模式的窠臼去思考或行動，就根本不要想創新了：因為你注定會失敗。

—— Ralf de Graaf，荷蘭

就組織而言，一個成功的大公司最大的障礙，就是不肯冒任何風險去危及他們現有的模式。而就領導者或個人而言，**他們的成功很可能就是得自於現有的商業模式……**

—— Jeffrey Murphy，美國

障礙就是「**東西沒有壞，幹嘛修**」的想法。

許多公司會堅守現有的經營方式，直到顧客顯然想要別的。

—— Ola Dagberg，瑞典

領導階層的**力量**，有可能成為障礙。

風險管理和實質審查成為許多董事會用來掩飾目的的藉口。他們將創新當成風險議題去評估，輕易就敷衍了事，尤其是在文化產業，常常沒有據理力爭的風氣。在這種組織中，創新往往不會成為未來策略的核心動力，而是被根深柢固的企業流程批判得體無完膚而死滅。

—— Anne McCrossan，英國

很多公司往往都已設計出創新的商業模式了，卻未能建構出一個能與模式及其目標協調一致的薪酬結構。

—— Andrew Jenkins，加拿大

眼前的成功

會阻礙一個公司自我要求創新其商業模式。組織化的結構，通常不利於新商業模式的出現。

—— Howard Brown，美國

最成功的公司在改進其現有商業模式的效率上，往往會被

「我們以前都是這樣做的」

的想法蒙蔽，而看不到創新商業模式的出現。

—— Wouter van der Burg，荷蘭

Stra

tegy

策略

“There’s not a single business model . . . There are really a lot of opportunities and a lot of options and we just have to discover all of them.”

商業模式不會只有一種……
真正有的是一堆機會和一堆選擇，
我們得自己去一個個找出來。

——歐萊禮 Tim O'Reilly，O'Reilly公司執行長

前面幾章，我們已經傳授了一種描述、討論及設計商業模式的語言，也描述了商業模式的樣式，同時解釋了幾種能幫助設計與創造新商業模式的技巧。接下來這章，則要透過商業模式圖的眼光，重新詮釋策略，協助你針對既定的商業模式，提出有建設性的質疑，並有策略地檢驗自己的商業模式所要運作的環境。

以下將探討四個策略領域：商業模式環境、商業模式評估、從商業模式觀點看藍海策略，以及如何在一家企業中管理多個商業模式。

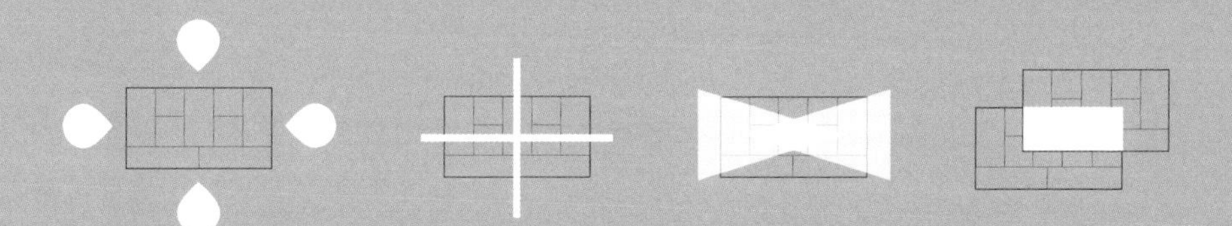

策略

商業模式環境：背景、設計驅動因素，以及限制

商業模式是在特定的環境下設計與執行的。對你的組織所處的環境培養出充分的理解，可以協助你構想出更強大、更有競爭力的商業模式。

現在這個時代，持續仔細留意環境的重要性更甚以往，因為經濟環境愈來愈複雜（例如網路化的商業模式），不確定性愈來愈高（例如科技的創新），而且市場崩壞嚴重（例如經濟變動、破壞性的新價值主張）。了解環境中的變動，有助於你更有效率地改造商業模式，以適應種種外來的影響。

將外部環境視為某種「設計空間」，對你可能會有幫助。也就是說，把外部環境視為你構思或改造商業模式的背景，將一些設計上的驅動因素（例如新的顧客需要、新的技術等等）以及設計上的限制（例如政策法規趨勢、主要競爭對手等等）納入考慮。這個環境絕對不應該限制你的創意發想，或是預先定義你的商業模式。但它應該會影響你的設計選擇，協助你做出更有根據的決定。若是能發展出一個突破性的商業模式，你甚至可能會影響或改造這個環境，為你的產業設定出新的標準。

為了更能掌握商業模式的「設計空間」，我們建議將你的設計環境粗略劃分為四個主要領域，分別為(1)市場力量，(2)產業力量，(3)關鍵趨勢，(4)總體經濟力量。如果你想超越這個簡單的四分法，更深入地分析環境，這四個領域也都有大量的文獻和特定分析工具可供使用。

以下我們將會描述影響商業模式的關鍵外部力量，並利用剛剛提到的四個領域予以分類。我們還是援用前一章的製藥業為例，來說明每一個外部力量。製藥業在未來幾年可能要經歷重大的轉型，但到底會怎麼變化，目前還不清楚。目前照抄製藥業暢銷藥模式的生物科技公司，未來會提出具有破壞性的新商業模式嗎？科技的變化會導致轉型嗎？消費者和市場需求會影響改變嗎？

我們強烈建議你用同樣的方式，描繪你自己的商業模式環境，並思考這些趨勢對你企業的未來有何意義。如果你充分理解環境，在評估商業模式未來可能發展哪些不同方向時，就能有更準確的評價。同時，你也可以考慮為未來的商業模式環境編寫一個合適的情境（參見186頁）。這可能會是一個很有價值的工具，讓你啟動商業模式創新，或單純讓你的組織為未來做好準備。

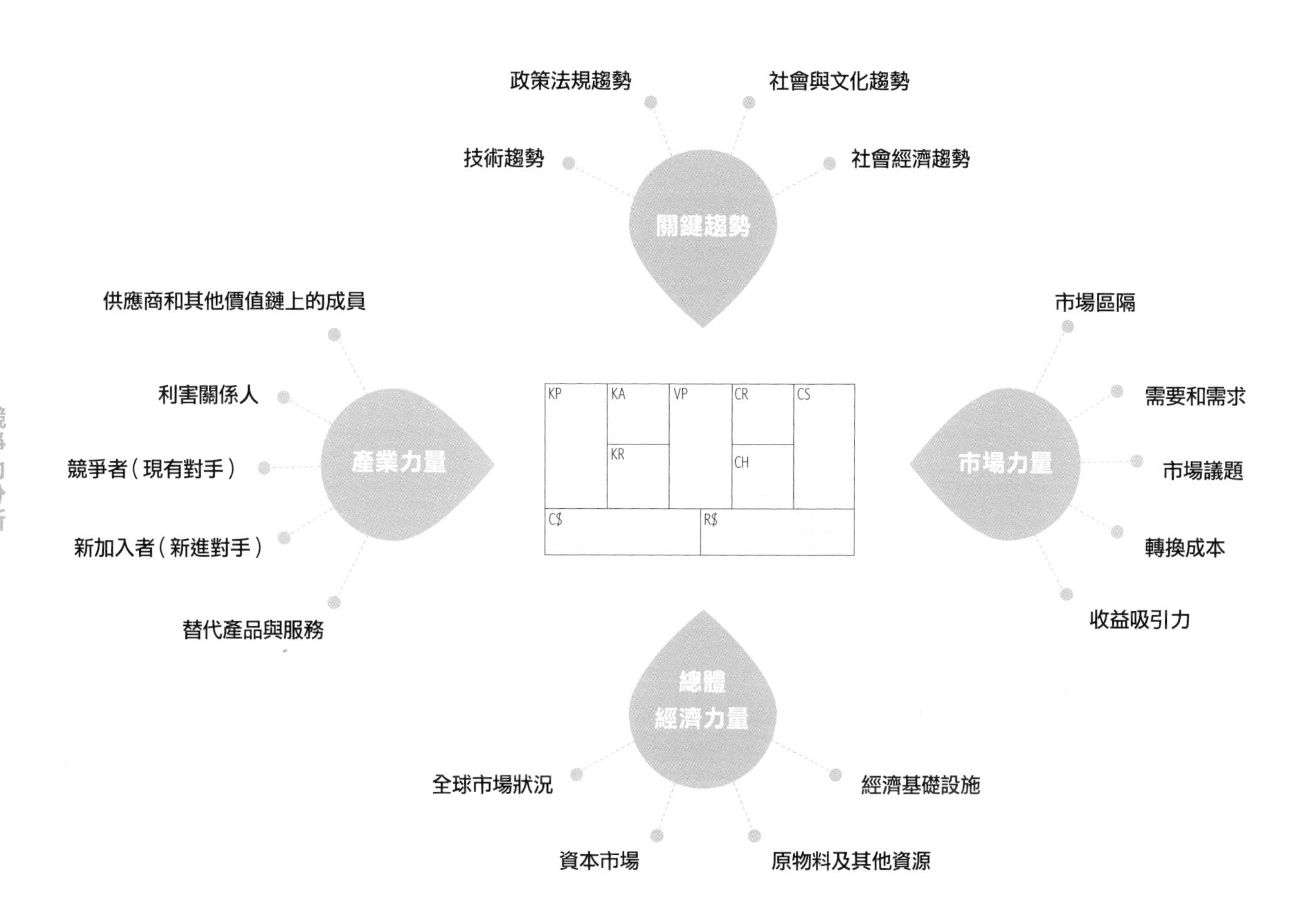
—展望未來—
政策法規趨勢
社會與文化趨勢
技術趨勢
社會經濟趨勢
關鍵趨勢
供應商和其他價值鏈上的成員
利害關係人
競爭者（現有對手）
新加入者（新進對手）
替代產品與服務
產業力量
—競爭力分析—
KP
KA
KR
VP
CR
CH
CS
C$
R$
市場區隔
需要和需求
市場議題
轉換成本
收益吸引力
市場力量
—市場分析—
總體
經濟力量
全球市場狀況
經濟基礎設施
資本市場
原物料及其他資源
— 總體經濟學 —

市場力量

市場分析

		主要問題
市場議題	從顧客和產品觀點，找出驅動並轉變市場的關鍵議題	影響消費者狀況的關鍵議題是什麼？哪些變動正在進行中？市場要往何處去？
市場區隔	找出主要的市場區隔，描述其吸引力，並尋找新的區塊	最重要的目標客層是什麼？最有成長潛力的地方在哪裡？哪個區塊正在衰退？有哪些周邊區塊值得注意？
需要和需求	概述市場的種種需要，並分析這些需要獲得何種程度的滿足	顧客需要什麼？顧客最無法獲得滿足的需要是什麼？顧客真正希望解決的問題是什麼？哪裡的需求在增加？哪裡的需求在衰退？
轉換成本	描述會影響顧客轉與競爭對手做生意的相關因素	一個公司能綁住顧客的條件是什麼？什麼樣的轉換成本會防止顧客轉投到競爭對手那邊？顧客容易找到類似的產品條件嗎？品牌有多重要？
收益吸引力	找出會影響收益吸引力和訂價能力的相關因素	讓顧客真正願意付錢的是什麼？如何能達到最大的毛利率？顧客能輕易找到並購買更便宜的產品與服務嗎？

製藥產業環境

- 保健成本暴漲
- 從重視治療轉變為重視預防
- 治療、診斷、設備、支援服務都逐漸趨於一致
- 新興市場變得更重要

- 醫師和醫療機構
- 政府／管制機構
- 配銷者
- 病患
- 新興市場的強大潛力
- 美國仍主宰全球市場

- 對利基治療的需要強烈但分散
- 控制激增保健成本的需要
- 新興市場和開發中國家對保健的大量需要未獲得滿足
- 消費者更明智

- 專利保護藥品的壟斷
- 專利到期後，改用學名藥替代的轉換成本低
- 網路上高品質的資訊愈來愈多
- 與政府、大型保健供應者合作，使得轉換成本增加

- 專利藥品的毛利高
- 學名藥的毛利低
- 保健供應者、政府對價格更有影響力
- 病患依然對價格沒什麼影響力

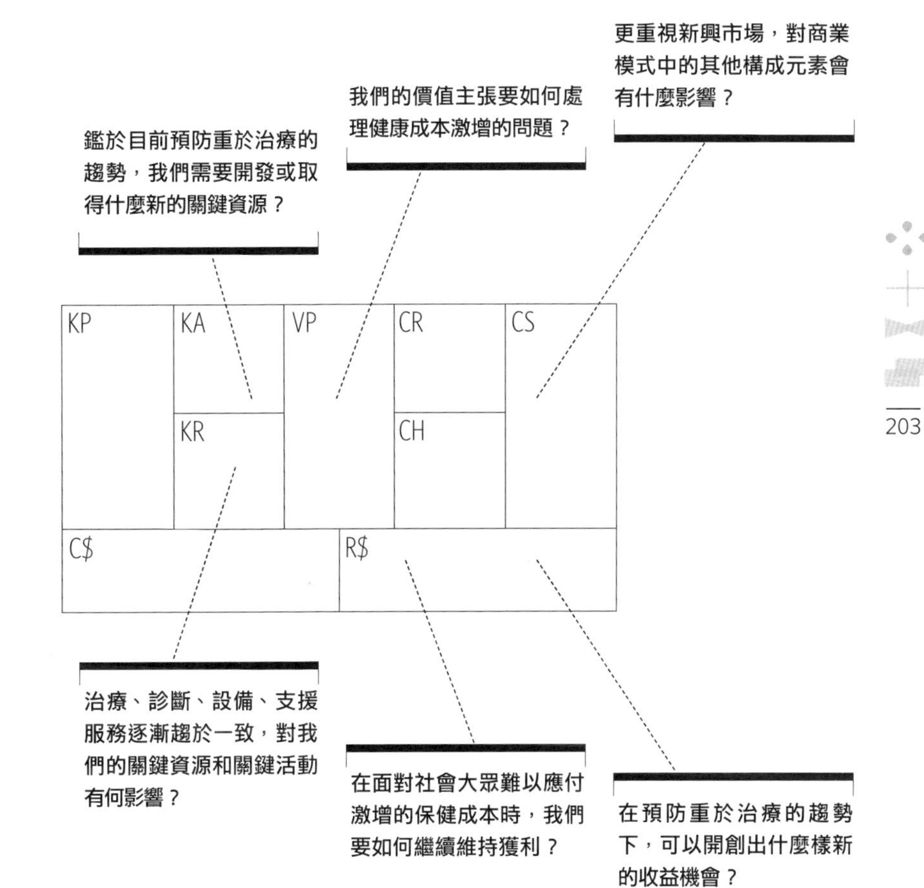

產業力量

競爭力分析

		主要問題
競爭者（現有對手）	找出現有競爭對手和他們的相對優勢	我們的競爭對手是誰？我們這個產業中占優勢的廠商是誰？他們的競爭優勢和不利條件各是什麼？描述他們的主要產品。他們瞄準的目標客層是哪塊？他們的成本結構是什麼？他們對我們的目標客層、收益流、毛利有多大的影響力？
新加入者（新進對手）	找出潛在的新進對手，判斷他們是否採取跟你們不同的商業模式	在你的市場中，新進對手是誰？他們有何不同？他們有什麼競爭優勢或不利之處？他們必須克服什麼樣的障礙？他們的價值主張是什麼？他們瞄準的是哪個目標客層？他們的成本結構是什麼？他們會影響你的目標客層、收益流、毛利到什麼程度？
替代產品與服務	描述你的產品有什麼潛在的替代品──包括其他市場或產業所提供的	什麼產品或服務可能取代我們的？它們跟我們的產品或服務的成本相比如何？顧客要改用這些替代品有多容易？這些替代產品是起源於什麼樣的商業模式傳統（例如高速火車對抗飛機，手機對抗照相機，Skype對抗長途電話公司）？
供應商和其他價值鏈上的成員	描述你的市場中，價值鏈上的現有關鍵成員，並留意新出現的成員	在你的產業價值鏈上，關鍵成員有哪些？你的商業模式對其他成員的倚賴程度有多深？外圍有新出現的成員嗎？哪個最有利可圖？
利害關係人	具體指出哪些參與者可能會影響你的組織和商業模式	哪個利害關係人可能會影響你的商業模式？這些人的影響力有多大？工人？政府？遊說團體？

製藥產業環境

- 幾家大型和中型藥廠競爭
- 大部分藥廠都陷入產品線空虛和研發成效不彰的困境
- 透過合併與收購而整合的趨勢愈來愈明顯
- 大藥廠收購生物科技、專業藥物開發公司，以填補產品線
- 幾家藥廠開始仰賴開放式創新流程

- 過去十年，製藥業少有變革
- 主要的新加入者是學名藥公司，尤其是印度公司

- 在某種程度上，預防就是一種治療的替代品
- 專利到期的藥品被低成本的學名藥取代

- 委外研究的頻率愈來愈高
- 生物科技公司和專門的藥品開發者成為重要的新產品生產者
- 醫師和醫療機構
- 保險公司
- 生物資訊供應者愈來愈重要
- 實驗室

- 來自股東的壓力，迫使製藥公司專注在短期（每季）的財務表現
- 由於政府在保健服務上的重要角色，製藥公司的行動與政府／管制機構息息相關
- 遊說團體、社會企業團體和／或基金會，特別是某些訴求議題，比如提供開發中國家低成本的治療
- 科學家，他們代表的是製藥產業的核心人才

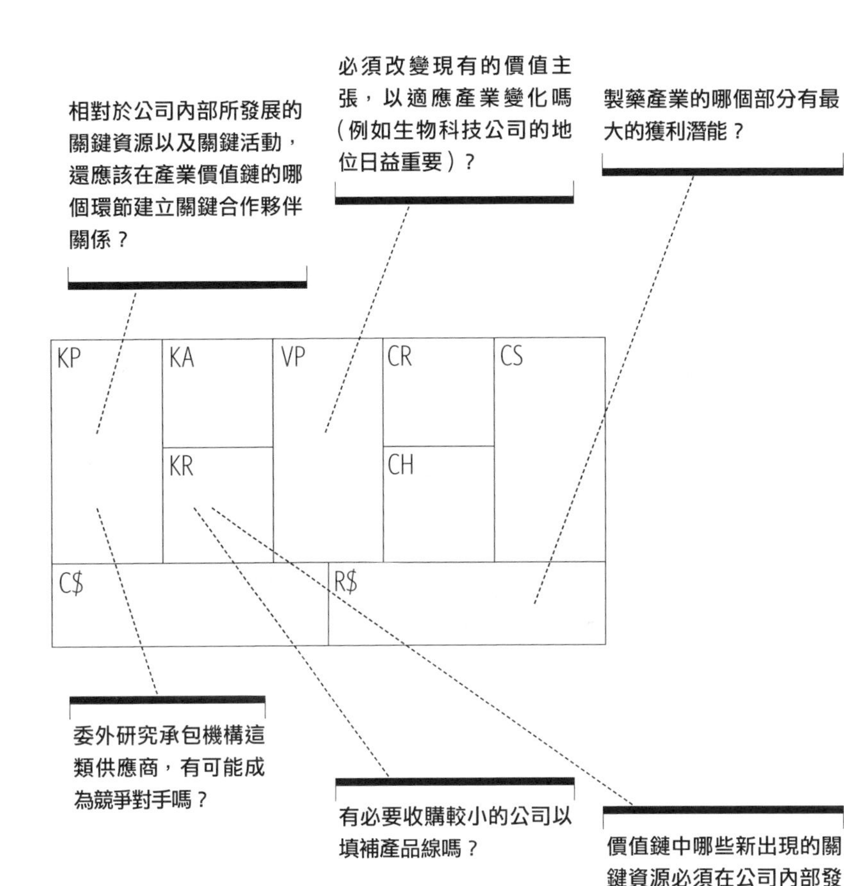

關鍵趨勢

展望未來

		主要問題
技術趨勢	找出可能會威脅或改善你商業模式的技術趨勢	在你的市場內外，主要的技術趨勢是什麼？哪些技術代表重要的機會或破壞性的威脅？外圍客戶採用了哪些新興技術？
政策法規趨勢	描述會影響到你商業模式的政策法規及其趨勢	哪些政策法規趨勢會影響到你的市場？哪些法令可能會影響你的商業趨勢？哪些政策法規和稅制會影響顧客的需求？
社會與文化趨勢	找出可能影響你商業模式的主要社會趨勢	描述關鍵的社會趨勢。哪些文化與社會價值的變動會影響你的商業模式？哪些趨勢可能影響購買者的行為？
社會經濟趨勢	概要描述影響你商業模式的主要社會經濟趨勢	關鍵的人口趨勢是什麼？你會如何描述你市場內收入與財富分配的特徵？描述你市場內的消費模式（例如居住、醫療、娛樂等等）。城鄉人口的相對比例如何？

製藥產業環境

- 藥物基因體學興起，基因定序成本下降，個人化醫療時代即將來臨
- 診斷學有長足進步
- 普及運算和奈米技術運用於投藥

- 製藥產業要面對全球各地不同的政策法規
- 許多國家禁止製藥公司直接將藥品銷售給消費者
- 管制單位施壓，要求必須發表未成功的臨床實驗結果

- 大藥廠的一般形象並不討好
- 消費者的社會意識逐漸增強
- 顧客愈來愈關心全球暖化、永續性議題，偏愛環保產品
- 顧客更了解藥廠在開發中國家的活動（例如愛滋藥物）

- 許多成熟市場邁向高齡社會
- 成熟市場的醫療基礎設施品質良好但成本昂貴
- 新興市場的中產階級愈來愈多
- 開發中國家的醫療需求龐大但未能滿足

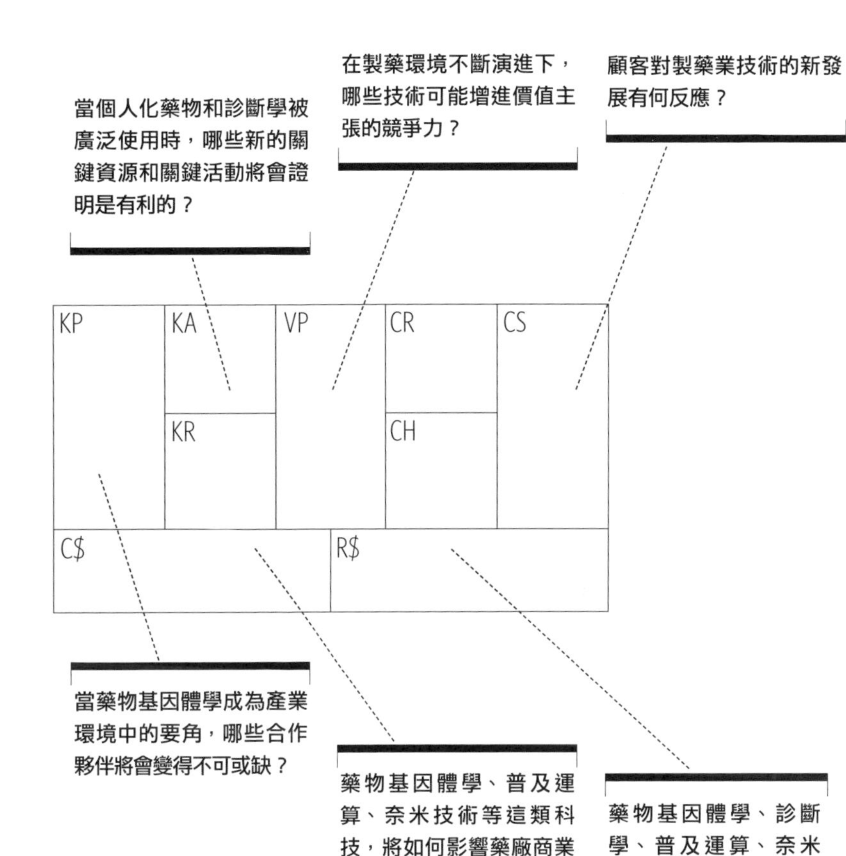

總體經濟力量

總體經濟學

		主要問題
全球市場狀況	從總體經濟觀點概述目前整體狀況	經濟處於繁榮期或蕭條期？描述一般市場氛圍。國內生產毛額（GDP）成長率是多少？失業率多高？
資本市場	描述與你的資本需求相關的資本市場現狀	資本市場狀況如何？在你的市場中，要取得資金的難易度如何？種子基金、創投資本、公共資本、市場資本，或信用額度都很容易獲得嗎？要獲得這些資金的成本如何？
原物料及其他資源	找出你的商業模式所需資源的目前價格與價格趨勢	描述你的商業模式中必需的原物料及其他資源（例如石油價格與勞工成本）的市場現狀。要取得所需資源以執行你的商業模式（例如吸引一流人才），其難易度如何？這些資源成本如何？未來價格趨勢如何？
經濟基礎設施	描述你的公司所處市場的經濟基礎設施	你所處市場的（公共）基礎設施狀況如何？其交通、貿易、學校品質，以及接觸供貨商和顧客的管道，有何特徵？個人稅和公司稅多高？對企業組織的公共服務有多完善？其生活品質評價如何？

製藥產業環境

- 全球經濟不景氣
- 歐洲、日本、美國的國內生產毛額（GDP）為負成長
- 中國和印度的經濟成長趨緩
- 不確定經濟何時復甦

- 資本市場緊縮
- 金融海嘯造成信貸額度受限
- 可取得的創投資本稀少
- 可取得的風險資本極其有限

- 激烈爭取優秀人才
- 員工希望加入有正面公眾形象的製藥公司
- 原物料價格從最近的低點開始上漲
- 對於自然資源的需求可能隨經濟復甦而增加
- 石油價格持續波動

- 公司針對不同的營運區域，會有特定措施

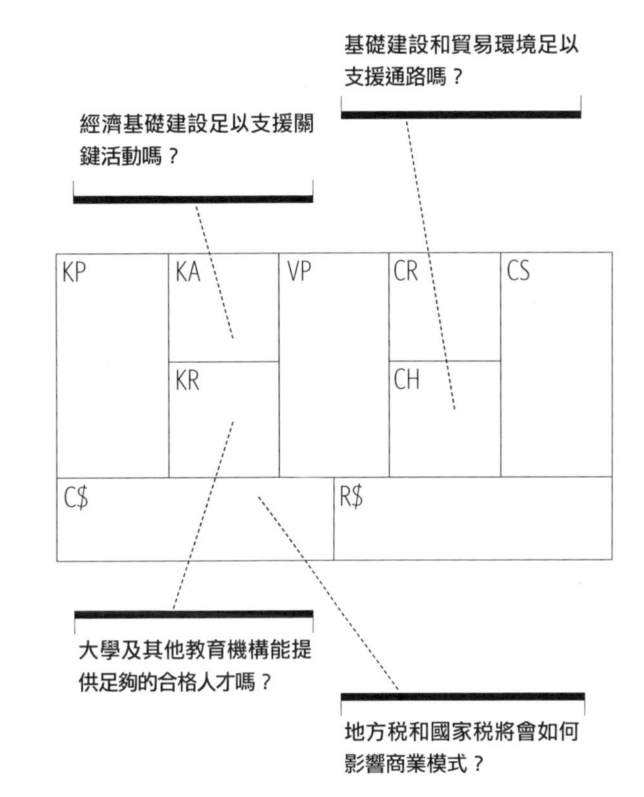

你的商業模式要如何因應變動的環境而演進？

在今天的環境中具有競爭力的商業模式，明天可能就過時，甚至被淘汰了。我們必須更深入地了解一個模式的環境，及其可能的演變。未來，什麼都說不準，因為商業環境在演進中必然會有種種的複雜性、不確定性，以及潛在的破壞性。但我們可以開發出某些有關未來的假設，做為設計明日商業模式的指導方針。有關市場力量、產業力量、關鍵趨勢、總體經濟力量的種種假設，能提供我們「設計空間」，去發想出未來潛在的商業模式選項或原型（參見160頁）。商業模式的情境描繪在預測中所扮演的角色（參見186頁），此時應該就很明顯了。用畫圖方式勾勒出未來，會讓你更容易想出潛在的商業模式。先看你自己的標準（例如可接受的風險程度、尋求的成長潛力等等），接下來就可以依此挑選一個選項了。

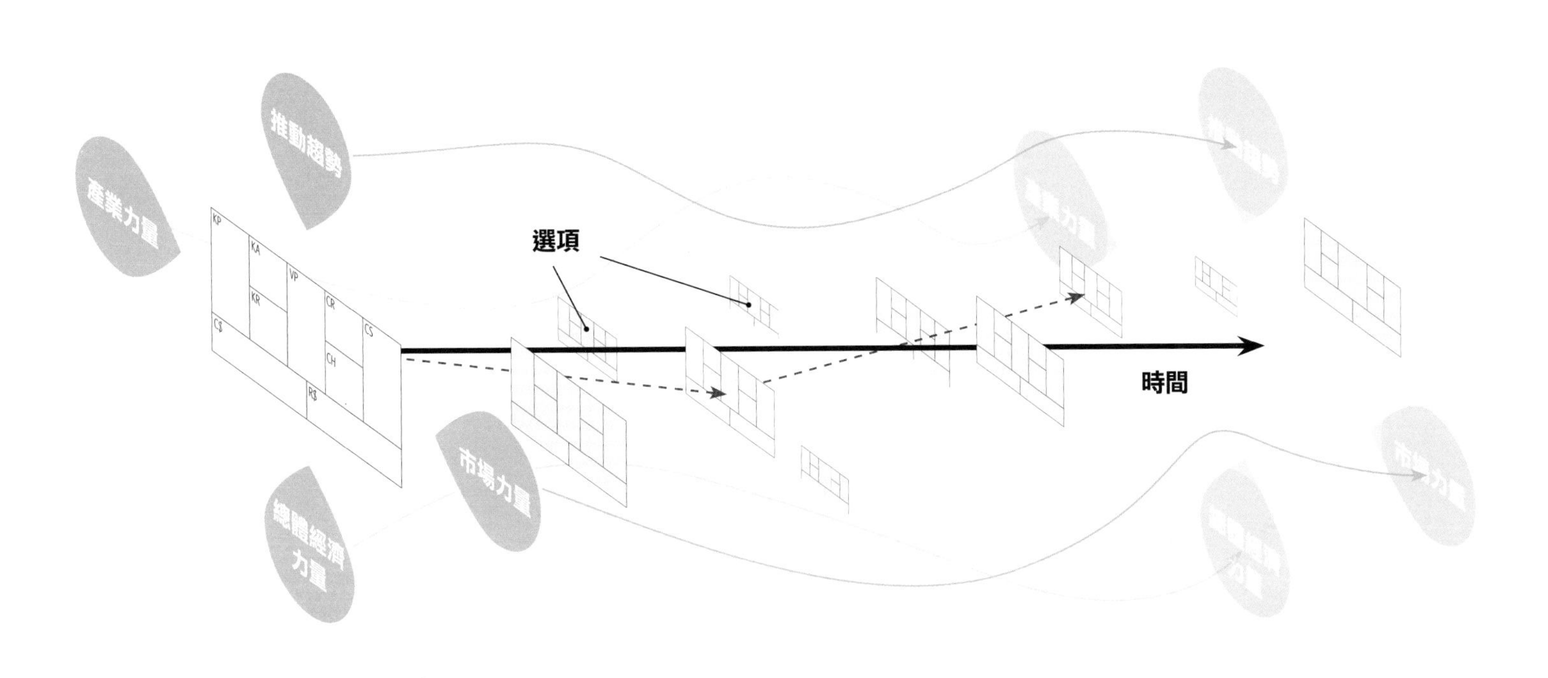

當前環境

預估未來環境

商業模式評估

就像每年的年度健康檢查一樣，定期檢查商業模式也是個很重要的管理活動，可以讓組織評估其市場地位的健全程度。像這樣的檢查有可能成為商業模式改進的基礎，或者觸發一次嚴謹的商業模式創新行動。如同汽車業、報業、音樂產業的例子，如果沒有定期檢查，可能就無法趁早察覺商業模式的問題，也許就會導致一個公司關門大吉。

前面談到商業模式環境時（參見200頁），我們評估過外部力量的影響。本章我們要採取一個既有商業模式的觀點，由內而外去分析外部力量。

以下將概述兩種評估型態。首先，我們針對亞馬遜公司2005年左右的網路零售商業模式，進行整體分析，並描述之後該公司如何根據這個模式進行策略性布局。其次，我們會提供一套檢查表，用來評估你的商業模式擁有哪些優勢、劣勢、機會及威脅（strengths, weaknesses, opportunities, threats, 簡稱SWOT），並協助你評估每一個構成要素。別忘了，不論從全局或從構成要素的觀點去評估某個商業模式都不能偏廢，因為這兩種行動是彼此互補的。比方說，一個構成要素的劣勢可能會影響一個或更多的構成要素，甚或影響整個模式。因此，商業模式評估是在個別元素和整體之間輪流進行的。

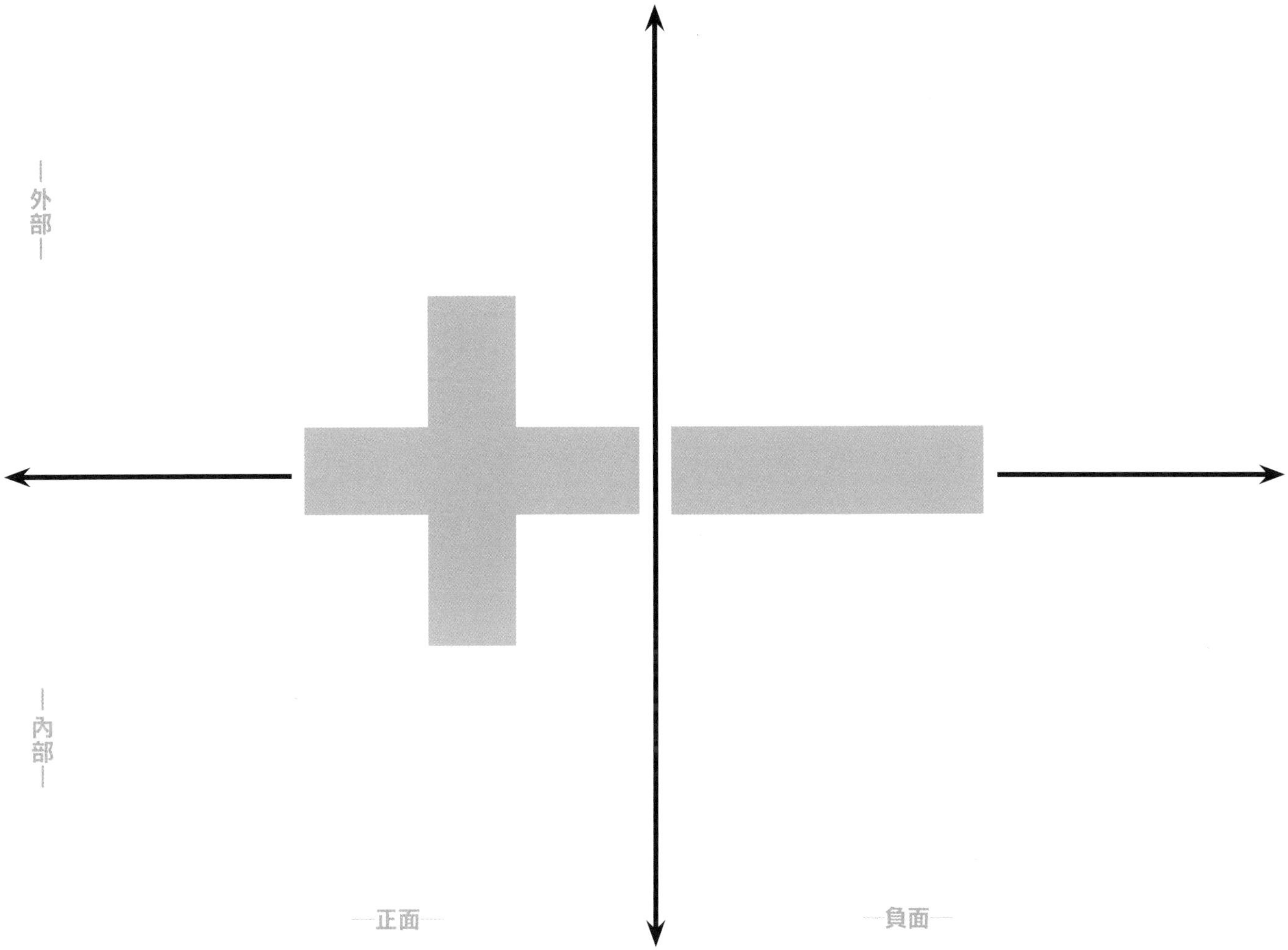

外部

內部

正面

負面

整體評估：亞馬遜公司Amazon.com

亞馬遜2005年的主要優劣勢

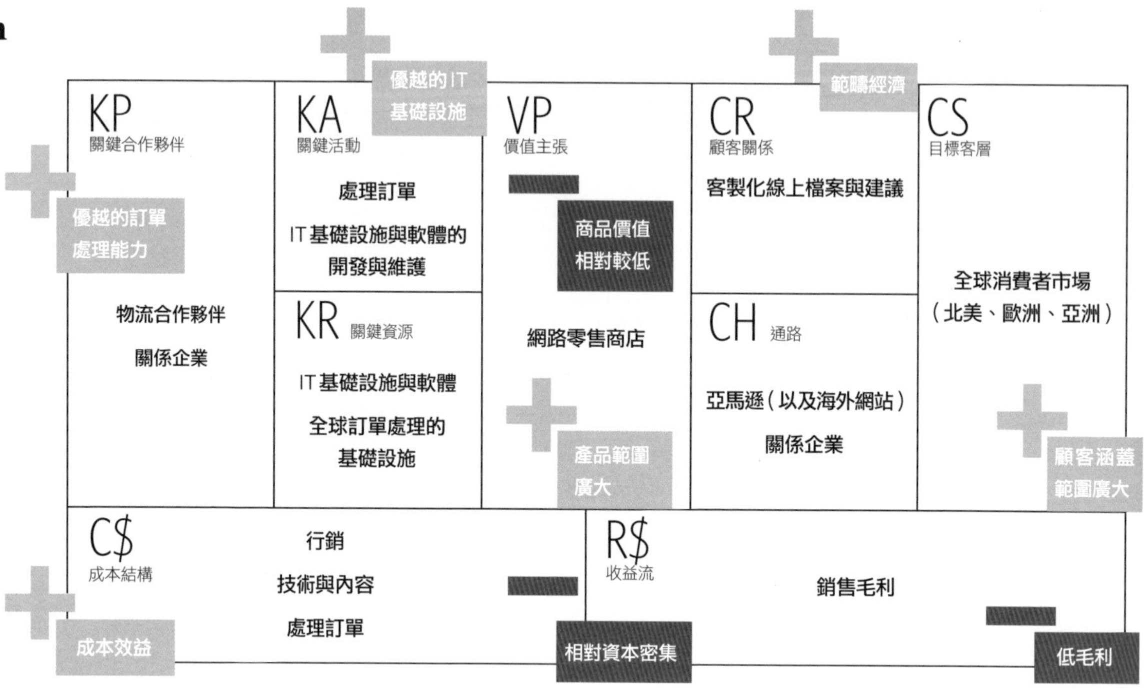

如何根據優劣勢分析，進行商業模式創新？亞馬遜提供了一個很有力的範例。我們之前已經談過它開辦一系列以「亞馬遜網路服務」為名的新服務，是很合理的做法（參見176頁）。現在我們再來檢視這些在2006年開辦的新服務，跟前一年的優劣勢有什麼關係。

2005年亞馬遜商業模式的優劣勢評估，顯示該公司有一個極大的優勢和一個危險的劣勢。優勢是顧客涵蓋範圍廣，以及銷售產品龐大多樣化。該公司將主要的成本用於拿手的活動，也就是處理訂單（7億4千5百萬美元，占營運費用的46.3%），以及技術與內容（4億5千1百萬美元，占營運費用的28.1%）。亞馬遜商業模式的主要劣勢是毛利低，因為該公司主要銷售的產品是書、音樂CD、DVD這類低價值、低毛利的產品。

身為一個網路零售商，亞馬遜於2005年的營業額達到85億美元新高，淨利卻只占4.2%。但同一時間，Google的營業額為61億美元，淨利占23.9%；而eBay的營業額為46億美元，淨利率達到23.7%。

展望未來，亞馬遜的創辦人貝佐斯和他的經營團隊採取了兵分兩路的策略，以加強亞馬遜的商業模式。首先，他們持續努力於顧客滿足度與高效率處理訂單的能力，以追求網路零售業務的成長。另一方面，他們也展開了新領域的成長計畫。管理高層很了解這些新計畫的必備條件。他們必須(1)瞄準受忽視的市場，(2)有大幅成長的空間，(3)利用亞馬遜既有的能力，讓顧客感覺到新的服務與市場其他服務截然不同。

亞馬遜在2006年所探索的機會：

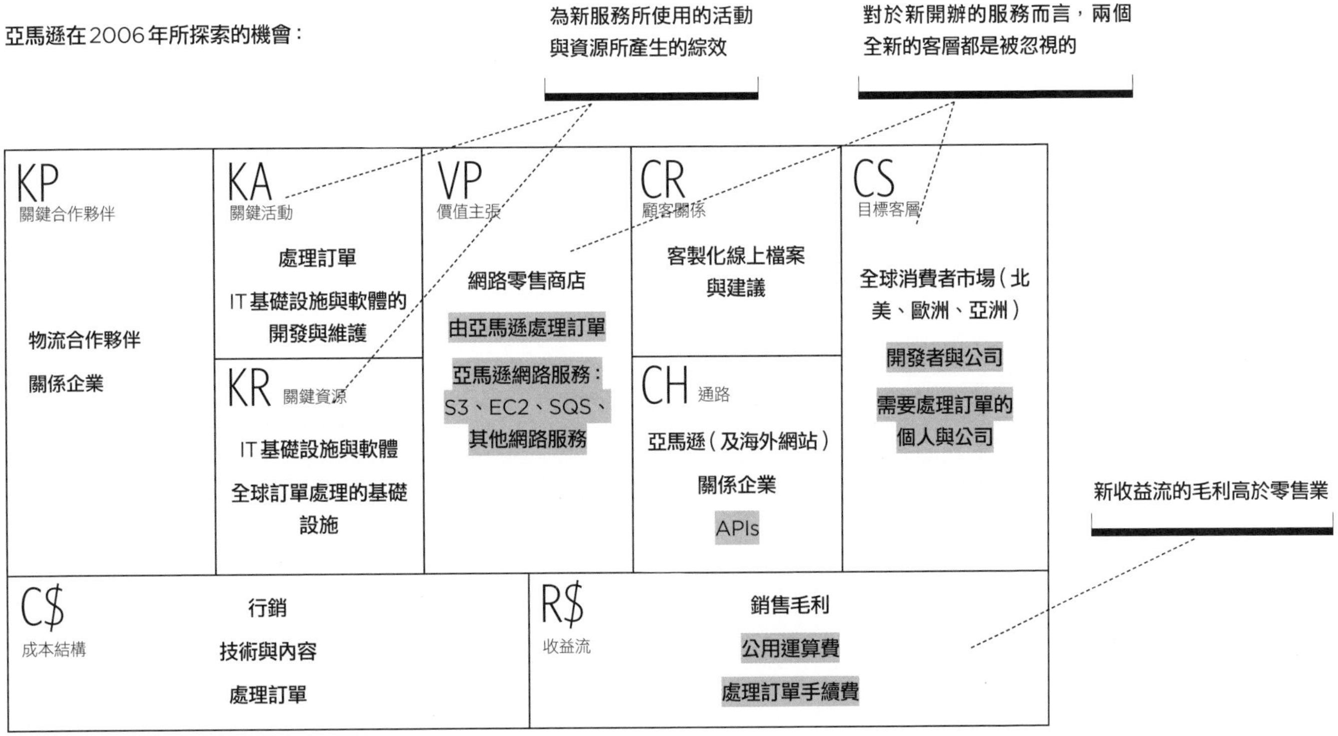

為新服務所使用的活動與資源所產生的綜效

對於新開辦的服務而言，兩個全新的客層都是被忽視的

KP 關鍵合作夥伴	KA 關鍵活動	VP 價值主張	CR 顧客關係	CS 目標客層
物流合作夥伴 關係企業	處理訂單 IT基礎設施與軟體的開發與維護	網路零售商店 由亞馬遜處理訂單 亞馬遜網路服務：S3、EC2、SQS、其他網路服務	客製化線上檔案與建議	全球消費者市場（北美、歐洲、亞洲） 開發者與公司 需要處理訂單的個人與公司
	KR 關鍵資源		CH 通路	
	IT基礎設施與軟體 全球訂單處理的基礎設施		亞馬遜（及海外網站） 關係企業 APIs	

C$ 成本結構	R$ 收益流
行銷 技術與內容 處理訂單	銷售毛利 公用運算費 處理訂單手續費

新收益流的毛利高於零售業

2006年，亞馬遜瞄準的兩個新事業，既可以滿足上述需求，也可望大幅拓展既有的商業模式。第一個是「亞馬遜處理訂單」(Fulfillment by Amazon)的代發貨物流服務，第二個是一系列新的「亞馬遜網路服務」。這兩個新事業都以該公司的核心優勢——訂單處理能力和網路IT專業能力——為基礎，而且兩者都是針對被忽視的市場。此外，兩種新事業的毛利，都高於該公司的核心線上零售事業。

不論是個人或公司，只要繳交服務費，便可透過「亞馬遜處理訂單」的服務，使用亞馬遜訂單處理的基礎設施。亞馬遜會把賣家的存貨放在亞馬遜倉儲裡，然後一收到訂單，就代賣家撿貨、包裝、運送。賣家可以透過亞馬遜銷售，也可以透過自己的通路，或者兩者並行。

「亞馬遜網路服務」針對的目標，則是軟體開發商和任何需要高效能伺服器的人，為他們提供隨選儲存空間與運算效能。「亞馬遜簡易儲存系統」(Amazon Simple Storage Systems，簡稱Amazon S3)讓開發商可以使用亞馬遜龐大的資料中心基礎設施，以滿足自己的資料儲存需要。同樣的，「亞馬遜彈性雲端運算」(AmazonElastic Compute Cloud)讓開發商「租」伺服器，去跑他們自己的應用程式。多虧亞馬遜公司經營線上購物網站的高深專業技術與前所未有的經驗，他們可以提供超低的價格，但賺取的毛利仍然比線上零售業務更高。

對於亞馬遜公司這些新的長期發展策略，投資者和投資分析家一開始都抱著懷疑的態度。他們不相信多角化經營是合理的，認為亞馬遜會在IT基礎設施上投資更多。但最後，亞馬遜公司克服了他們的疑慮。不過，這個長期策略的真正回報，可能要好幾年後才能確定——中間還會投資更多在新的商業模式上。

針對每個構成要素的詳盡SWOT評估

評估一個商業模式的整體健全度是很重要的，但檢視其中的各個組成元素細節，也可以為創新和更新找出有趣的途徑。一個很有效的方式，就是將古典的SWOT（優勢、劣勢、機會、威脅）分析，與商業模式圖結合起來。SWOT分析會提供四個角度，評估商業模式中的各個元素，而商業模式圖則可為建設性的討論提供所需的焦點。

很多企業人都熟悉SWOT分析。這個分析法以往通常用來分析一個組織的優勢和劣勢，並找出潛在的機會和威脅。這個工具很有吸引力，因為它很簡單，但也由於其開放性難以指引我們該分析組織的哪些面向，而可能導致討論不夠明確。由於分析結果可能沒有用處，也就導致經理人對SWOT分析法愈來愈無感。不過若能結合商業模式圖，SWOT分析法就可以針對組織的商業模式及其構成元素，做出精確的分析和評估。

SWOT分析會問四個簡單的大問題。前兩個是：你組織的優勢是什麼？劣勢是什麼？──評估的是組織的內部。後兩個是：你的組織有什麼機會？面對什麼潛在的威脅？──評估的是組織在所處環境中的定位。在這四個問題中，其中兩個是檢視有利的部分（優勢和機會），另外兩個則是檢視有害的部分。把這四個問題套用在整個商業模式上，以及其中的九個構成要素，是很有用的做法。這樣的SWOT分析，可以為進一步的討論、做決策，或是創新商業模式，提供良好的基礎。

以下先列出一些問題，幫你評估自己的商業模式構成元素的優勢與劣勢。每一組問題都有助於你啟動自己的評估。從這個練習中所得到的結果，可以成為組織中商業模式改變與創新的基礎。

你的商業模式SWOT是……

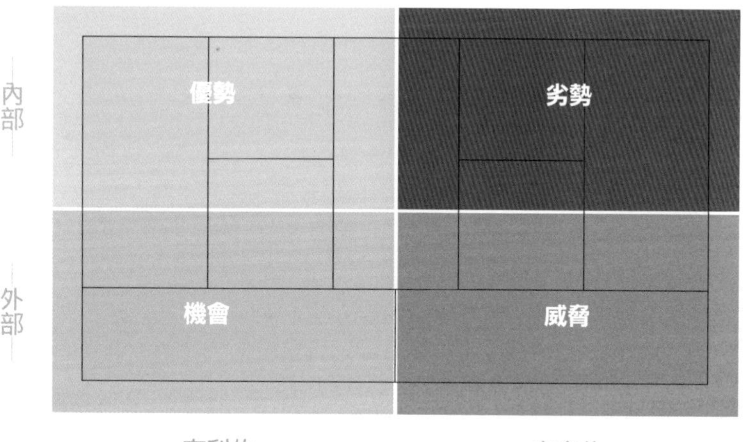

價值主張評估

對於我的商業模式的重要性（1—10分）	+		−		確定性評估（1—10分）
	我們的價值主張與顧客需求一致	5 4 3 2 1	1 2 3 4 5	我們的價值主張與顧客的需求不一致	
	我們的價值主張有很強的網路效應	5 4 3 2 1	1 2 3 4 5	我們的價值主張沒有網路效應	
	我們的產品與服務之間有很強的綜效	5 4 3 2 1	1 2 3 4 5	我們的產品與服務之間沒有綜效	
	我們的顧客非常滿意	5 4 3 2 1	1 2 3 4 5	我們常接到客戶投訴	

成本／效益評估

對於我的商業模式的重要性（1—10分）	+		−		確定性評估（1—10分）
	我們享有較高的毛利率	5 4 3 2 1	1 2 3 4 5	我們的毛利率很低	
	我們的收益可以預測	5 4 3 2 1	1 2 3 4 5	我們的收益無法預測	
	我們有常續性的收益流，且重複購買很頻繁	5 4 3 2 1	1 2 3 4 5	我們的收益都來自一次性付費的交易，很少有重複購買	
	我們的收益流很多樣化	5 4 3 2 1	1 2 3 4 5	我們只仰賴單一的收益流	
	我們的收益流有持續性	5 4 3 2 1	1 2 3 4 5	我們的收益持續性有問題	
	我們在費用發生之前就會實現收益	5 4 3 2 1	1 2 3 4 5	我們在實現收益之前，就要先付出高昂的成本	
	我們收取的價格，是顧客真正願意付錢買的	5 4 3 2 1	1 2 3 4 5	我們無法收取顧客願意付的價格	
	我們的訂價機制完全符合顧客願意付的價格	5 4 3 2 1	1 2 3 4 5	我們的訂價機制低於顧客願意支付的價格	
	我們的成本可以預測	5 4 3 2 1	1 2 3 4 5	我們的成本無法預測	
	我們的成本結構完全符合我們的商業模式	5 4 3 2 1	1 2 3 4 5	我們的成本結構和商業模式格格不入	
	我們的運作符合成本效益	5 4 3 2 1	1 2 3 4 5	我們的運作不符合成本效益	
	我們從規模經濟獲益	5 4 3 2 1	1 2 3 4 5	我們無法享受規模經濟	

基礎設施評估

對於我的商業模式的重要性（1—10分）

確定性評估（1—10分）

我們的關鍵資源是競爭對手難以複製的	⑤④③②①	①②③④⑤	我們的關鍵資源可以輕易複製
我們的資源需求是可以預測的	⑤④③②①	①②③④⑤	我們的資源需求是無法預測的
我們在正確的時間配置正確數量的資源	⑤④③②①	①②③④⑤	我們難以在正確的時間配置正確數量的資源
我們有效率地執行關鍵活動	⑤④③②①	①②③④⑤	關鍵活動的執行沒有效率
我們的關鍵活動難以抄襲	⑤④③②①	①②③④⑤	我們的關鍵活動很容易被抄襲
執行品質很高	⑤④③②①	①②③④⑤	執行品質很低
內部和外包的執行得到理想的平衡	⑤④③②①	①②③④⑤	我們內部執行了太多或太少活動
我們有自己專注的焦點，必要時也跟合作夥伴一起努力	⑤④③②①	①②③④⑤	我們沒有自己專注的焦點，也無法充分運用合作夥伴關係
我們和關鍵合作夥伴的共事關係良好	⑤④③②①	①②③④⑤	我們和關鍵合作夥伴的共事關係常有衝突

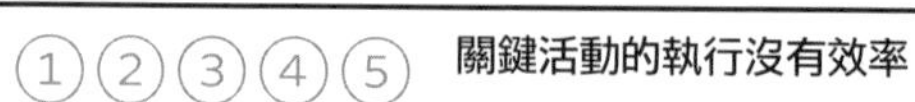

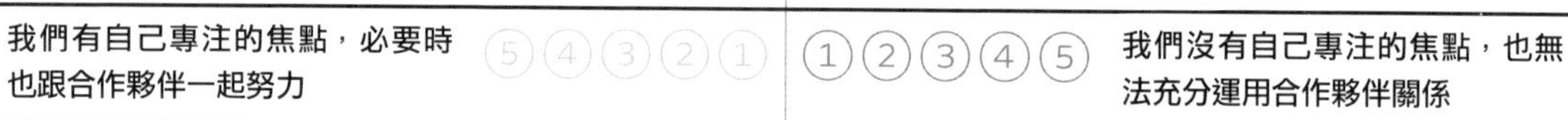

顧客介面評估

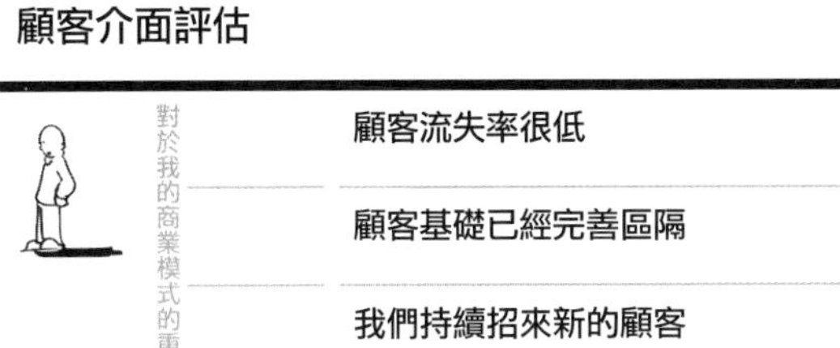

對於我的商業模式的重要性（1—10分）

	評分	評分		確定性評估（1—10分）
顧客流失率很低	5 4 3 2 1	1 2 3 4 5	顧客流失率很高	
顧客基礎已經完善區隔	5 4 3 2 1	1 2 3 4 5	顧客基礎未能做好區隔	
我們持續招來新的顧客	5 4 3 2 1	1 2 3 4 5	我們無法招來新顧客	
我們的通路效率很高	5 4 3 2 1	1 2 3 4 5	我們的通路效率很差	
我們的通路效能很強	5 4 3 2 1	1 2 3 4 5	我們的通路效能很差	
通路在顧客間的涵蓋度很強	5 4 3 2 1	1 2 3 4 5	通路在潛在顧客間的涵蓋度很弱	
顧客可以輕易看到我們的通路	5 4 3 2 1	1 2 3 4 5	顧客不會注意到我們的通路	
各種通路已經高度整合	5 4 3 2 1	1 2 3 4 5	各種通路整合得很差	
通路提供了範疇經濟	5 4 3 2 1	1 2 3 4 5	通路未能提供範疇經濟	
每個目標客層都有最適合的通路	5 4 3 2 1	1 2 3 4 5	通路與目標客層搭配不良	
顧客關係穩固	5 4 3 2 1	1 2 3 4 5	顧客關係薄弱	
顧客關係的品質恰恰符合各個目標客層	5 4 3 2 1	1 2 3 4 5	顧客關係的品質不符合目標客層	
顧客的轉換成本很高，因此顧客忠誠度高	5 4 3 2 1	1 2 3 4 5	顧客的轉換成本低	
我們的品牌很強	5 4 3 2 1	1 2 3 4 5	我們的品牌很弱	

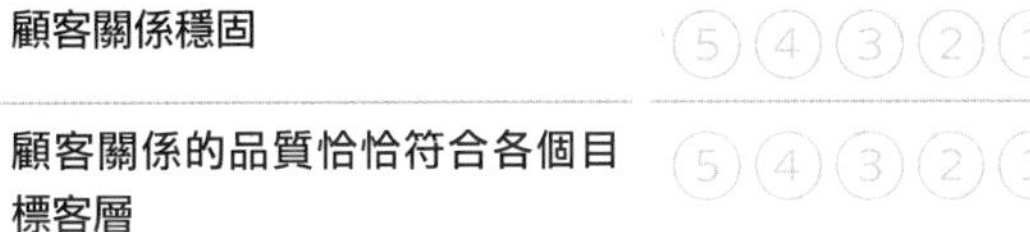

威脅評估

前面已經描述過商業模式在特定環境中的狀況，也說明了像競爭、政策法規、技術創新這些外部力量，有可能影響或威脅到一個商業模式（參見200頁）。以下我們要檢視的是威脅到商業模式構成要素的因素，並提供一些問題清單，幫助你思考如何應對每個威脅的方法。

價值主張威脅

問題	評分
有替代的產品或服務嗎？	①②③④⑤
競爭對手有可能即將提供更優惠的價格或價值嗎？	①②③④⑤

成本／營收威脅

問題	評分
我們的毛利或技術，受到競爭對手的威脅嗎？	①②③④⑤
我們是否過於依賴一個或多個收益流？	①②③④⑤
未來哪些收益流有可能消失？	①②③④⑤
未來哪些成本有可能會變得無法預測？	①②③④⑤
未來哪些成本會比收益上漲得更快？	①②③④⑤

基礎設施威脅

	未來我們可能會面臨某些資源停止供應嗎？	① ② ③ ④ ⑤
	我們的資源品質有可能受到任何威脅嗎？	① ② ③ ④ ⑤
	哪些關鍵活動有可能被破壞？	① ② ③ ④ ⑤
	我們活動的品質有可能受到任何威脅嗎？	① ② ③ ④ ⑤
	我們有可能即將失去任何合作夥伴嗎？	① ② ③ ④ ⑤
	我們的合作夥伴有可能跟競爭對手合作嗎？	① ② ③ ④ ⑤
	我們是不是太過於依賴某些合作夥伴？	① ② ③ ④ ⑤

顧客介面威脅

	我們的市場很快就會飽和嗎？	① ② ③ ④ ⑤
	競爭對手會威脅到我們的市占率嗎？	① ② ③ ④ ⑤
	顧客流失的可能性有多大？	① ② ③ ④ ⑤
	我們的市場有多快會變得競爭激烈？	① ② ③ ④ ⑤
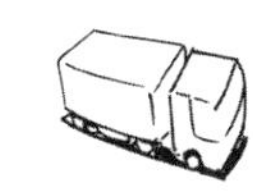	競爭對手威脅到我們的通路嗎？	① ② ③ ④ ⑤
	我們的通路有可能變得對顧客不重要嗎？	① ② ③ ④ ⑤
	我們的顧客關係有惡化的危險嗎？	① ② ③ ④ ⑤

機會評估

就像評估威脅一樣，我們也可以針對商業模式的每個構成要素，評估其中可能的機會。以下這些問題清單，可以協助你思考商業模式的每個構成要素中，所可能浮現出來的機會。

價值主張機會

問題	評分
我們可以把商品轉換成服務，製造出常續性的收益嗎？	1 2 3 4 5
我們可以將我們的產品或服務整合得更好嗎？	1 2 3 4 5
我們可以滿足哪些額外的顧客需求？	1 2 3 4 5
我們的價值主張還可以補充或延伸嗎？	1 2 3 4 5
我們還可以幫顧客做哪些事情？	1 2 3 4 5

成本／營收機會

問題	評分
我們可以將一次性的交易收益，轉換成常續性的收益嗎？	1 2 3 4 5
其他哪些元素會是顧客願意付費的？	1 2 3 4 5
我們有獨自或與合作夥伴交叉銷售的機會嗎？	1 2 3 4 5
我們可以增加或創造其他什麼收益流？	1 2 3 4 5
我們可以漲價嗎？	1 2 3 4 5

問題	評分
我們可以從哪些地方降低成本？	 1 2 3 4 5

基礎設施機會

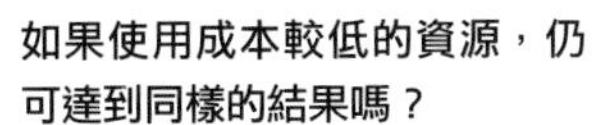

問題	評分
如果使用成本較低的資源，仍可達到同樣的結果嗎？	1 2 3 4 5
哪些關鍵資源若從合作夥伴處取得，可能會更好？	1 2 3 4 5
哪些關鍵資源並未積極利用？	1 2 3 4 5
我們是否有閒置不用的智慧財產，對別人是有價值的？	1 2 3 4 5

問題	評分
我們可以將某些關鍵活動標準化嗎？	1 2 3 4 5
我們可以如何增進整體效率？	1 2 3 4 5
IT 的支援可以提高效率嗎？	1 2 3 4 5

問題	評分
有機會將某些業務外包嗎？	1 2 3 4 5
跟合作夥伴擴大合作範圍，能讓我們更專注於核心業務嗎？	1 2 3 4 5
有聯同合作夥伴進行交叉銷售的機會嗎？	1 2 3 4 5
合作夥伴的通路道能協助我們增進顧客普及度嗎？	1 2 3 4 5
合作夥伴能補足我們的價值主張嗎？	1 2 3 4 5

顧客介面機會

問題	評分
我們如何從成長中的市場獲利？	1 2 3 4 5
我們能為新的客層提供服務嗎？	1 2 3 4 5
若將目標客層分得更細，我們能提供更好的服務嗎？	1 2 3 4 5

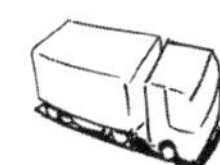

問題	評分
我們要如何增進通路的效能或效率？	1 2 3 4 5
我們可以將現有通路整合得更好嗎？	1 2 3 4 5
我們能從合作夥伴處找到可互補的新通路嗎？	1 2 3 4 5
我們可以透過直接服務顧客，以增加毛利嗎？	1 2 3 4 5
我們可以加強通路與目標客層的一致性嗎？	1 2 3 4 5

問題	評分
我們有可能改進顧客的後續服務嗎？	1 2 3 4 5
如何強化我們與顧客的關係？	1 2 3 4 5
我們可以改善個人化服務嗎？	1 2 3 4 5
要如何增加顧客的轉換成本？	1 2 3 4 5
我們是否能發現並剔除無利可圖的顧客？如果不能，原因是？	1 2 3 4 5
我們是否有必要，將某些顧客關係自動化？	1 2 3 4 5

運用SWOT評估分析的結果，設計出新的商業模式選項

對你的商業模式進行一個結構式的SWOT評估，會產生兩個結果。一是對你的當前處境提供一個概況（優勢與劣勢），二是建議一些未來的發展路線（機會與威脅）。這個寶貴的資料，可以協助你針對你企業未來的可能發展方向，設計出新的商業模式選項。因此，SWOT分析不但是設計商業模式原型（參見160頁）過程中很重要的一部分，同時如果幸運的話，也將會協助你設計出未來能採用的新商業模式。

SWOT 分析流程

從商業模式觀點看藍海策略

在這一節中，我們要將商業模式工具與藍海策略的概念結合。藍海策略是金偉燦（W. Chan Kim）和莫伯尼（Renée Mauborgne）在他們暢銷百萬冊的《藍海策略》一書所提出的概念。商業模式圖可說是這套分析工具的完美延伸。結合這兩者，會成為一個很有力的架構，可以用來探討現有的商業模式，並開創出更有競爭力的新模式。

藍海策略是一個強而有力的方法，可供我們探討價值主張和商業模式，並開發新的目標客層。而商業模式圖則予以補充，提供了一個視覺化的「全貌」，協助我們了解商業模式的某個部分改變後，會如何影響其他部分。

概括而言，相對於只靠微幅調整既有模式、在現有產業中競爭，藍海策略的重點，是要透過根本上的差異化，開創全新的產業。與其在傳統的績效評估方法取勝，金偉燦和莫伯尼鼓吹透過他們所謂的「價值創新」，創造出無人競爭的新市場空間。這意味著要開創新的優勢與服務，為顧客增加價值，同時還要削減比較沒有價值的特色或服務，以降低成本。要注意的是，這個方法揚棄了傳統上認為差異化和低成本兩者只能二選一的觀念。

要達到價值創新的目的，金偉燦和莫伯尼提出了一個分析工具，稱之為「四項行動架構」（Four Actions Framework）。這四個關鍵問題，要挑戰一個產業的策略邏輯和既定的商業模式：

1. 產業中習以為常的因素，有哪些應該刪除？
2. 哪些因素應該降低到遠低於產業標準？
3. 哪些因素應該提高到遠高於產業標準？
4. 哪些是產業目前沒有、但應該被創造出來的因素？

除了價值創新外，金偉燦二人還提出研究非顧客群以開創藍海，並開拓未觸及的市場。

我們將他們的價值創新概念和「四項行動架構」，融入商業模式圖中，創造出一個很有力的新工具。在商業模式圖中，右邊代表了價值創新，左邊則代表成本。這也非常符合金偉燦和莫伯尼所提出的創造價值及降低成本的價值創新邏輯。

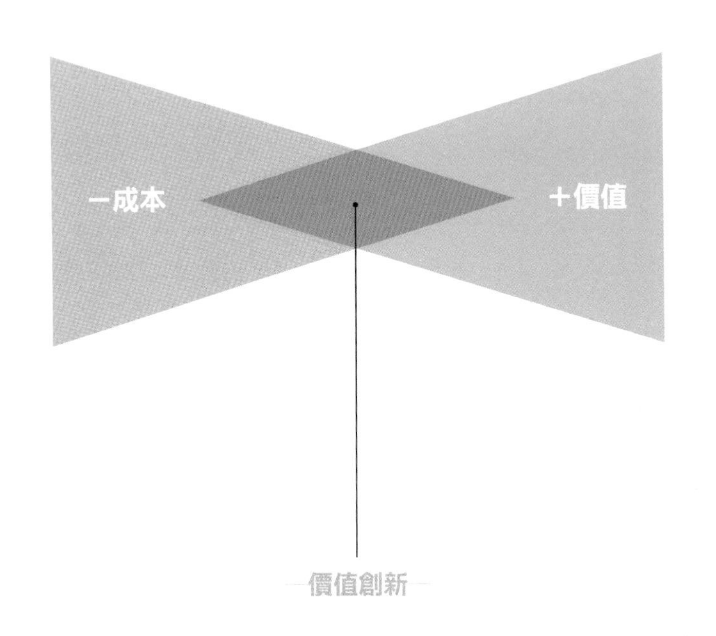

價值創新

刪除	提高
你的產業長期以來的競爭因素中，有哪些可以刪除？	哪些因素應該提高到遠高於產業標準？
降低	**創造**
哪些因素應該降低到遠低於產業標準？	哪些是產業目前沒有、但應該被創造出來的因素？

四項行動架構

資料來源：取材自《藍海策略》

將藍海策略架構
融入商業模式圖

商業模式圖

成本端
價值端

商業模式圖，是由價值與顧客導向的右邊，以及成本與基礎設施的左邊所構成(參見49頁)。改變右邊的元素，就會影響到左邊。比方說，如果增加或刪除價值主張、通路、顧客關係等要素的某些部分，立刻就會影響到資源、活動、合作夥伴和成本。

價值創新

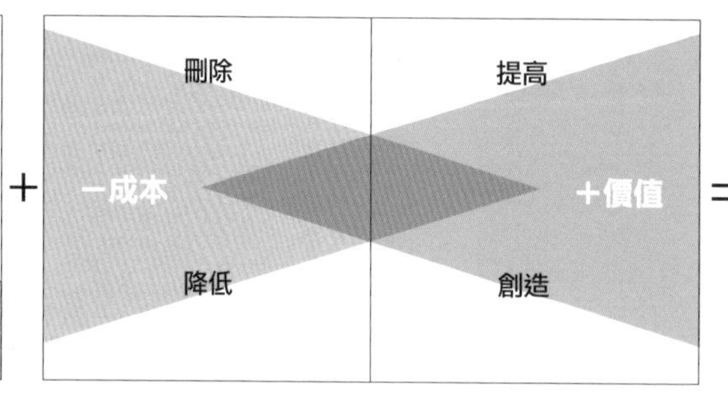

藍海策略的重點，在於增加價值的同時，還能降低成本。要達到這個目標，就得認清價值主張中，哪些元素可以刪除、降低、提高或創造出來。第一個目標，就是降低或刪除比較沒有價值的特色或服務。第二個目標，則是提高或創造出具高價值的特色或服務，同時又不致大幅增加成本。

融合兩者

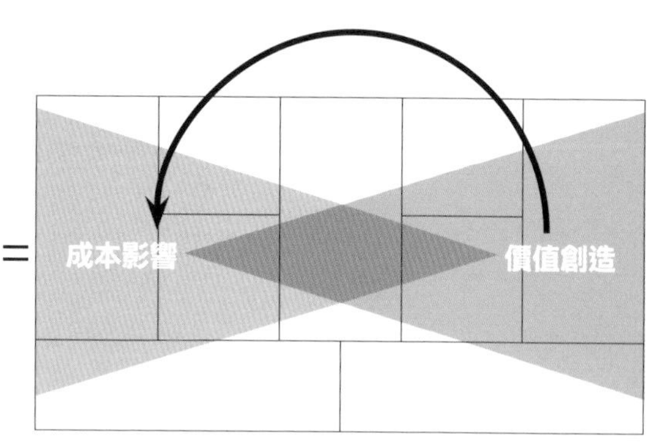

將藍海策略與商業模式圖融合在一起，可以讓你有系統地全盤分析商業模式創新。你可以針對商業模式的每個構成元素，提出四項行動架構的那些問題(刪除、創造、降低及提高)，立刻就能看出對商業架構其他部分的影響(例如，假如你在價值端做出改變，對於成本端會有什麼影響？反之亦然)。

太陽劇團

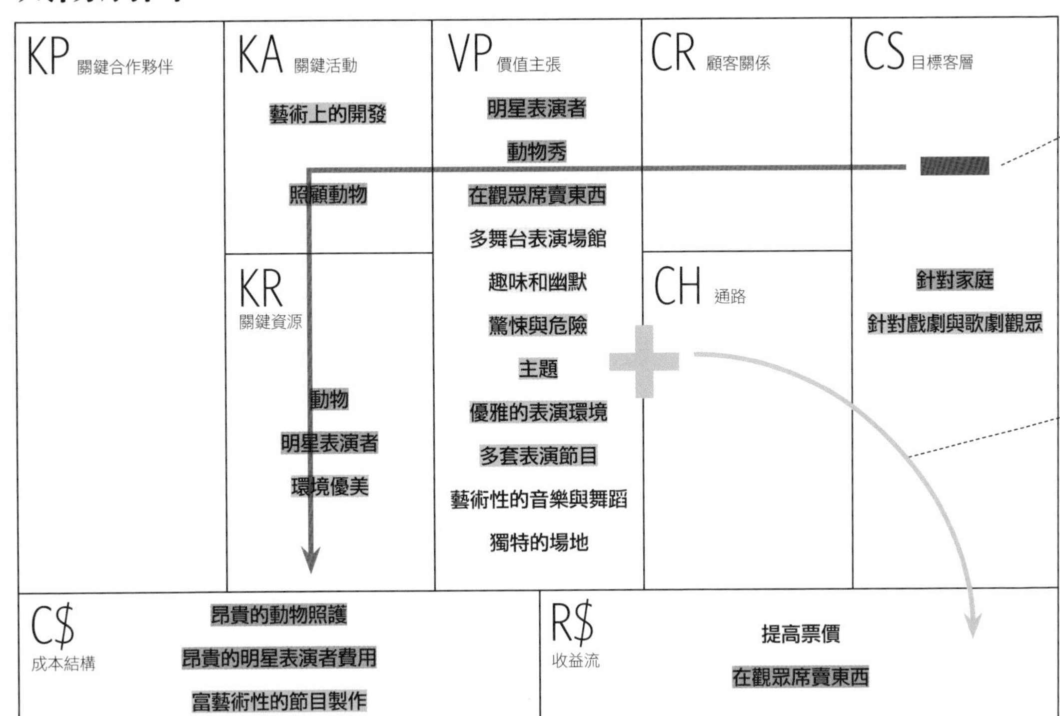

在藍海策略的眾多例子中，太陽劇團（Cirque du Soleil）是很突出的一個。以下我們要把藍海策略與商業模式圖結合，應用在這個魅力十足又非常成功的加拿大表演團體上。

首先，由四項行動架構可以看出，太陽劇團怎麼「玩」這一行傳統的價值主張元素。他們刪除了耗費成本的元素，像是動物和明星表演者，同時加入其他元素，例如主題、藝術氛圍、精緻的音樂等等。這個改造過的價值主張讓太陽劇團擴大觀眾群，吸引了戲院常客和其他尋求精緻娛樂的成人，而非傳統馬戲團的家庭觀眾。

於是，太陽劇團可以大幅提高票價。在上面的商業模式圖中，四項行動架構分別以藍底和灰底來標示，說明價值主張改變後的效果。

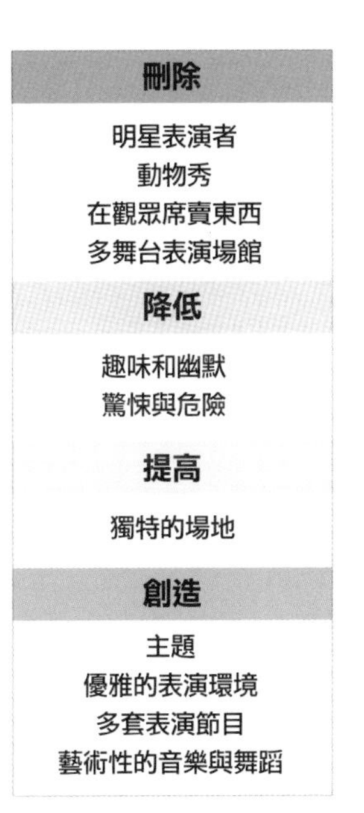

刪除
明星表演者 動物秀 在觀眾席賣東西 多舞台表演場館
降低
趣味和幽默 驚悚與危險
提高
獨特的場地
創造
主題 優雅的表演環境 多套表演節目 藝術性的音樂與舞蹈

資料來源：取材自《藍海策略》

任天堂的Wii

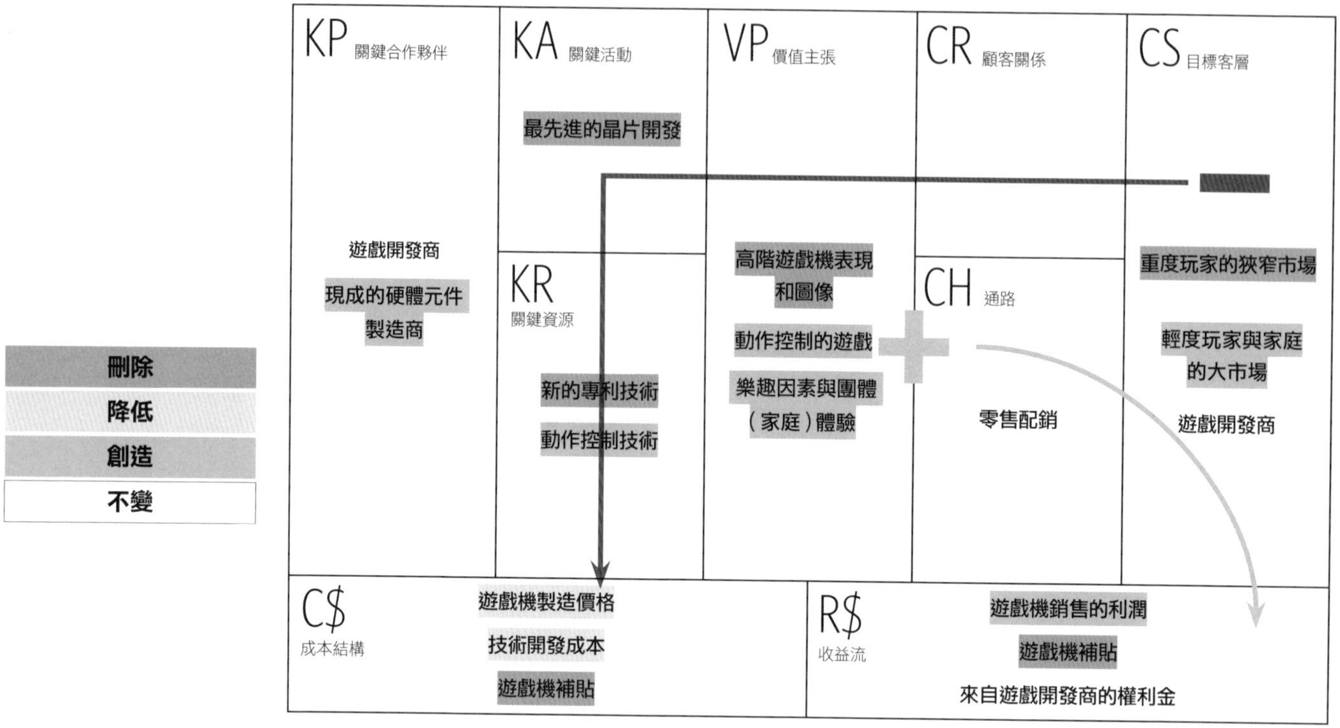

刪除
降低
創造
不變

KP 關鍵合作夥伴
遊戲開發商
現成的硬體元件製造商

KA 關鍵活動
最先進的晶片開發

KR 關鍵資源
新的專利技術
動作控制技術

VP 價值主張
高階遊戲機表現和圖像
動作控制的遊戲
樂趣因素與團體（家庭）體驗

CR 顧客關係

CH 通路
零售配銷

CS 目標客層
重度玩家的狹窄市場
輕度玩家與家庭的大市場
遊戲開發商

C$ 成本結構
遊戲機製造價格
技術開發成本
遊戲機補貼

R$ 收益流
遊戲機銷售的利潤
遊戲機補貼
來自遊戲開發商的權利金

我們之前談到多邊平台商業模式的樣式時（參見76頁），曾討論過任天堂成功的Wii遊戲機。現在我們從藍海策略的觀點，來看看任天堂如何從索尼和微軟這些競爭對手中脫穎而出。相較於索尼的PlayStation 3和微軟的Xbox 360，任天堂Wii所追求的，是截然不同的策略和商業模式。

任天堂的策略核心，就是假設遊戲機不見得一定需要最尖端的效能和表現。這樣的立場是非常具革命性的，因為傳統上，遊戲機產業比的就是技術表現、圖像品質、遊戲逼真度，這些都是死忠遊戲玩家最重視的元素。任天堂把焦點轉移到提供一種玩家互動的新型態，目標則是比傳統的狂熱玩家更廣大的人口。Wii遊戲機不以技術表現與對手競爭，而是以動作控制這種新科技提高了樂趣因素。Wii遙控器就像魔杖，讓玩家只要透過身體動作，就可以控制遊戲。這款遊戲機立刻在「輕度玩家」（casual gamer）間大獲成功，銷售量勝過那些瞄準傳統市場狂熱「重度玩家」（hardcore gamer）的對手遊戲機。

任天堂的新商業模式有以下特色：把焦點從重度玩家轉移至輕度玩家，讓該公司一方面能降低遊戲機的效能，一方面又加進了動作控制的新元素，可以帶來更多樂趣；刪除最先進的晶片開發，同時增加使用現成元件，降低成本並允許較低的遊戲機價格；刪除對遊戲機的補貼，因此每售出一台遊戲機，都能賺得利潤。

以四項行動架構對你的商業模式圖提問

藍海策略工具與商業模式圖的結合，提供了一個堅實的基礎，讓你可以從價值創造、顧客、成本結構等觀點，對你的商業模式提問。想利用四項行動架構對你的商業模式提問，以下三個觀點：目標客層觀點、價值主張觀點、成本觀點，是很理想的起點。改變每個起點，就可以分析對商業模式圖其他部分的影響（可參見138頁「商業模式創新的震央」）。

探索成本的影響

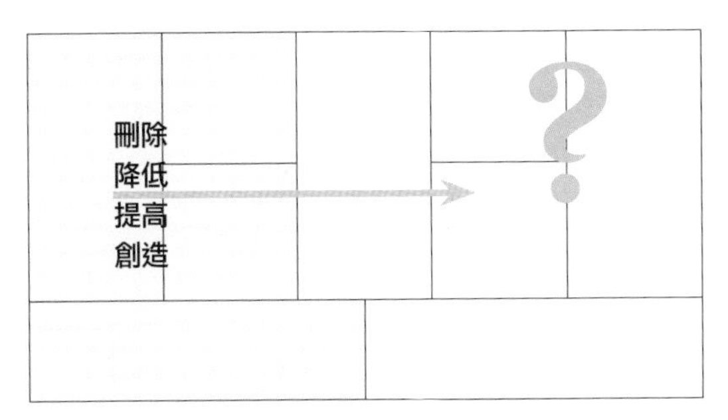

找出成本最高的基礎設施元素，並評估如果予以刪除或降低，會發生什麼事。哪些價值元素會消失，同時你必須創造出什麼來取代？然後，找出你可能想做的基礎設施投資，並分析這些投資能創造出多少價值。

- 哪些活動、資源、合夥關係的成本最高？
- 如果你降低或刪除某些成本因素，會發生什麼事？
- 如何以成本較低的元素，去取代降低或刪除昂貴資源、活動、合夥關係所損失的價值？
- 新的投資計畫會創造出什麼價值？

探索價值主張的影響

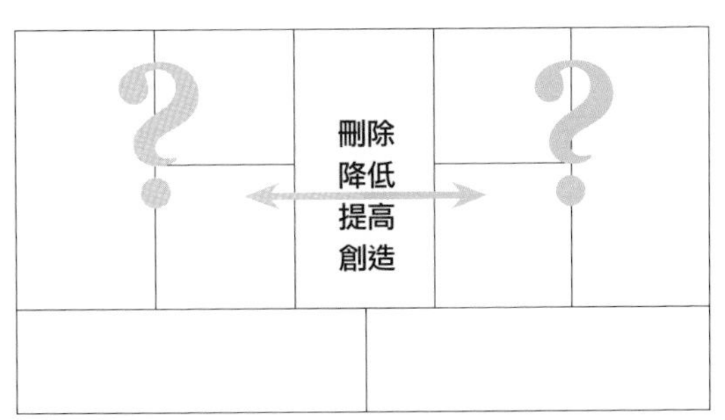

要改造你的價值主張，一開始先對四項行動架構提問。在考慮對成本端的影響時，要同時評估你必須（或可以）改變價值端的哪些元素，例如通路、顧客關係、收益流及目標客層。

- 有哪些價值較低的特色或服務可以刪除或降低？
- 可以加強或創造出哪些特色或服務，以製造出對顧客有價值的新體驗？
- 價值主張的改變，對成本有何影響？
- 價值主張的改變，會如何影響商業模式中的顧客端？

探索顧客的影響

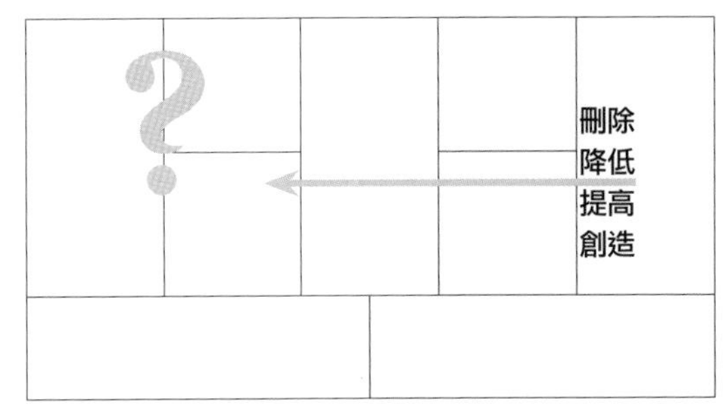

拿四項行動架構的問題，問自己商業模式圖上顧客端的每項構成要素：通路、顧客關係、收益流。分析一下，如果你刪除、降低、提高、創造價值端的元素時，成本端會有什麼影響。

- 你可以專注於哪些新的目標客層？又有哪些客層可以考慮降低或刪除？
- 針對新目標客層真正該做的是哪些事？
- 這些顧客偏好的接觸方式是什麼？他們期望有什麼樣的顧客關係？
- 服務新的目標客層，對成本有何影響？

管理多個商業模式

世界各地都有前瞻者、創新者、挑戰者正創造出創新的商業模式──其中有創業家，也有的在既有組織裡工作。創業家的挑戰是設計出新的商業模式並成功執行；而對既有組織來說，要面對的任務同樣可怕：如何執行並管理新的商業模式，同時還要維持既有商業模式的運作。

企業學者如馬奇德斯（Constantinos Markides）、奧賴利（Charles O'Reilly III）、塔許曼（Michael Tushman）等人，都把這類成功迎接挑戰的組織稱之為「雙面性組織」（ambidextrous organization）。在一個既有組織裡執行新商業模式，可能格外困難，因為新模式也許會挑戰既有模式，甚至相互競爭。新模式可能需要不同的組織文化，或可能鎖定先前被公司忽視的潛在顧客。這就引出了一個問題：我們要如何在一個公司裡，執行創新的商業模式？

對於這個問題，學者的意見分歧。很多人建議將新商業模式的業務歸到另一個單位去。有的則建議不必這麼極端，認為創新的商業模式也能在現有的組織內成功，無論是在舊單位或新單位。例如馬奇德斯就提出，用雙變數架構來決定如何同時管理新的和傳統的商業模式。第一個變數用於表示兩種模式間的衝突嚴重程度，而第二個變數則表示策略的相似度。然而他也指出，成功不光是要仰賴正確的選擇（兩者整合或是各自獨立執行），也要看這些選擇如何執行。馬奇德斯指出，即使新模式是在獨立的單位執行，也應該要謹慎利用其協同效應。

當一個組織在決定該整合或分隔一個新的模式時，要考慮的第三個變數就是風險。在品牌形象、收益、法律責任等方面，新模式會為既有模式帶來什麼負面影響？

在2008年全球金融海嘯期間，荷蘭金融集團ING差點被旗下一個在海外市場提供線上和電話消費金融服務的部門ING Direct拖垮。實際上，ING主要把ING Direct當成一個行銷部門，而非擁有不同新商業模式、最好是獨立運作的部門。

最後一點，隨著時間演進，也會有不同的選擇出現。馬奇德斯強調，各公司可能會考慮將各商業模式分階段整合，或分階段獨立。例如美國的零售證券經紀商嘉信理財公司（Charles Schwab）旗下的網際網路部門e.Schwab，初成立時是獨立的單位，但大獲成功後，就併入該銀行的主要業務中。而英國零售業巨人特易購（Tesco）的網際網路部門Tesco.com，則是成功地從整體業務中分離出來，成為獨立的單位。

以下我們將利用商業模式圖，以三個例子來討論整合或分離的問題。第一個例子是瑞士鐘錶製造商SMH，在1980年代選擇整合路線，將旗下Swatch的商業模式併入。第二個是瑞士食品製造商雀巢（Nestlé），選擇分離路線推出Nespresso。第三個例子則是本書前面提到過的德國汽車製造商戴姆勒，尚未選擇其旗下的car2go租車業務的路線。

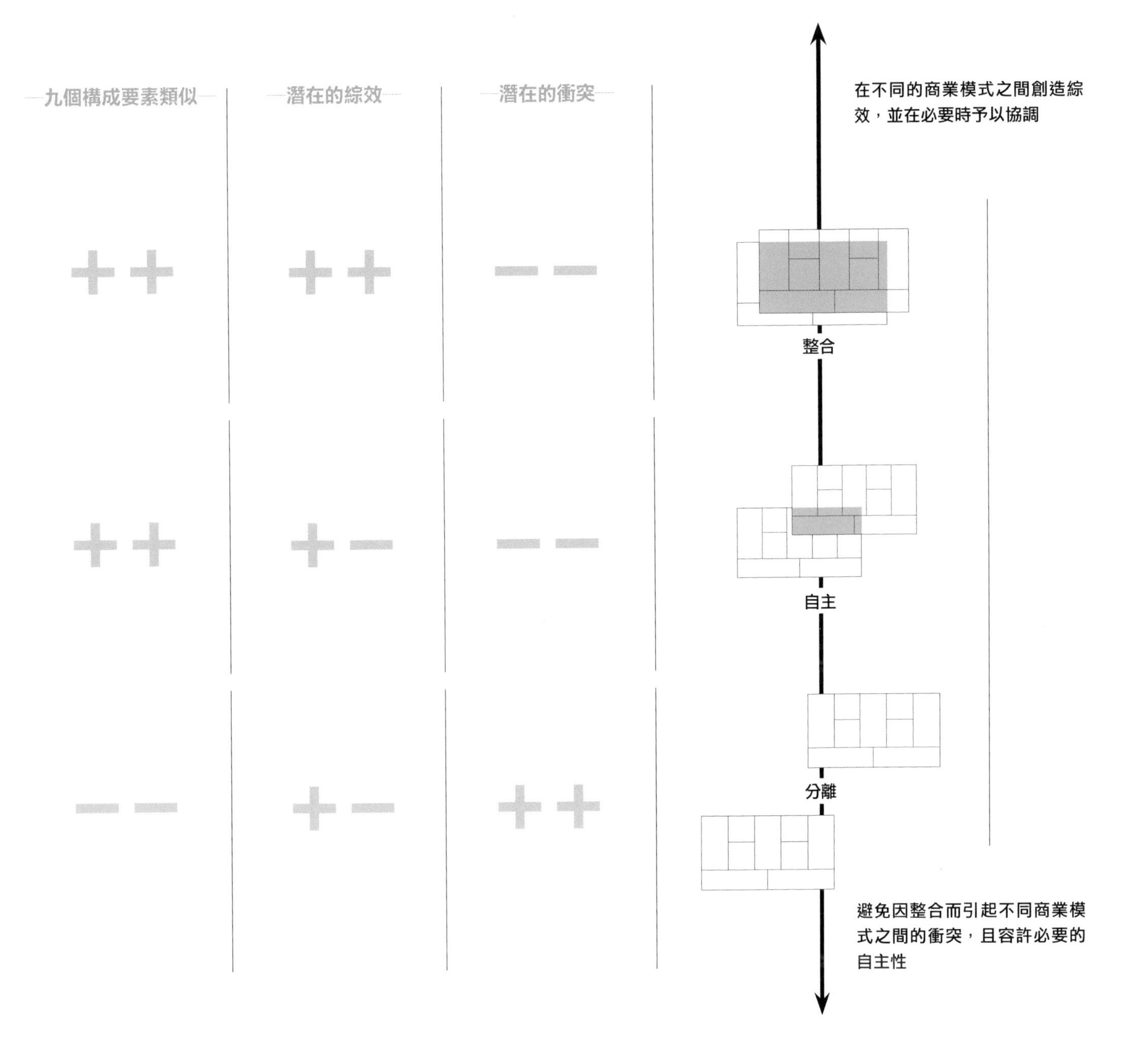
九個構成要素類似
潛在的綜效
潛在的衝突
++
++
−−
++
+−
−−
−−
+−
++
在不同的商業模式之間創造綜效，並在必要時予以協調
整合
自主
分離
避免因整合而引起不同商業模式之間的衝突，且容許必要的自主性

SMH處理Swatch的自主模式

1970年代中期，歷史上長年主宰鐘錶產業的瑞士製錶業發現自己深陷危機。日本和香港的製錶商以鎖定低價市場的便宜石英錶，把瑞士從龍頭位置擠下來。瑞士仍專注於中高價位市場的傳統機械錶，但亞洲的競爭者已經威脅要入侵這些市場了。

1980年代初期，競爭的壓力實在太大，除了少數幾家精品錶品牌之外，大部分瑞士鐘錶製造商都搖搖欲墜。然後尼可拉斯．海耶克（Nicolas G. Hayek）接掌SMH鐘錶集團（後來更名為Swatch集團）。SMH原是由瑞士最大的兩個製錶集團在財務不佳的狀況下匆匆合併而成，而海耶克將這個旗下眾多公司的集團徹底重建。

海耶克對未來的願景，是SMH在低價、中價、精品錶三個市場中，都有穩健而成長的品牌。當時瑞士廠商在精品錶的市場占有率仍高達97%。但在中價錶市場卻只占3%，而低價錶市場則是徹底退敗，完全將便宜鐘錶市場拱手讓給亞洲的競爭對手。

要在低價錶市場推出新品牌，是一個挑釁又有風險的舉動，同時也讓投資者擔心會吃掉SMH中價品牌天梭錶（Tissot）的市場。從策略觀點而言，海耶克的願景完全就是要將高價精品的商業模式和低成本的商業模式放在一起運作，面對伴隨而來的所有衝突和取捨。然而，海耶克堅持的這個三層系統策略，促使了該公司開發出Swatch，這種一般人買得起的新型態瑞士錶，價格從大約40美元起跳。

這種新品牌手錶的規格要求非常高：既要便宜到足以和日本錶競爭，但又保有瑞士錶的品質，加上夠高的毛利，且生產線可以擴大。這迫使工程師們重新全盤思考手錶及其製造；基本上，他們傳統的製錶知識是再也派不上用場了。

結果設計出來的手錶，元件遠比傳統少得多。製造過程高度自動化：模鑄取代螺絲，直接人工成本降到10%以下，而且大量生產。另外還用創新的游擊行銷概念，以數種不同的設計將這種錶推向市場。在海耶克眼中，這種新產品是在傳達一種生活風格訊息，而不光是花便宜價格報時而已。

Swatch於焉誕生：一種高品質、低價格，兼具功能與時尚的產品。接下來就是人盡皆知的歷史了。Swatch錶前五年就賣出了五千五百萬只，2006年該公司還慶祝累積銷售額超過三億三千三百萬只。

由於有可能影響到其他高價品牌，SMH選擇如何執行低價Swatch的商業模式就顯得格外有趣。儘管Swatch有完全不同的組織文化與品牌文化，SMH仍選擇讓這個品牌在同公司內運作，而非獨立出去。

不過對於Swatch和旗下所有其他品牌，凡是涉及產品和行銷決策的事務，SMH都很謹慎地授與各品牌自主權，其他事項則採中央集權。SMH旗下所有品牌的製造、採購、研發，全都劃歸到同一個部門處理。今天，為了追求規模，並與亞洲的競爭者對抗，SMH仍堅守垂直整合政策。

中央集權 分權

SMH

KP 關鍵合作夥伴

KA 關鍵活動

生產與品質掌控

研究與發展

人力資源、財務等

KR 關鍵資源

製造工廠

品牌組合

VP 價值主張

BLANCPAIN、OMEGA、LONGINES、RADO

TISSOT、CERTINA、HAMILTON、MIDO

SWATCH、FLIK FLAK

CR 顧客關係

CH 通路

CS 目標客層

高價位與精品客層

中價位客層

大眾市場

R$ 收益流

手錶銷售額

SMH在製造、研發、採購原料、人力資源等方面，採垂直整合與中央集權政策。

但在產品、行銷推廣的決策方面，SMH旗下各品牌則享有自主權。

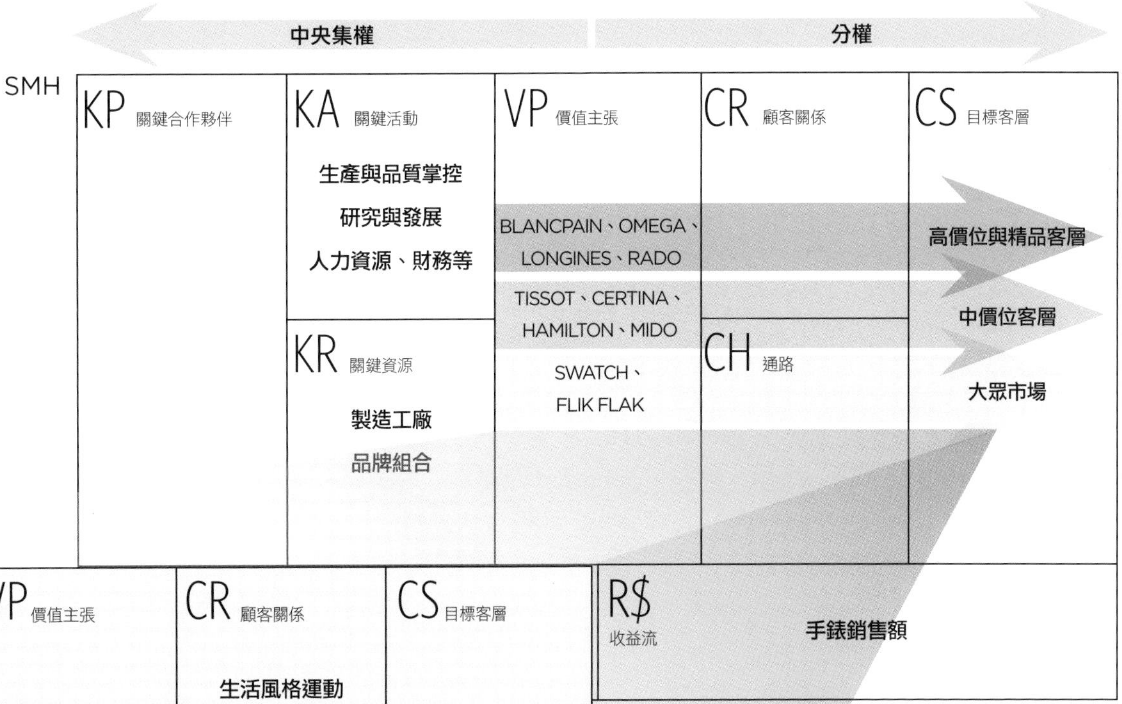

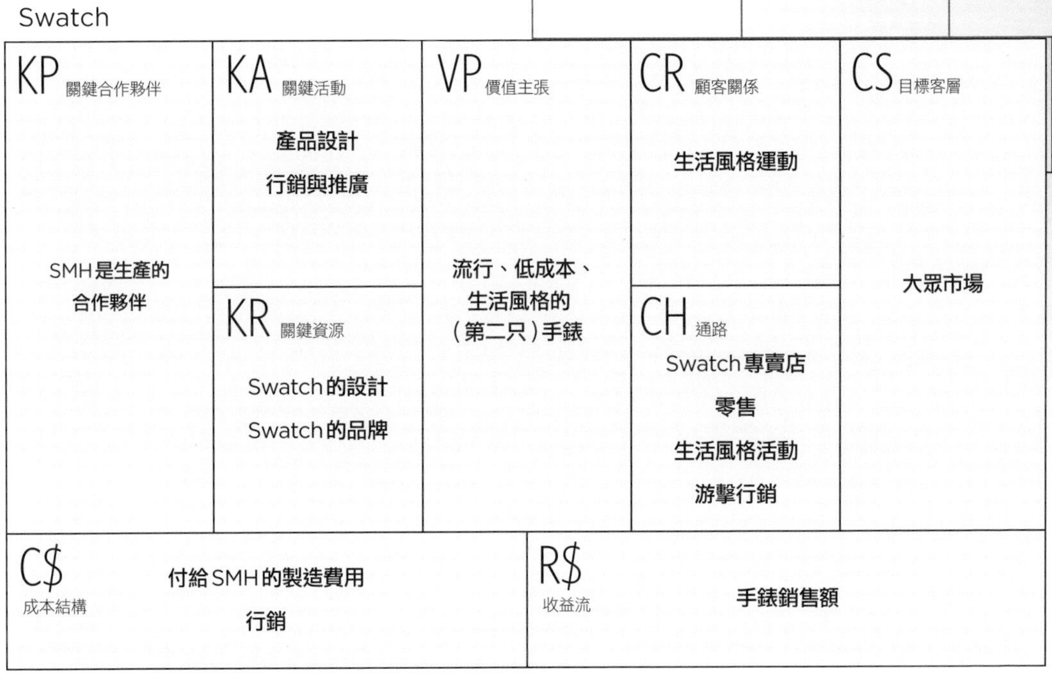

Swatch

KP 關鍵合作夥伴

SMH是生產的合作夥伴

KA 關鍵活動

產品設計

行銷與推廣

KR 關鍵資源

Swatch的設計

Swatch的品牌

VP 價值主張

流行、低成本、生活風格的（第二只）手錶

CR 顧客關係

生活風格運動

CH 通路

Swatch專賣店

零售

生活風格活動

游擊行銷

CS 目標客層

大眾市場

C$ 成本結構

付給SMH的製造費用

行銷

R$ 收益流

手錶銷售額

Nespresso的成功模式

1976
首次為
Nespresso系統
申請專利

1982
瞄準辦公室
市場

1986
單獨成
立公司

1988
新的執行長
進行全面改
革策略

1991
Nespresso
在全球上市

1997
推出首次廣告活動

1998
重新設計網站，
瞄準網路

2006
邀請影星喬治．克隆尼
擔任Nespresso代言人

2000-2008
平均年成長率
超過35%

另一個雙面性組織是雀巢旗下的Nespresso。雀巢是全世界最大的食品公司，2008年的營業額約1010億美元。

Nespresso每年針對家用咖啡機賣出價值逾19億美元的單杯精品咖啡，也為雙面式商業模式提供了一個很有說服力的例證。1976年，雀巢研究室的年輕研究員法福赫（Eric Favre）首次為Nespresso系統申請專利。當時該公司以雀巢咖啡（Nestlé）稱霸廣大的即溶咖啡市場，但在烘焙與研磨咖啡部分卻很弱。Nespresso系統的設計，就是要銜接這個缺漏，整套系統包括精緻的義式濃縮咖啡機和咖啡膠囊，可以很方便就製造出餐廳等級的義式濃縮咖啡。

由法福赫領軍的一個內部單位著手解決技術問題，讓整套系統可以上市。剛開始一小段期間嘗試主攻餐廳市場，但並不成功。1986年，雀巢公司成立Nespresso SA這家獨資子公司，開始將這個系統行銷到辦公室市場，同時雀巢與一家咖啡機製造商合資的企業已經開始進攻辦公室市場。Nespresso SA與地位早已確立的雀巢咖啡完全各自獨立。但到了1987年，Nespresso的營業額遠低於預期，之所以沒收掉，純粹是因為高檔咖啡機還有大量存貨。

1988年，雀巢公司任命蓋拉德（Jean-Paul Gaillard）為Nespresso新任執行長。蓋拉德進行了兩個大幅度的改變，徹底改革該公司的商業模式。第一，Nespresso把焦點從辦公室轉移到高收入家庭，並開始直接透過郵購銷售咖啡膠囊。這樣的策略在雀巢是破天荒的創舉，因為該公司傳統上是透過零售通路，主攻目標是大眾市場（後來Nespresso也開始在網路上銷售，並在香榭麗舍大道這類頂級地段開設高級零售店，也在高級百貨公司開設專櫃）。結果證明這個模式非常成功，過去十年來，Nespresso所公布的年成長率平均超過35%。

值得注意的一點是，Nespresso與傳統咖啡業務的雀巢咖啡之間的差異。雀巢咖啡主要是透過大眾市場零售商，間接把即溶咖啡賣給消費者；而Nespresso則主要是透過直銷方式賣給富裕的消費者。兩個方式所需的物流、資源、活動都完全不同。多虧兩者的焦點不同，所以沒有直接互搶市場的風險。然而，這也表示這兩種業務之間不太能產生綜合效應。雀巢咖啡和Nespresso主要的衝突，是源自Nespresso還沒成功之前，占去了雀巢公司咖啡業務的大量時間和資源。但由於組織上的獨立，可能也讓Nespresso在創業艱辛時期沒被裁掉。

故事並未到此結束。2004年，雀巢公司又把目標朝向介紹一種可以製作卡布奇諾和義式咖啡牛奶的新系統，補強了原先僅限義式濃縮咖啡的Nespresso機器。當然，問題出在，這個系統要用什麼商業模式，又要用什麼品牌？或者應該像Nespresso一樣，成立一家新公司？新系統的技術原來是Nespresso開發的，但卡布奇諾和義式咖啡牛奶比較適合推向中階的大眾市場。雀巢最後決定推出一個新品牌Nescafé Dolce Gusto，但產品完全併入雀巢大眾市場的商業模式和組織架構中。Dolce Gusto膠囊和雀巢即溶咖啡一起在零售通路販賣，但也透過網際網路販售——證明了Nespresso線上銷售很成功。

雀巢各種咖啡業務的商業模式組合

雀巢咖啡 Nescafé

KP 關鍵合作夥伴
零售商

KA 關鍵活動
生產
行銷

KR 關鍵資源
製造工廠
品牌組合

VP 價值主張
Dolce Gusto:多功能咖啡機與咖啡膠囊
雀巢咖啡:高級即溶咖啡

CR 顧客關係
零售
線上商店

CH 通路
零售

CS 目標客層
大眾市場

C$ 成本結構
行銷與銷售
生產

R$ 收益流
透過零售的銷售額(低毛利)

Nespresso

KP 關鍵合作夥伴
咖啡機製造商

KA 關鍵活動
行銷
生產
物流

KR 關鍵資源
配銷通路
系統專利
品牌
製造工廠

VP 價值主張
在家中享受高級餐廳品質的義式濃縮咖啡

CR 顧客關係
Nespresso俱樂部

CH 通路
Nespresso.com
Nespresso專賣店
電話訂貨中心
零售(只有咖啡機)
郵購

CS 目標客層
家庭
辦公室市場

C$ 成本結構
製造
行銷
配銷與通路

R$ 收益流
主要收益:咖啡膠囊
其他收益:咖啡機與配件

高級
Nespresso

中級
Dolce Gusto

大眾市場
Nescafé

戴姆勒的Car2Go商業模式

Car2Go的市場介紹

概念開發 → 內部試營 → 擴大版內部試營 → 烏爾姆公開試營 → 奧斯汀內部試營 → 奧斯汀公開試營 → 哪種組織型態？

我們的最後一個例子，截至2009年本書成稿時，仍在新生階段。Car2Go是德國車廠戴姆勒所推出的一個用車新概念。戴姆勒的核心商業模式，是從精品車到卡車到巴士等各種車輛的製造、銷售及融資，而Car2Go的商業模式創新則可以予以補充。

戴姆勒的核心業務每年銷售超過兩百萬輛汽車，年度收益超過1360億美元。而另一方面，Car2Go則是個新企業，利用分布全市的Smart車隊（Smart是戴姆勒最小、最便宜的車款），提供市民隨選使用。這項服務目前正在德國城市烏爾姆（戴姆勒的重要經營基地之一）試營。這個商業模式由戴姆勒的商業創新部門開發出來，該部門的任務就是開發出新的商業點子，並協助這些點子落實。

Car2Go是這樣運作的：一批Smart雙人座汽車分布在全市各地，隨時供顧客隨需使用。只要登記成為會員，顧客就可以當場租車（或事先預約），想使用多久都行。用完車之後，駕駛人只要把車子停在市區內的某處即可。

租車成本相當於每分鐘0.27美元，包含一切費用，或者一小時14.15美元，最多一天70美元。顧客帳單採月結制。整個概念類似很流行的汽車共享公司，如北美和英國的Zipcar。Car2Go的特色包括：不必把車停到指定地方，可以當場租車且不限使用時間，還有價格結構很單純。

戴姆勒推出Car2Go以因應都市化加速的全球趨勢，而且認為這項服務可以成為其核心業務一個很有吸引力的補充。Car2Go是純服務模式，和戴姆勒傳統業務的動態當然完全不同，而且收益可能會有好些年都相當小。但戴姆勒對Car2Go的長期發展很看好。

Car2Go於2008年10月開始試營，提供50輛雙人座Smart車，供大約五百名在烏爾姆的戴姆勒研究中心員工使用。這五百人再加上兩百名家屬，成為第一批顧客。這個試營期的目標是要測試技術系統，收集使用者的接受度和行為等資訊，並對這項服務做一次全面的「道路測試」。2009年2月，這項試營計畫擴大到賓士汽車展銷中心及其他戴姆勒子公司的員工，同時車輛數增加到一百輛。到了3月底，開始對外公開試營，共有兩百輛車，可供烏爾姆全體12萬居民和遊客使用。

同時，戴姆勒宣布要在人口75萬的美國德州奧斯汀進行Car2Go試營。如同在德國試營初期，會員將限於特定團體，例如市政府員工，然後再對大眾開放。這些試營可以視為商業模式的各種原型（參見160頁）。如今，Car2Go的商業模式原型已經修改為組織化的形式。

在本書成稿時，戴姆勒尚未決定要將Car2Go內部化，或是分離出去成為獨立公司。戴姆勒選擇先開始設計商業模式，然後實地測試這個概念，而關於組織化結構的問題則暫時不急著決定，等到能評估Car2Go對該公司穩固的核心業務有何影響再說。

戴姆勒對商業模式創新
採取分階段的做法：

第一階段：由戴姆勒的創新部門設計出商業模式

第二階段：由戴姆勒的創新部門著手實地測試這個概念

第三階段：對於新商業模式組織化結構的決定（整合或分離），要看該模式對已穩固的核心業務有何影響再決定

戴姆勒

KP 關鍵合作夥伴	KA 關鍵活動	VP 價值主張	CR 顧客關係	CS 目標客層
汽車零件製造商	製造 設計	汽車、卡車、箱型車、巴士、融資服務（例如賓士品牌）	主要是高檔的品牌	大眾市場
	KR 關鍵資源 車廠 智慧資產 品牌		CH 通路 經銷商 銷售人員	

C$ 成本結構	R$ 收益流
行銷與銷售 製造、研究與發展	車輛銷售 車輛融資

Car2Go

KP 關鍵合作夥伴	KA 關鍵活動	VP 價值主張	CR 顧客關係	CS 目標客層
市政管理單位	車隊管理 車用資訊通管理 清潔	在市區用車，不必自己買	只要登記一次	市民
	KR 關鍵資源 服務團隊 車用資訊通系統 Smart雙人座車隊		CH 通路 Car2Go.com 手機 Car2Go停車場 Car2Go商店 在任何地方皆可取車、還車	

C$ 成本結構	R$ 收益流
系統管理 車隊管理	每分鐘0.27美元（所有費用內含）

改進

發明

Pro

cess

流程

商業模式設計流程

在這章，我們要把本書的種種概念和工具彙整起來，以簡化商業模式設計的準備與執行任務。我們提出的是一般的商業模式設計流程，你可以針對自己組織的特定需求而加以改編。

每個商業模式設計方案都是獨特的，會有各自的挑戰、障礙，也會有各自關鍵的成功元素。在處理商業模式的根本議題時，每個組織都有不同的起點，也有各自的背景和目標。有的可能是針對一個危機狀況應變，有的可能是要尋求新的成長潛力，有的可能是組織剛成立，還有的可能是因為要推出新產品或新技術。

我們所敘述的流程，是要提供一個起點，讓幾乎每個組織都可以藉以打造出自己的方式。我們的流程有五個階段：動員、了解、設計、實行及管理。我們會先描述這些階段的一般狀況，然後從企業組織的觀點，重新探討一次，因為在那些已經執行一個或多個既有商業模式的企業中，商業模式的創新必須將其他元素納入考慮。

進行商業模式的創新，是希望達成以下目標的其中之一：(1) 市場上有某些需求，卻沒有人去滿足，(2) 在市場上推出新的技術、產品或服務，(3) 以更好的商業模式去改進、破壞或轉變一個既有的市場，(4) 開創一個全新的市場。

老牌企業所進行的商業模式創新，通常都會反省其既有模式和組織化結構。其動機通常是以下之一：(1) 既有的商業模式面臨危機（有的是處於存亡關頭了），(2) 要調整、改善或捍衛既有模式，以適應環境的變動，(3) 要在市場上推出新的技術、產品或服務，(4) 探索並測試全新的商業模式，以備將來可能取代現有模式。

商業模式創新的起點

商業模式設計與創新

滿足市場：滿足一個尚未有人進入的市場需求
（例如：Tata汽車、NetJets、孟加拉鄉村銀行、Lulu.com）
在市場上推出：將某項新科技、新產品或新服務在市場上推出，或是開發既有的智慧財產
（例如：Xerox 914、Swatch、Nespresso、紅帽）
改進市場：改進或破壞一個既有市場
（例如：戴爾電腦、EFG銀行、任天堂Wii，IKEA、印度Bharti Airtel電信公司、Skype、Zipcar、Ryanair、Amazon.com）
開創市場：開創一種新型態的業務
（例如：大來卡、Google）

挑戰

- 找出正確的商業模式
- 在正式推出之前，先測試模式
- 促使市場採納這個新模式
- 持續針對市場回應，修改模式
- 管理不確定性

針對企業組織的影響元素

反應靈敏：對既有商業模式危機做出反應
（例如：1990年代的IBM、任天堂Wii遊戲機、勞斯萊斯噴射機引擎）
適應：調整、改進或捍衛既有的商業模式
（例如：諾基亞的Comes with Music音樂下載服務、寶鹼的開放式創新、喜利得）
延伸：推出一種新的技術、產品或服務
（例如：Nespresso、1960年代的Xerox 914、iPod/iTunes）
前瞻／探索：為未來做好準備
（例如：戴姆勒的Car2Go、亞馬遜網路服務）

挑戰

- 發展出對新模式的期望值
- 調和新舊模式
- 管理既得利益
- 目光放在長期

設計態度

商業模式創新很少是湊巧發生的，但也不是商業創意天才的專利。這種創新是你可以管理、建構為流程，並用來影響整個組織發揮創意潛能的。

但挑戰在於，儘管你不斷嘗試要執行一個流程，商業模式的創新依然混亂且無法預測。在好的解答浮現之前，你要有能力處理含糊和不確定。這要花時間。參與者必須願意投資可觀的時間和精力，去探索很多可能性，不要太急著去採納一個解答。投資時間的報答，很可能就是一個很強的新商業模式，可以確保未來的成長。

我們把這個方式稱之為「設計態度」，截然不同於傳統商業管理所盛行的「決策態度」。在《管理如設計》（*Managing as Designing*）這本書中，魏德海管理學院的柯洛皮和博蘭兩位教授所合撰的〈設計事務〉一文，就很有說服力的解釋了這一點。文中指出，決策態度是認為，要想出替代方案很簡單，但要在不同的替代方案中挑出一個很困難。相反的，設計態度則認為，要設計出一個出色的替代方案很困難，不過一旦設計出來了，要選擇用哪個方案就是小事一樁了（參見164頁）。

這種區別尤其適用於商業模式的創新。你可能做了各種可能的分析，但還是無法發展出一個令人滿意的新商業模式。世上充滿了模糊和不確定，因此抱著探索多種可能、並為之製作原型的設計態度，就很有可能設計出一個強有力的新商業模式。這樣的探索，意味著要在市場研究、分析、商業模式原型製作及創意發想的各個步驟之間，反覆來回討論，在混亂中尋找機會。決策態度的重點是分析、決定，找出最佳模式，而設計態度則遠非線性式思考，而且不確定性更多。但若是決心尋求一個新的、有競爭力的成長模式，就必須抱持設計態度。

中央（Central）設計公司的紐曼（Damien Newman）曾用一個他稱之為「設計彎曲線」的圖像，貼切地表達了設計態度。「設計彎曲線」象徵著設計過程的幾個特色：一開始是不確定、混亂而隨機的，直到設計成熟後，才能聚焦在一個清晰的點上。

不確定　　　　　　　　　　　　清晰／找到焦點

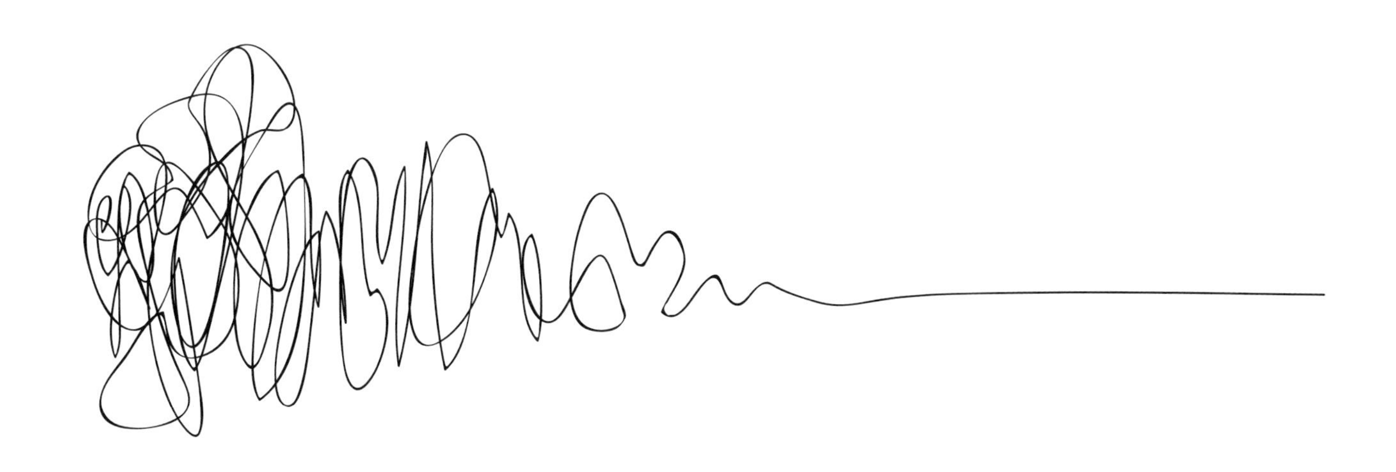

研究與了解　　　設計商業模式的原型　　　　　　執行商業模式設計

資料來源：取材自Damien Newman, Central

五個階段

我們所提出的商業模式設計流程，分為五個階段：動員、了解、設計、實行及管理。如前所述，這些階段的進行，很少會像右頁所描繪的呈一直線。尤其是了解和設計階段往往是同時並行。在了解階段的早期，就可以開始商業模式的原型製作，初步先將商業模式的新點子概略描繪出來。同樣的，在設計階段的原型製作過程中，可能會引發新的點子，那就得做額外的研究，同時要回頭再走一遍了解階段。

到了最後一個管理階段，則是持續管理你的商業模式。以現今的趨勢來看，最好是假設大部分商業模式（即使是很成功的）的生命週期都很短。不過，由於企業在製作商業模式上頭的投資相當可觀，因此合理的做法是，透過持續的管理和發展，盡量延長既有商業模式的壽命，直到不得不全盤重新思考為止。對於商業模式發展的管理，將會決定哪些元素依然重要、哪些已經過時。

在流程中的每個階段，我們會先大致列出目標、焦點，以及本書中哪些章節談到這個階段。接著，我們會把這五個階段描述得更詳盡，並且說明如果你待的是一家使用既定商業模式的企業或組織，環境和焦點可能會如何改變。

目標

焦點

描述

書中相關章節

動員

為一個成功的商業模式設計案做準備

布置舞台

為了設計出一個成功的商業模式，要把所有元素聚集起來。讓大家知道一個新商業模式的必要性，描述這個專案背後的動機，建立起共同的語言，以供描述、設計、分析及討論商業模式。

- 商業模式圖（44頁）
- 說故事（170頁）

了解

研究並分析設計商業模式所需的各種元素

進入狀況

商業模式設計團隊要蒐集、研究相關的知識：顧客、技術、環境。收集資訊、訪談專家、研究潛在消費者，並找出各種需要和問題。

- 商業模式圖（44頁）
- 商業模式樣式（52頁）
- 顧客觀點（126頁）
- 視覺化思考（146頁）
- 情境描繪（180頁）
- 商業模式環境（200頁）
- 評估商業模式（212頁）

設計

製作並測試可行的商業模式選項，從中挑選最好的

調查

用前一階段取得的資訊和點子，製作出商業模式的原型，以供探究和測試。在密集的調查之後，選出最滿意的商業模式設計。

- 商業模式圖（44頁）
- 商業模式樣式（52頁）
- 創意發想（134頁）
- 視覺化思考（146頁）
- 原型製作（160頁）
- 情境描繪（180頁）
- 評估商業模式（212頁）
- 從商業模式觀點看藍海策略（226頁）
- 管理多個商業模式（232頁）

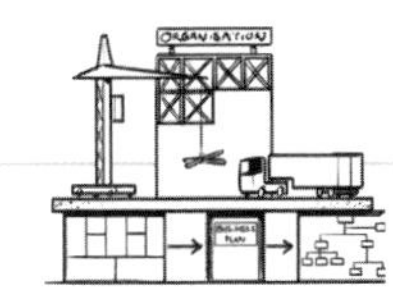

實行

實地執行商業模式原型

執行

在實際市場執行選中的商業模式設計。

- 商業模式圖（44頁）
- 視覺化思考（146頁）
- 說故事（170頁）
- 管理多個商業模式（232頁）

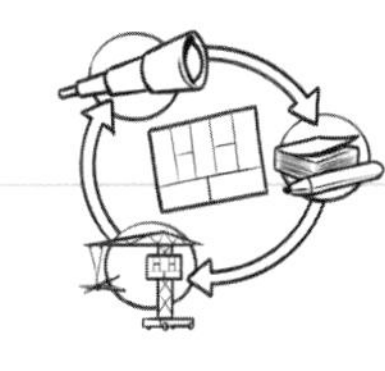

管理

依照市場的回應，調整並修改商業模式

發展

設定管理架構，以持續監督、評估、調整或改造你的商業模式。

- 商業模式圖（44頁）
- 視覺化思考（146頁）
- 情境描繪（180頁）
- 商業模式環境（200頁）
- 評估商業模式（212頁）

動員

為一個成功的商業模式設計案做準備

活動	關鍵成功因素	主要的風險
• 制定專案目標 • 測試初步的商業構想 • 規畫 • 組成團隊	• 適當的人、經驗及知識	• 高估原始構想的價值

第一階段的主要活動，就是制定專案目標、測試初步的構想、擬定專案計畫，然後組成一個專案團隊。

制定目標的方式，要看這個專案的性質而定，但通常會包括：確立基本原理、專案規模、主要目標。一開始的規畫，應該涵蓋商業模式設計專案的前三個階段：動員、了解、設計。至於實行和管理階段，則主要得看前三個階段的結果（亦即商業模式的方向）而定，所以要晚些才能規畫。

第一階段的關鍵活動，包括組成專案團隊，以及找到正確的人及資訊。儘管要訓練出完美的團隊沒有既定規則（因為每個專案都是獨一無二的），但合理的方式是，這群人要擁有豐富的管理與產業經驗、有新鮮的點子、有適當的人際網絡，而且很願意投入商業模式創新。在動員階段，你可能會想做一些基本構想的測試，但說來容易做來難，因為商業構想的潛力如何，主要看是否選擇了正確的商業模式。當年Skype開始營業時，誰能想像這家公司會成為全世界最大的長途電話營運商？

無論如何，要確定商業模式圖是這個設計流程中的共同語言。這將會協助你們更有效率地構思並提出初步的點子，且促進彼此溝通。另外不妨試著把你的商業模式構想編成故事，看看可不可行。

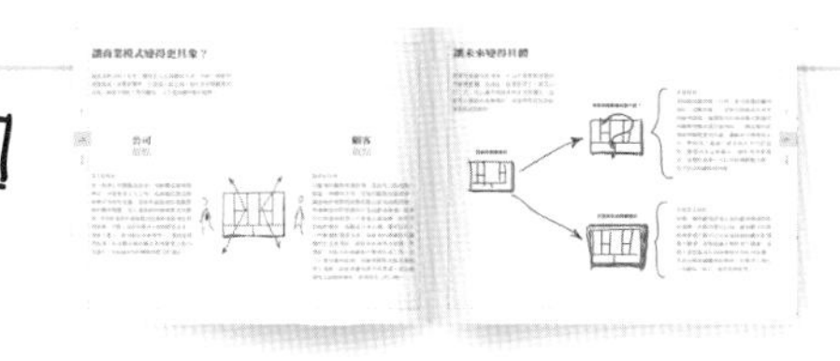

在動員階段的一大陷阱，就是很多人往往高估商業模式初步構想的潛力。這可能會導致自我閉塞的心態，因而不再去探索其他的可能性。設法把新點子持續拿去找不同背景的人測試，以減輕落入陷阱的風險。另外不妨考慮辦一個所謂的「截殺／樂歪」的討論會，先腦力激盪20分鐘，大家想想這個點子行不通的原因（「截殺」的部分），接下來花20分鐘腦力激盪，只想這個點子會大獲成功的理由（「樂歪」的部分）。這是挑戰某個點子基本價值的一種有力方式。

企業組織要如何進行

專案的正當性　在企業組織中，要讓專案成功的一個關鍵因素，就是建立正當性。由於商業模式設計所影響的人遍及全組織，必須得到大家的合作，所以有董事會或管理高層（或兩者皆是）強力的公開支持，是不可或缺的。要建立正當性以及公開的支持，有個直截了當的方式，就是從一開始團隊內就要有個受敬重的高層管理人員。

處理既得利益　留意並處理好組織內的各種既得利益。組織裡不見得每個人都有興趣改變現有模式。事實上，這個設計可能會威脅到某些人。

跨功能團隊　一如前述（參見143頁），理想的商業模式專案小組是由組織內部各單位的人所組成，包括不同的業務單位、不同的功能（例如行銷、財務、IT）、不同的年資和專業程度等等。不同的組織觀點有助於想出更好的點子，也提高了整個方案成功的可能性。跨功能團隊有助於在設計早期就找出潛在障礙並予以克服，同時促進員工的接受度。

引導決策者　應該規畫足夠的時間去指導決策者，讓他們了解商業模式及其重要性、設計和創新流程。這對贏得支持是很關鍵的做法，同時也可以克服人們對未知或不了解事物的抗拒心理。至於實際的做法，要視組織內的管理風格而定，但要避免太強調商業模式的概念層面。多談實際面，多用故事和圖像來傳達你的訊息，少用概念和理論。

了解

研究並分析設計商業模式
所需的各種元素

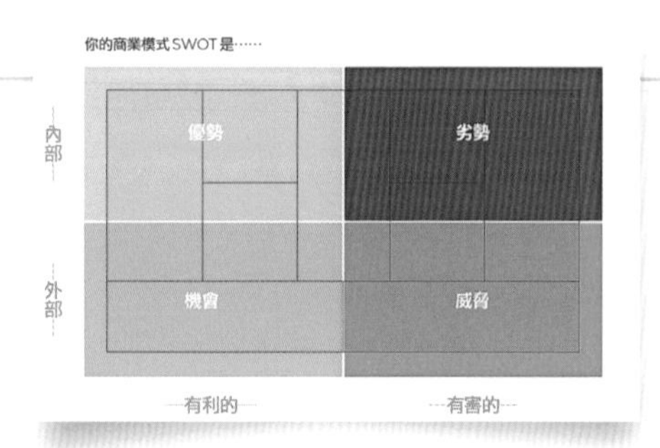

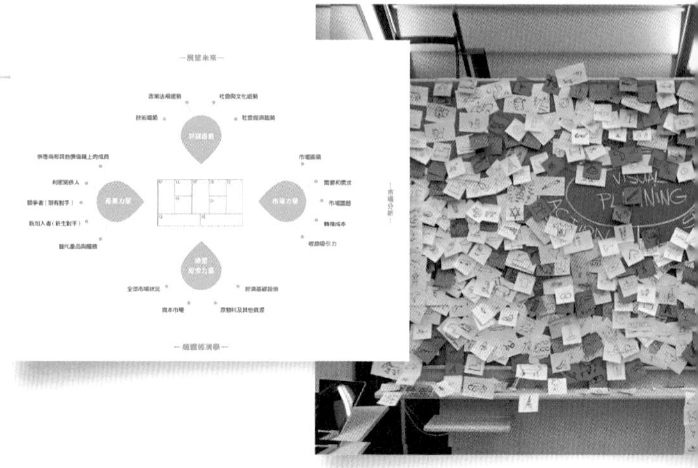

活動

- 檢視環境背景
- 研究潛在顧客
- 訪談專家
- 研究以前已經試過的案例（例如失敗的案例以及原因）
- 收集點子和意見

關鍵成功因素

- 對潛在目標市場的深入了解
- 目光不要受限於目標市場的傳統範圍

主要的風險

- 研究過度：研究跟目標脫節
- 由於對某個商業點子太過投入，因而造成研究偏離目標

第二個階段，是要對商業模式未來運作的背景，有良好的了解。

對商業模式環境的檢視，包括了市場調查、研究並接觸顧客、訪談各領域的專家、大致描繪競爭對手的商業模式等。專案團隊應該專心接觸各種需要的資料和活動，好對商業模式的「設計空間」有深入的了解。

不過檢視環境時，也難免會帶來研究過度的風險。因此一開始就要提醒整個團隊這個風險的可能性，並且確保大家都同意不會過度研究。另外，趁早開始為商業模式製作原型，也可以避免資料過多而造成難以決斷的「分析癱瘓」（analysis paralysis）（參見160頁的原型製作）。早早製作原型還有額外的好處，就是可以很快得到回應。一如稍早提過的，研究、了解及設計往往是同時並行的，其界限通常無法清楚劃分。

在研究期間特別值得注意的，就是發展出對顧客的深入了解。這點聽起來似乎是老生常談，但卻常常被忽略，尤其是在偏重技術的專案中。顧客同理心地圖（參見131頁）可以成為很有威力的工具，協助你進行客戶研究。一個常見的挑戰是，目標客層不見得從一開始就很明確。比方說，一項技術「現在」或許還不知道能用在哪，但「未來」很可能可同時應用在不同市場上。

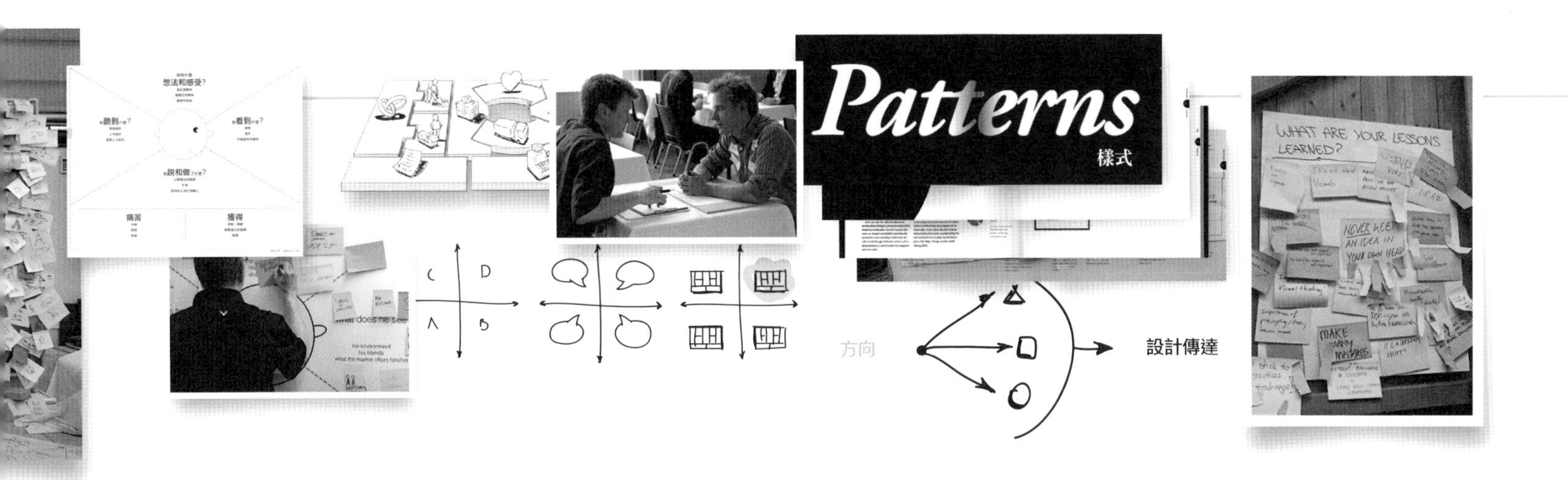

在這個階段，成功的關鍵因素之一，就是質疑產業原有的設定，以及現行商業模式的樣式。遊戲機產業原本是製造技術最先進的機種，並以低價進行銷售，直到任天堂Wii顛覆了種種被普遍接受的假設（參見82頁）。質疑假設時，一如史考特·安東尼（Scott Anthony）在《創新者的應變》（*The Silver Lining*）一書中所指出的，包括去探索成熟市場中「低階部分」的潛力。當你檢視環境，以及評估趨勢、市場和競爭對手時，別忘了，幾乎任何地方都可以發現創新商業模式的種子。

在了解階段，你應該積極尋找不同來源的資訊，包括顧客。趁早開始針對商業模式圖的草圖徵求意見，以此測試初期商業模式的方向。不過要記住，突破性的點子可能會遭遇到強大的阻力。

企業組織要如何進行

- **繪圖／評估既有商業模式**　在企業組織裡，一開始，要先了解現有的商業模式。理想狀況下，要用商業模式圖勾勒及評估現有的商業模式，應該舉辦幾次不同的研討會，找組織中各個不同部門的人參與，同時收集大家對新商業模式的點子和意見。這個做法可以提供多種觀點，評估你商業模式的優勢和劣勢，同時也為新模式發掘出第一批新點子。
- **目光超越現狀**　要讓目光超越現有的商業模式及其樣式，是個相當困難的挑戰。因為現狀通常是過往成功的結果，因而深深影響到組織文化。
- **尋找客戶要超越現有基礎**　在尋找有利可圖的新商業模式時，很關鍵的一點是要從既有客戶基礎的外圍找起。未來的獲利潛力，有可能存在於別的地方。
- **展示進度**　分析過多的風險是，可能會讓資深管理階層覺得缺乏實質成果，因而失去他們的支持。藉由描述客戶觀點，或者拿出你研究中所得出的一些商業模式草圖，就可以展示你的進度。

設計

製作並測試可行的商業模式選項，從中挑選最好的

活動	關鍵成功因素	主要的風險
• 腦力激盪 • 製作原型 • 測試 • 挑選	• 跟來自組織各部門的人合作 • 放眼未來的思考能力 • 花時間探索多種商業模式構想	• 削弱或壓制大膽的構想 • 太快就愛上某些構想

設計階段的主要挑戰，就是要設計出一些大膽的新模式，而且不要輕易放棄。廣泛思考是這個階段的關鍵成功因素。為了要想出突破性的點子，團隊成員在創意發想的過程中，一定要培養拋棄現狀（現有的商業模式和樣式）的能力。此外，追根究柢的設計態度也很關鍵。設計團隊一定要花時間多方探索點子，因為探索不同途徑的過程，很可能會因此找出最佳方案。

避免太早就「愛上」某些構想。花時間想清楚各個可能的商業模式，然後再挑一個你想實行的。試試看不同的合作夥伴模式，尋找其他的收益流，或探索多種配銷通路的價值。藉由嘗試各種不同的商業模式樣式（參見52頁），探索並測試新的可能性。

找外部專家或將來可能的客戶來測試這些可能的商業模式，為每個商業模式編出一個「故事」，看看這些故事會得到什麼回應。但這並不表示要根據每個評論去修改你的模式。你可能會聽到「這個行不通的，顧客不需要」、「這個不可行，違反了產業邏輯」，或是「市場現在還沒辦法接受」等等回應。這類評論顯示了前方可能的障礙，但不應該視為攪局。更深入的探索之後，你很可能就會把模式修改得更完美。

1990年代晚期，卡迪爾（Iqbal Quadir）想把手機推廣到孟加拉貧窮農民的過程，就是個很有力的例子。大部分產業專家都否決了他的想法，說貧窮農民有其他更基

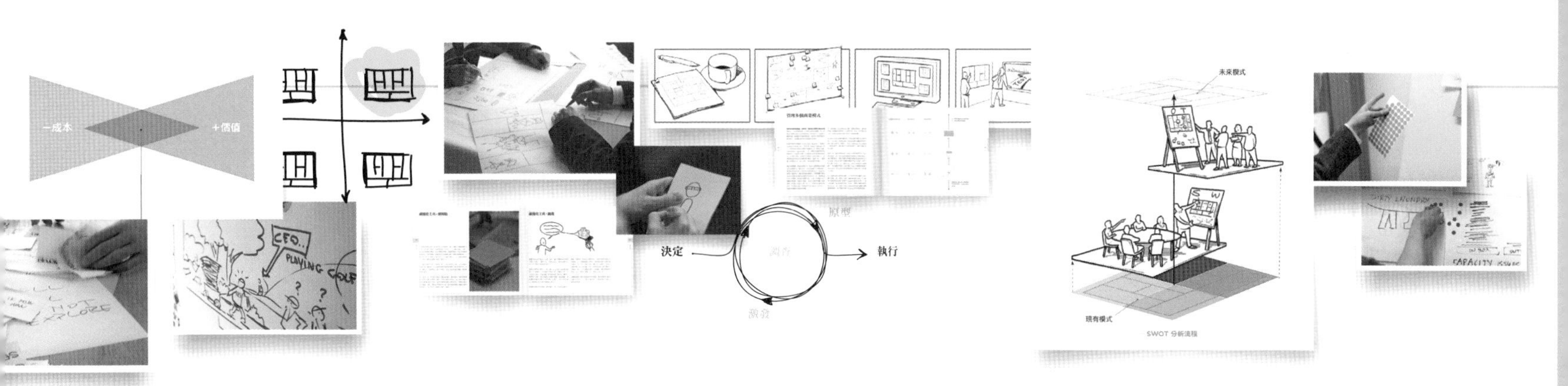

本的需求，不會在手機上頭花錢。但是由於跟通訊產業外的人接觸並尋求回應，因而與小額信貸機構農民銀行結成合作夥伴關係，這也成為鄉村電話公司商業模式的基礎。跟專家意見恰恰相反，貧窮農民的確願意在手機通訊上頭花錢，而鄉村電話公司則成為孟加拉最大的電信營運商。

企業組織要如何進行

不要封殺大膽的點子　一般企業組織通常都會傾向於將大膽的商業模式點子修改得柔和些。你的挑戰是要去捍衛其中的大膽想法，同時確保實行時不會碰到壓倒性的障礙。

要達到這種微妙的平衡，可以為每個模式做一個風險／報酬側寫檔案。這些檔案可以列出一些問題，例如：損益預估如何？與現有商業模式有哪些潛在衝突？這些衝突可能會如何影響我們的品牌？現有顧客將有何反應？這個側寫檔案可以幫你釐清並處理每個模式的不確定性。模式愈大膽，不確定性就愈高。如果你找出了其中的各種不確定性（例如新的訂價機制，新的配銷通路），就可以製作原型，並在市場中測試，以便更準確預測這個模式正式推出後的表現。

參與式設計　想讓大膽的構想被採用並實行，還有另一個方法，就是在組成設計團隊時，涵蓋度要特別廣。讓不同業務單位、不同層級、不同專業領域的人一起合作。這麼一來，就可以把組織各部分的評論和關切彙整一起，你的設計就比較能預測往後實行上的障礙，甚至還能避免踢到鐵板。

新舊衝突　設計上的一大問題，就是新舊商業模式應該要劃分為二或合併為一。選出正確的設計，可以大幅增加成功的機會（參見232頁）。

避免聚焦於短期　要避免聚焦於「第一年收益可能很高」之類的點子。尤其是大公司，長期的絕對成長可能會很大。比方說一個年營業額50億美元的公司，只要4%的成長率，就可以製造出2億美元的新收益。能在第一年就達到這種收益的突破性商業模式很少（要達到這樣的收益，就得有160萬個新顧客，每個人付125美元的年費）。因此，在探索新的商業模式時，必須放眼長期的發展，否則你的組織可能就會錯失很多未來的成長機會。這樣想好了，你猜得出Google第一年賺了多少錢嗎？

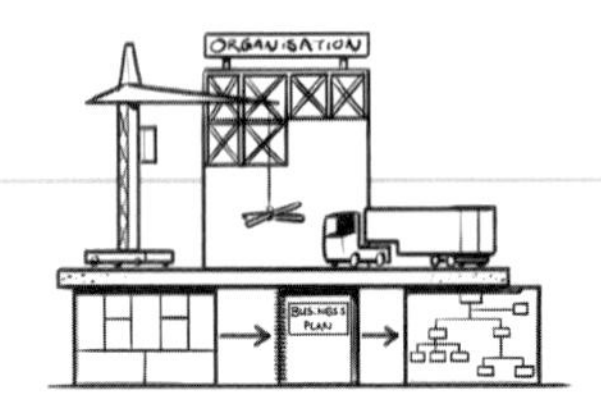

實行

實地執行商業模式原型

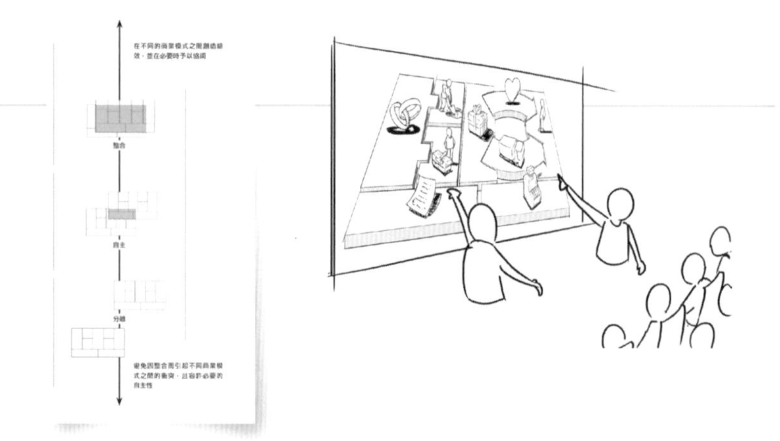

活動	關鍵成功因素	主要的風險
• 溝通與涉入 • 執行	• 盡力做好專案管理 • 迅速調整商業模型的能力與意願 • 協調新舊商業模式	• 動力減弱或逐漸消失

本書的焦點是了解並發展出創新的商業模式，但我們也要提出一些執行新模式的建議，尤其是針對既有的企業組織來說。

一旦來到商業模式設計的最後階段，就會開始把整個設計轉化為一個實際執行的模式。其中包括界定所有相關專案的目的、具體列出里程碑、整理所有的相關法規、編制詳細預算與方案企畫書等等。通常會用一份商業計畫書列出實施階段的大綱，再以一份專案管理文件詳細列舉說明。

尤其要注意的是處理不確定性。這表示要密切監控風險／報酬的預期和實際結果是否出現落差。同時，這也表示要發展出一個可以順應市場回應的機制，以便迅速調整你的商業模式。

例如當年Skype大獲成功的初期，每天都有數萬名新客戶加入，該公司必須迅速開發出各種符合成本效率的機制，以應付用戶回應和投訴。否則各種費用就會暴漲，而用戶的不滿也會迫使該公司窮於應付。

企業組織要如何進行

主動管理「路障」 想讓一個新的商業模式成功，首要因素早在真正實行前就已準備妥當了，那就是在動員、了解及設計階段時，來自組織各部門的參與。這樣跨部門的參與方式，使得新模式在還沒實行前，就早已獲得大家的認同，也消除了障礙。公司內部跨功能的深度參與，讓你可以在為新的商業模式擬定企畫書之前，就可以提出你的任何顧慮。

贊助人對專案的支持 第二個成功因素，就是有贊助人持續地公開表達支持，向大家表示這個商業模式設計專案的重要性和正當性。這對於防止既得利益者暗中破壞，是非常關鍵的一個環節。

新舊商業模式的關係 第三個因素，就是為你的新商業模式創造出正確的組織架構（參見232頁管理多個商業模式）。應該要獨立成為另一家公司，或是成為母公司底下的一個業務單位？新模式能和既有的商業模式共享資源嗎？新公司會沿襲母公司的組織文化嗎？

溝通活動 最後，舉辦一個能見度高、多管道的內部溝通活動，宣告這個新的商業模式，這會幫你消除組織內對新模式的恐懼。就像前面所說的，說故事和視覺圖像化的方式是很有力、吸引人的工具，可以幫助人們了解新商業模式的邏輯和基本原理。

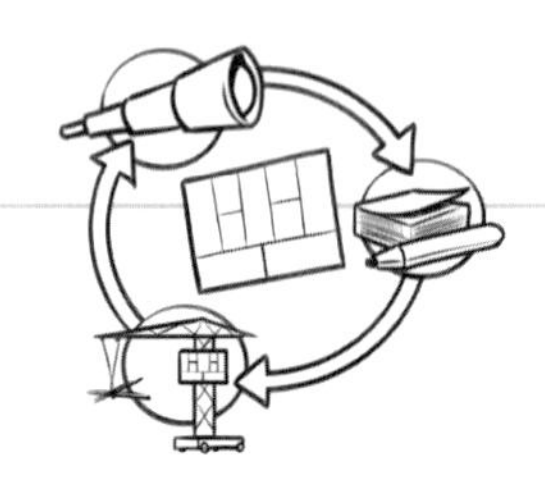

管理

依照市場的回應，調整並修改商業模式

活動	關鍵成功因素	主要的風險
• 檢視環境 • 持續評估你的商業模式 • 重新思考商業模式，或為它注入活力 • 調整商業模式，使之能與企業各部門密切合作 • 管理不同商業模式之間的綜效或衝突	• 長期觀點 • 主動性 • 商業模式的統轄單位	• 無法調整，成為自身成功的犧牲品

對於成功的組織來說，開創一個新商業模式或重新思考既有的商業模式，不是只做一次就好，而是要在實行後仍持續下去。到了管理階段，要持續評估模式與檢視外部環境，以了解這個模式在長期狀況下，可能會如何受外界因素影響。

組織內的策略團隊（如果沒有，就新成立一個），應該至少有一個人是負責商業模型及其長期演變的。考慮定期舉辦跨功能團隊的研習營，以評估你們的商業模式。這有助於你判斷一個商業模式需要小幅調整或徹底檢查。

最理想的狀況下，改進或重新思考組織的商業模式，應該是每個員工都念茲在茲的任務，而非只是管理高層認真在思考的問題。有了商業模式圖這個傑出的工具，就可以讓組織上下全員都清楚了解自己的商業模式。新的商業模式點子往往會從組織中最想不到的地方冒出來。

對於市場演化的主動反應，也愈來愈重要。把組織內的多個商業模式視為一個「資產組合」，予以管理。我們活在一個迫切需要商業模式的時代，而成功的商業模式壽命也愈來愈短。就像傳統商品的生命週期管理一樣，我們都需要開始思考一個議題：換掉目前賺錢的商業模式，代之以成長式的商業模式，以因應明天的市場。

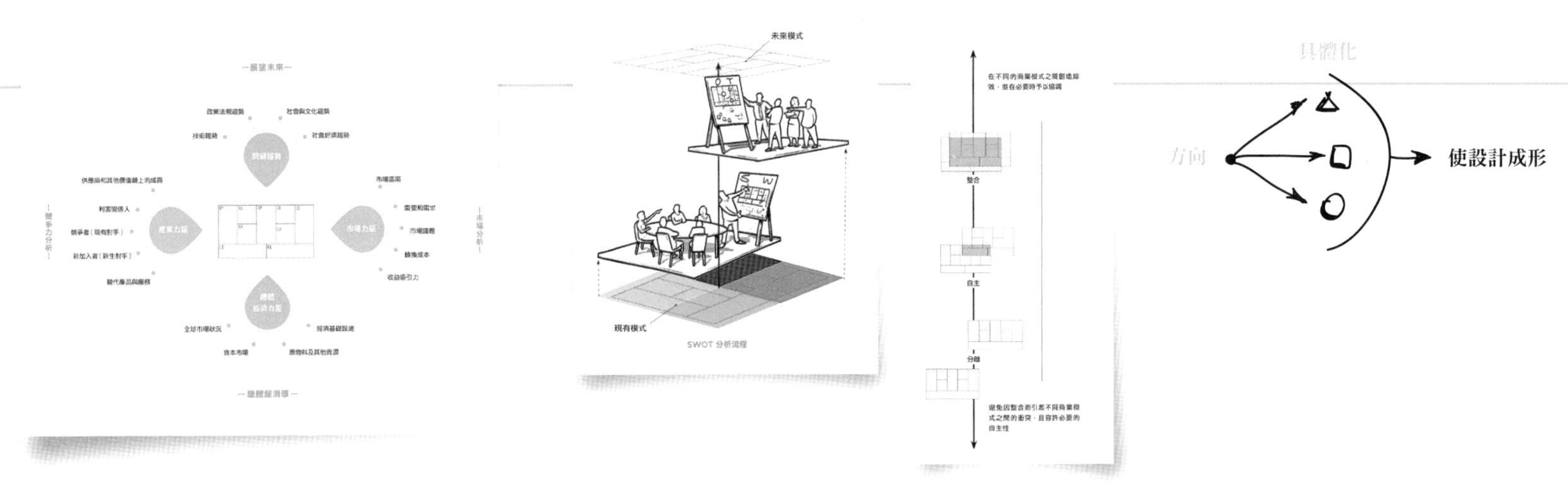

戴爾電腦當年首創接單式生產（build-to-order）形式與線上直接銷售，顛覆了個人電腦產業。多年來，戴爾成功地建立了產業領導者的地位，卻未能全盤重新思考這個一度具有破壞性的商業模式。如今，產業環境已經改變，成長和利潤早已經轉往其他市場，不再屬於個人電腦市場了，戴爾卻仍然冒險堅守商品同質化的個人電腦市場。

企業組織要如何進行

商業模式統轄單位　考慮成立一個「商業模式統轄單位」，以協助公司內部更妥善管理商業模式。這個單位的角色是協調各個商業模式、與相關人士溝通、著手創新或重新設計專案，以及追蹤組織內各個商業模式的整體發展。此外，這個單位也應該管理代表整個組織的「母體」商業模式。這個母體樣板可以當成組織內部每個商業模式專案的參考點。母體商業模式也有助於促進不同功能的單位（例如經營、製造或銷售）有效協調，達成組織的各種目標。

管理綜效或衝突　商業模式統轄單位的主要任務之一，就是讓各個商業模式彼此協調，以利用期間的綜效，或是避免引發衝突。組織裡的每個商業模式都有一張商業模式圖，有助於闡明全貌，達到更好的配置。

商業模式組合　成功的企業組織，應該主動管理各個商業模式的組合。許多曾經在音樂產業、報業、汽車產業大獲成功的公司，就是因為沒能主動檢視他們的商業模式，而陷入危機。要避免這種惡果的好方法，就是發展出一個包含各個商業模式的「資產組合」，用賺錢的業務來補貼那些針對未來發展的商業模式實驗。

初學者心態　保持初學者的心態，免得成為自身成功的犧牲品。我們都必須不斷檢視環境，持續評估我們的商業模式。定期重新檢視你的商業模式，可能會發現一個成功的商業模式需要大修的時間，比你原先以為的還要早。

WHAT ELSE?

你還遺漏了什麼？

原型製作，可以說是這本書提供給你的最重要工具。

我的推論是因為：企業組織在創新商業模式的過程中，會遭受到龐大的壓力和阻力。因此製作原型是一個很有效的策略——可以在整個流程中，得到所需要的支持。

——Terje Sand，挪威

當某個組織想改進它的商業模式時，通常都是因為出現了一些漏洞。

把你現行的商業模式視覺化，就能明白顯示出漏洞，並使之成為具體的改善項目。

——Ravila White，美國

企業組織中常常有大量的「產品創意」從未被認真看待過，因為這些點子乍看之下並不適合現行的主要商業模式。

——Gert Steens，荷蘭

不要太執著於第一個點子或第一次執行。建立回饋迴路，監控早期的警示訊號，以明確挑戰你原始的概念，而且必要時要願意且能夠全盤改變。

——Erwin Fielt，澳洲

免費增值的商業模式就像保險的顛倒版——太中肯了！讓我很想把其他的模式也顛倒過來看！

——Victor Lombardi，美國

不管是既有的公司或是規畫中的公司，商業模式是它的**「核心內容」**，也可說是一則**「短篇故事」**。至於商業計畫書，則是「行動綱領」，或是一個「完整的故事」。

——Fernando Saenz-Marrero，西班牙

我跟非營利組織合作時，告訴他們的第一件事就是，他們其實有一個「商業」（模式），他們必須創造並獲得價值，無論這個價值是來自捐款或會費等等。

——Kim Korn，美國

以終為始，在「開始」時，要先了解「終點」在哪裡，同時採取最終客戶的觀點。

——Karl Burrow，日本

你的 **獲利模式不是獲利本身**

這是一種助你思考下一步的方法。重點在於反覆測試。

——Matthew Milan，加拿大

安排出一個商業模式圖是一回事，但是要創造出一個突破性的創新商業模式，就要借助其他產業的有用工具，比如設計業。

——Ellen Di Resta，美國

亞拉文（Aravind）眼科醫院利用免費增值的商業模式，讓印度窮人得以免費動眼科手術。商業模式創新確實可以改變世界！

——Anders Sundelin，瑞典

我發現，儘管大部分的經理人都了解策略概念，但要他們把這些概念應用在自己的組織層級上，卻相當困難。

然而，有關商業模式的討論，可以將高層次概念與日常決策聯繫起來，兩者在此找到了共識。

——Bill Welter，美國

我從1990年代晚期開始，就常在使用者經驗型態的專案中，運用角色、情境描繪、視覺化、同理心地圖等技巧。過去幾年來，我看到這些技巧在策略／商業層面出奇地有效。

——Eirik V Johnsen，挪威

要解決人類的現狀問題，就必須重新思考如何創造價值、為誰創造價值。因此，商業模式創新無疑是組織、溝通及執行這個新思維的最佳工具。

——Nabil Harfoush，加拿大

我對人們如何利用商業模型圖，把技術創意整合到模式中深感興趣。我們一直在探索要把技術創意獨立出去（在財務層之上或之下），但現在決定要當成九個關鍵區塊的備註。然後我們要回頭去開發出另一個整合技術計畫。

——Rob Manson，澳洲

多邊平台在商業模式層面上其實相當簡單，困難在於執行：要吸引補貼的一邊、為兩邊訂價、垂直或水平整合，以及配合兩邊的市場規模，改變商業模式。

——Hampus Jakobsson，瑞典

商業模式創新結合了創造力與結構法──兩邊都是最佳選擇。

——Ziv Baida，荷蘭

我們很多客戶對於自己的商業模式都缺乏整體的概念，而且往往只專注於提出當前的問題。商業模式圖提供了一個框架，幫大家釐清為何、何者、何事、何時、何地以及如何的問題。

——Patrick van Abbema，加拿大

按我個人喜歡的想法是，利用這些工具去設計出一個商業模式，並在一個組織的引擎蓋下修補。

——Michael Anton Dila，加拿大

商業模式有好幾千個，而有興趣研究的人更是成千上萬。

——Steven Devijver，比利時

在商業創新期間，能夠簡單扼要地解釋模式，並激勵非專業人士加入，是非常重要的。

——Gertjan Verstoep，荷蘭

很多公司的商業模式不是很糟糕，就是不適用，我們已經為這樣的公司工作太久又太辛苦了。

——Lytton He，中國

商業模式一詞，如今已經被濫用了，其實有時指的是對企業構成元素的片面了解（大部分只涉及財務與收益面）。

——Livia Labate，美國

要創造持續性的利潤成長、經濟發展，並開創新「市場」與「產業」，商業模式創新是**最有力量的**方式，卻最少被使用。

——Deborah Mills-Scofield，美國

展望

關於前瞻者、開創新局者以及挑戰者，可以如何著手解決商業模式的各項重要議題，希望我們都說明清楚了。也希望我們所提供的語言、工具與技巧、動態設計方法，能幫助你設計出創新且具有競爭力的新模式。然而，還是有很多值得一提的。因此，以下提出五個議題，每個都很值得另外寫成一本書。

第一個是檢視非營利的商業模式：商業模式圖如何在公共部門和非營利機構驅動商業模式創新。第二則是提出以電腦輔助商業模式設計，將如何影響原本以紙本為主的方法，並容許以複雜的手法操縱商業模式元素。第三個是討論商業模式和商業計畫書之間的關係。第四個是新機構或既有機構在執行商業模式時，會發生什麼樣的問題。第五個話題，則是探討如何讓商業模式與IT更協調一致。

超越利潤的商業模式

商業模式圖的運用絕對不僅限於營利公司。你也可以很容易的把這個技巧，應用在非營利機構、慈善組織、公共單位，以及非營利社會企業。

每個組織都有商業模式，「商業」這個字眼在此並非如字面所示。為了要存活，每個創造並傳送價值的組織一定要製造出足夠的收益，以負擔其費用，這就是一種商業模式。差別只不過是在於焦點：營利事業的目標是利潤極大化，但以下將要討論的組織，則有很強的非財務任務，專注於生態、社會慈善、公共服務職責等。我們發現，不妨以創業家提姆·克拉克（Tim Clark）所建議的「企業模式」（enterprise model）一詞，用在這類組織上。

我們將非營利模式分為兩類：一是第三方資助的企業模式（例如慈善組織、政府）；二是有強烈的生態或／和社會任務，所謂三重盈餘（triple bottom line）的企業模式（「三重盈餘」指的是運作時要考慮到環境、社會、財務成本）。這兩者的主要差別在於收益來源，但直接的影響，就是兩者的商業模式樣式及驅動因素截然不同。很多組織正在實驗將這兩種模式合一，希望能取兩者的好處。

第三方資助模式

在這種企業模式中，產品或服務的接受者並不是付錢的人。為產品和服務出錢的是第三方，可能是捐贈人，也可能是公部門。第三方付錢給這類組織，去完成一個具有社會、生態或公共服務性質的任務，例如政府付錢（亦即間接由納稅人付錢）給學校，以提供教育服務。同樣的，英國大型非營利組織樂施會（Oxfam）的捐款人，出錢資助該組織的目的，是為了消除貧窮與社會不公。第三方很少會期待能換來直接的經濟利益，不同於廣告主。廣告主同樣也是第三方資助者，卻是營利組織模式的角色之一。

第三方企業模式的風險之一，就是創造價值的誘因有可能出現偏差。第三方出資者變成主要的「顧客」，因此可以這麼說，產品或服務的接受者就只是照單全收而已。由於這類組織的存在要靠捐獻，為捐贈人創造價值的誘因，有可能強過為接受者創造價值。

這並不是說，第三方出資的企業模式不好，而接受者出資的商業模式比較好。傳統商業式的產品與服務銷售，不見得總能行得通：教育、醫療保健、水電等公用服務，就是明顯的例子。第三方資助的企業模式所衍生的問題，以及誘因偏差所導致的風險，沒有簡單的答案。我們必須探索哪些模式合理，然後努力設計出理想的解決方案。

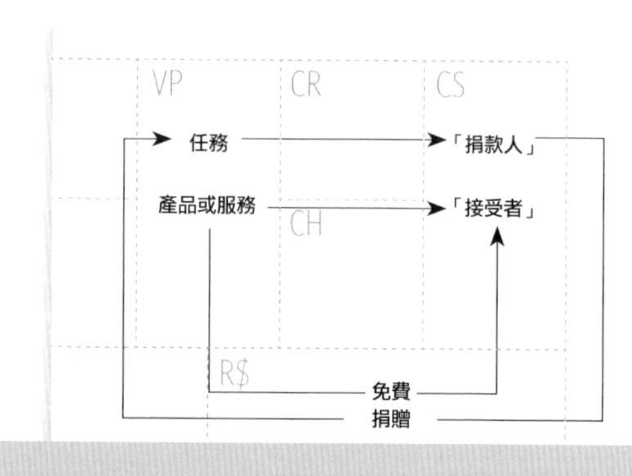

孟加拉的村民太窮，用不起電話，所以鄉村電話公司就與小額信貸公司鄉村銀行合作，提供當地婦女小額貸款來購買手機。這些婦女再把電話服務賣給村民，償還貸款，賺得收入，也改善了自己的社會地位。

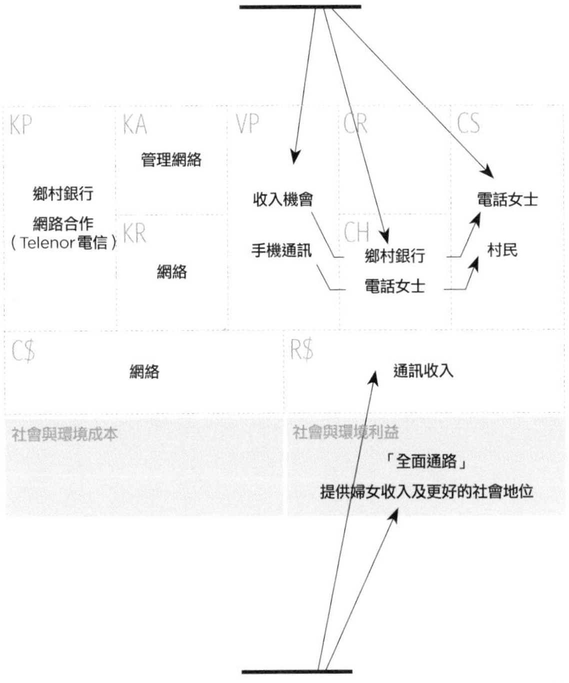

鄉村電話公司不光是建立了幾近全面性的電話服務通路、賺得利潤，同時也因為提供「電話女士」賺錢的機會、改善她們的社會地位，而在孟加拉造成深遠的社會影響。

要解決我們這個世代的主要問題，必須採取大膽的新商業模式

三重盈餘商業模式

前面我們提到過紐約的投資銀行家卡迪爾，著手建立鄉村電話公司的故事。他的目標，是為祖國孟加拉的偏遠鄉村地帶，提供普遍的電話通訊服務。他以一個營利模式達到這個目標，同時對孟加拉鄉村造成了深遠的正面影響。最後，鄉村電話公司為鄉村地帶超過二十萬名婦女提供了賺取收入的機會，提高她們的社會地位，以手機網路聯繫起六萬個農村、一億人民，賺得利潤，同時也成為孟加拉政府最大的繳稅大戶。

為了讓三重盈餘商業模式也能適用，我們在原先的商業模式圖上多加了兩個結果：(1)此商業模式所帶來的社會與環境成本（亦即負面影響），(2)此商業模式所帶來的社會與環境利益（亦即正面影響）。就像要增加利潤，就要將財務成本極小化、收入極大化一樣，三重盈餘模式所要追求的，是社會與環境的負面影響極小化，同時將正面影響極大化。

電腦輔助商業模式設計

麥克是一家大型金融集團的資深商業分析師，正在協助24名高階主管進行為期兩天的研習營，此時第一天的活動剛結束。他收起了與會者畫在大型海報紙上的種種商業模式的原型和點子，然後匆匆走進他的辦公室。

在辦公室裡，麥克和他的團隊把那些點子輸入一個電腦輔助商業協同設計程式中，以進一步發展原型。在海外工作的商業分析師，則連線補上資源成本與活動成本，並計算潛在的收益流。接下來軟體跑出了四個不同的財務方案，外加每個方案的商業模式數據和原型圖表，印在大張海報紙上。次日早晨，那些高階主管來參加第二天的研習營時，麥克就把這些結果拿出來，供大家討論每個原型的潛在風險和報償。

上述的情節還沒有成真，但很快就會了。印在大張海報紙上的商業模式圖和一大盒便利貼，仍然是創意發想及製造出創新商業模式點子的最佳工具。但這種以紙本為主的方法，可以在電腦的協助之下，予以擴展。

要把一個商業模式原型轉為試算表很花時間，而且原型的每個變動，通常都要額外動手修改試算表。電腦輔助系統可以自動完成這些事，而且可以在轉瞬間，做出各式各樣的商業模式模擬。此外，有了電腦支援，讓商業模型的創造、儲存、修改配置、追蹤、傳送變得容易太多了。這樣的支援，對於分隔兩地的合作團隊來說，幾乎是不可或缺的。

既然我們已經可以在跨洲際的情況下，讓多個團隊一起設計、模擬、建造飛機或開發軟體；卻還得關在同一個會議室、用紙筆修改具有高度價值的商業模式，這不是很奇怪嗎？是該把微處理器的速度和效能，應用在新商業模式的開發與管理上頭了。設計創新的商業模式當然需要人類的創意，但電腦輔助系統可以協助我們，以更細緻、更複雜的方式，配置商業模式。

有個建築領域的例子，有助於描繪出電腦輔助設計的威力。1980年代，所謂的電腦輔助設計（Computer Aided Design，簡稱CAD）系統開始變得比較便宜，也慢慢被各建築師事務所採用。CAD讓建築師創造3D模型和原型更容易也更便宜。他們為建築業帶來了速度、整合及更完善的協同運作、模擬，以及更好的規畫。不斷重新繪製和共用藍圖這類繁瑣的手工，逐漸被淘汰掉，開啟了一整個世界的新機會，例如迅速的視覺3D模擬和原型製作。今天，紙本的繪圖和CAD和樂共存，各自保留了自己的優勢和弱點。

電腦輔助商業模式原型製作的編輯器：www.bmdesigner.com

在商業模式的領域中，電腦輔助設計系統也讓很多工作變得更簡單、更迅速，同時展現出前所未見的機會。至少，CAD系統可以協助商業模式的視覺化、儲存、配置修改、追蹤、註解及溝通。更複雜的功能包括配置多層或不同的商業模式版本，或是動態地移動商業模式內的元素，並即時評估其影響。精密的系統可以促進商業模式的回應、儲存商業模式的樣式及現有構成要素，並讓商業模式的發展與管理可以發送出去、模擬模型，或是與其他的企業系統整合(例如企業資源規畫或企業流程管理等系統)。

電腦輔助商業模式設計系統，很可能會隨著介面的改進而更完善。在大型觸控螢幕上修改商業模式，會讓電腦輔助設計更接近直覺式的紙本方法，也更加強了可用性。

	紙本	電腦輔助
優點	• 紙本或海報式的商業模式圖製作容易，而且幾乎不限場地都能使用 • 紙張和海報式的商業模式圖限制很少，不用學習任何特定的電腦應用程式 • 非常直覺式，而且適合在團體活動中使用 • 只要一個夠大的平面，就能激發創意和點子	• 易於創造、儲存、修改及追蹤商業模式 • 可以遠距合作 • 迅速、全面性的財務模擬或其他模擬 • 提供商業模式設計的指導(評論系統、商業模式數據庫、模式點子、控管機制)
應用	• 一張餐紙就可描繪、了解及解釋商業模式 • 多人合作的腦力激盪聚會，開發商業模式的點子 • 商業模式的合作評估	• 與遠距團隊協同合作，進行商業模式設計 • 對商業模式進行複雜的配置(導航、多層式商業模式、合併商業模式) • 深入、全面性的分析

商業模式與營運計畫書

營運計畫書的目的，是在組織內或組織外，描述並傳達一個營利或非營利提案的內容，以及如何實行。營運計畫書背後的動機，可能是要對潛在投資者或組織內部的利害關係人「推銷」一個方案。營運計畫書，也可能是一份執行指南。

事實上，你為商業模式所做的設計及全盤思考，就是你寫營運計畫書的一個絕佳基礎。我們建議一份完整的營運計畫書，其結構要分成幾個部分：團隊、商業模式、財務分析、外部環境、執行說明，以及風險分析。

團隊

創投資本家特別重視的營運（創業）計畫書元素，就是管理團隊。這個團隊有足夠的經驗、見識，且關係夠多到可以達成他們提出的計畫嗎？團隊成員有成功的過往資歷嗎？強調為何你的團隊有適當的人選，能成功建立並執行你所提出的商業模式。

商業模式

這個部分要展現商業模式的吸引力。利用商業模式圖，直接向對方提供這個商業模式的視覺化圖像。最理想的方式是以圖像畫出各個元素，然後，描述價值主張，展示出顧客需求的證據，並解釋你們會如何接觸這個市場。善用故事。強調你目標客層的吸引力，以激起對方的興趣。最後，描述你建立並執行這個商業模式所需要的關鍵資源及關鍵活動。

財務分析

傳統上，這個部分是營運計畫書中的重要元素，會吸引很多關注。你可以根據你商業模式圖的構成要素初步計算，並估計可以取得多少顧客；還要再納入損益平衡分析、關於銷售的情境描繪、開辦成本等多種元素。商業模式圖也可以協助計算資本支出、估計其他執行成本。總成本、總收益，以及現金流量的規畫，可以決定你所需要的資金。

外部環境

營運計畫書的這個部分，是描述你的商業模式在外部環境中的定位。本書稍早談到的四種外部力量（參見201頁）可為這部分的敘述提供基礎。摘要介紹你這個商業模式的競爭優勢。

執行說明

這個部分要說明的是，如果要落實你的營運計畫，必須付出什麼、又要如何去做。摘要介紹所有方案和里程碑。提案中要附上預定進度甘特圖（Gantt chatt），概述執行的時間表。各方案可以直接取材自你的商業模式圖。

風險分析

最後要描述限制因素和障礙，以及關鍵的成功因素。這些可以從你商業模式圖的SWOT分析中取材（參見216頁）。

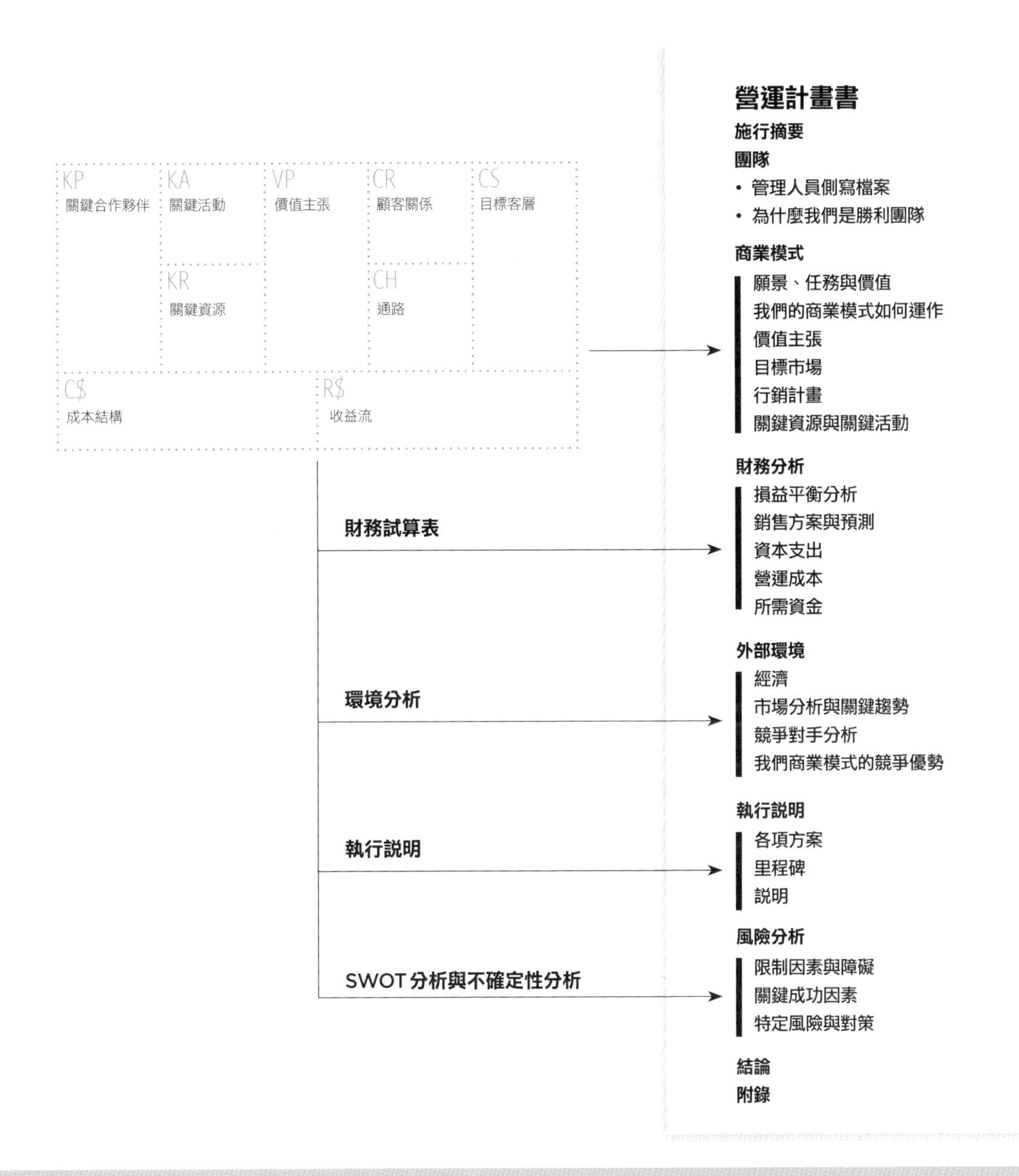
KP
關鍵合作夥伴
KA
關鍵活動
VP
價值主張
CR
顧客關係
CS
目標客層
KR
關鍵資源
CH
通路
C$
成本結構
R$
收益流
財務試算表
環境分析
執行説明
SWOT 分析與不確定性分析
營運計畫書
施行摘要
團隊
• 管理人員側寫檔案
• 為什麼我們是勝利團隊
商業模式
願景、任務與價值
我們的商業模式如何運作
價值主張
目標市場
行銷計畫
關鍵資源與關鍵活動
財務分析
損益平衡分析
銷售方案與預測
資本支出
營運成本
所需資金
外部環境
經濟
市場分析與關鍵趨勢
競爭對手分析
我們商業模式的競爭優勢
執行説明
各項方案
里程碑
説明
風險分析
限制因素與障礙
關鍵成功因素
特定風險與對策
結論
附錄

在組織內執行商業模式

我們已經介紹過商業模式創新的基本要點，也解釋了不同樣式的動態，並大略敘述了開創與設計商業模式的種種技巧。當然，關於執行方面，還有很多可以談的，因為這是一個商業模式成敗的關鍵。

我們已經提過如何管理多個商業模式的問題（參見232頁），現在我們轉向執行的另一個面向：把你的商業模式轉變成一家永續經營的企業，或是在一個既有的組織中執行這個商業模式。為了說明，我們綜合了商業模式圖和蓋爾布瑞斯（Jay Galbraith）的星狀模式（Star Model），建議一些組織設計的面向，可供你在執行商業模式時加以考慮。

蓋爾布瑞斯列出了一個組織應該有的五種基本組成要素：策略、結構、流程、獎酬、人員。我們把商業模式放在星狀的中央，當成連結五個領域的「重心」。

策略

策略驅動商業模式。你希望在新的市場區隔裡有20%的成長嗎？那麼你的商業模式裡面，就應該有新的目標客層、通路，或是關鍵活動。

結構

一個商業模式的特徵，決定了這個模式執行時最理想的組織結構。你的商業模式是需要高度中央極權，或是分權式的組織結構？如果你在一個既有組織裡執行這個商業模式，新的營運系統應該併入原組織或獨立出去（參見233頁）？

流程

每個商業模式都需要不同的流程。在低成本商業模式下的經營流程，就應該精簡而高度自動化。如果你的商業模式是要販售高價值的機器，品管流程就一定要非常嚴格。

獎酬

不同的商業模式需要不同的獎酬制度。獎酬制度一定要使用恰當的誘因，以激勵員工做正確的事。你的商業模式需要直銷人員以取得新顧客嗎？那麼你的獎酬制度，就必須是高度業績導向。你的模式很仰賴顧客滿意度嗎？那麼你的獎勵制度就必須反映出這項承諾。

人員

某些商業模式需要特定心態的人員。比方說，有些商業模式需要特別有創業技巧的人，以便將產品與服務推到市場上。這樣的模式就必須給員工較大的空間，這表示要雇用的是積極主動、可靠且思考不受傳統局限的人。

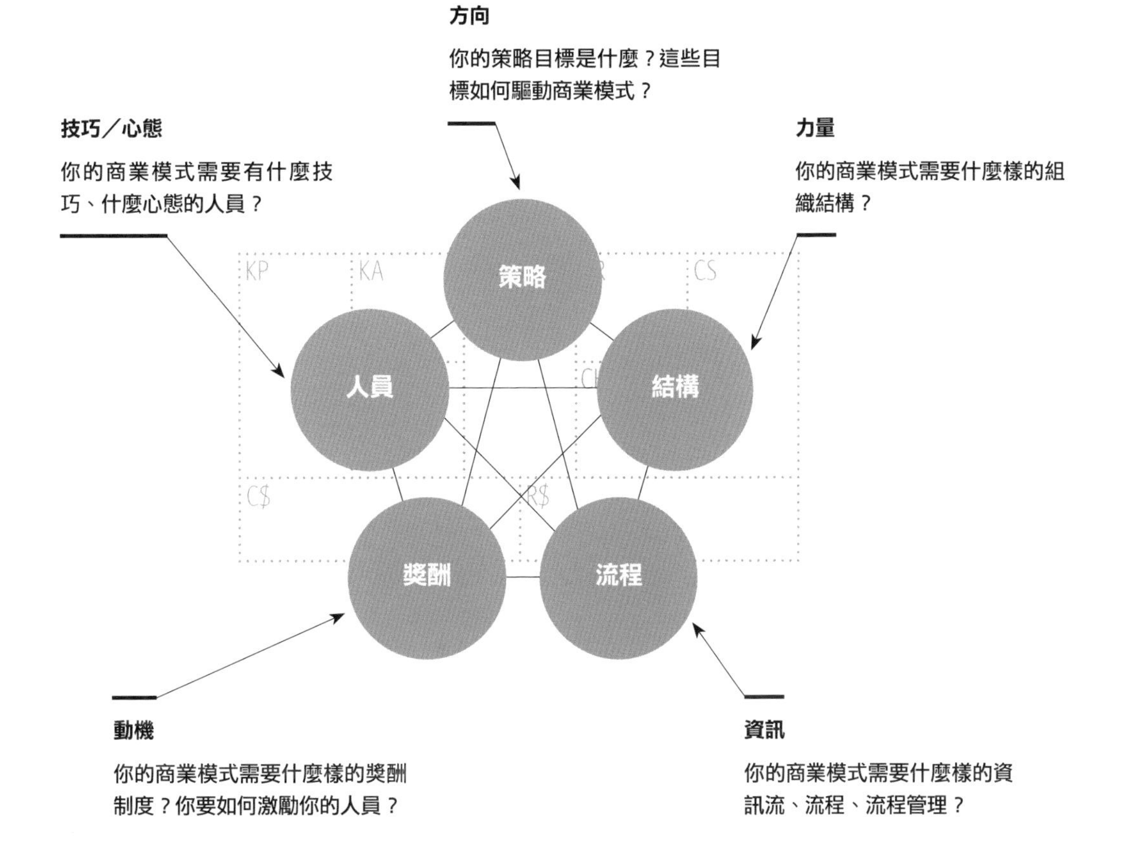
方向
你的策略目標是什麼？這些目標如何驅動商業模式？
技巧／心態
你的商業模式需要有什麼技巧、什麼心態的人員？
力量
你的商業模式需要什麼樣的組織結構？
KP
KA
CS
C$
R$
策略
人員
結構
獎酬
流程
動機
你的商業模式需要什麼樣的獎酬制度？你要如何激勵你的人員？
資訊
你的商業模式需要什麼樣的資訊流、流程、流程管理？

整合IT與業務

協調資訊系統與商業目標達成一致，是一個企業成功的基礎。執行長會問他的資訊長，我們有正確的IT嗎？我們怎麼知道？我們要如何讓我們的業務與IT系統達到最一致的狀態？

美國著名的資訊科技研究暨管理諮詢公司Gartner在一份名為「建立正確的IT系統：使用商業模式」的報告中，特別指出這個議題。Gartner主張，商業模式圖是個很有威力的工具，可以協助執行長了解在企業運作時，要如何避免陷入經營細節的泥沼中。Gartner建議各公司的執行長利用商業模式圖，來協調IT系統和企業流程；這也能協助他們即使對戰略議題沒有深入了解，也可以做出協調業務和IT的決策。

我們發現將商業模式圖和企業架構方法搭配使用，是很有用的做法。很多企業架構概念，都從三個觀點來描述企業：業務觀點、應用程式觀點，以及技術觀點。我們建議利用商業模式圖來引導業務觀點，然後再與應用程式觀點及技術觀點協調一致。

在應用程式觀點的部分，你要描述的是能夠加強你商業模式的應用程式組合（例如推薦系統、供應鏈管理應用程式等等），並描述商業模式所有的資訊需求（例如顧客資料檔案、倉儲等等）。在技術觀點，則是描述驅動你商業模式的技術基礎設施（例如伺服器群、資料儲存系統等等）。

該文作者威爾（Peter Weill）和維泰爾（Michael R.Vitale），提出另一個有趣的方式探索IT配置：他們把IT基礎設施服務的種類與商業模式搭配。兩人提議商業模式，應該要能與應用基礎設施、通訊管理、數據管理、IT管理、保全、IT架構、通路管理、IT研發以及IT訓練及教育等協調一致。

下頁我們就把這些元素結合在一張圖表裡，協助你針對業務與IT的協調，提出一些基本問題。

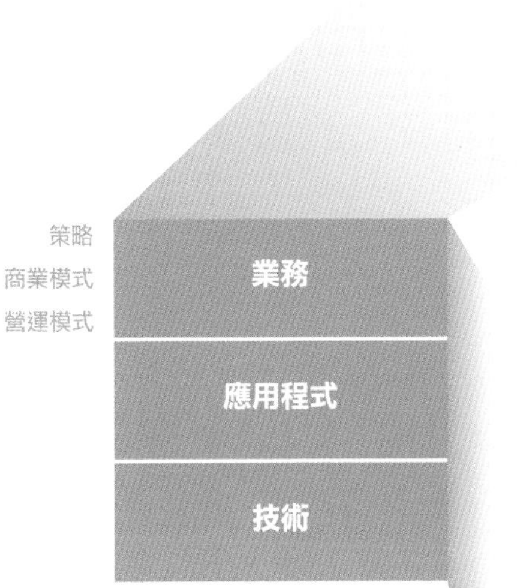

我的商業模式所需要的流程和工作流，IT要如何支援？

我需要獲得、儲存、分享、管理什麼資訊，以改善我的商業模式？

我的應用程式組合如何影響商業模式裡的特定動態？

IT架構、標準及介面的選擇，如何限制或影響我的商業模式？

我的商業模式要成功，需要哪些重要關鍵的技術基礎設施（例如伺服器群、通訊設施等等）？

我的商業模式中，哪個部分的安全很重要？會如何影響我的IT？

我需不需要在IT訓練與教育上做投資，以加強我的商業模式？

投資IT研發，未來能改善我的商業模式嗎？

關於這本書的誕生

背景

2004年：本書作者奧斯瓦爾德在洛桑大學高等商學院（HEC Lausanne）比紐赫（Yves Pigneur）教授指導下，完成博士論文，主題是談商業模式創新。**2006年**：奧斯瓦爾德在他的商業模式部落格發表這篇博士論文，文中提到的方法廣被全世界應用，其中包括了3M、愛立信、德勤（Deloitte）、Telenor等大型企業。在荷蘭的一個研習營中，顧問公司代表范德皮爾（Patrick van der Pijl）問：**「為什麼沒有一本討論這個方法的專書？」**本書作者決定接受這個挑戰。**不過，放眼書市，每年都有無數談策略及管理的書出版，要如何才能脫穎而出？**

開創新模式

奧斯瓦爾德及比紐赫盱衡時勢，認為**若沒有一個創新的商業模式，就不可能寫出一本有關商業模式創新的書。**他們放棄出版社，開闢了一個網路平台的交流中心，分享他們的書稿。任何對這個主題有興趣的人可以繳交一筆費用，加入這個平台（一開始是24美元，後來設定門檻，漲到243元）。這項創舉，讓本書在製作前就有了財源，同時也打破了傳統策略與管理書的型態，為讀者創造更多價值：這是一本共同創作、高度視覺化的專業書，而且提供了很多練習和研習營的實作範例。

本書關鍵讀者：**有前瞻眼光、有心開創新局……**

創業家／顧問／高階主管

製作於……

寫作：**瑞士洛桑**

設計：**英國倫敦**

編輯：**美國波特蘭**

攝影：**加拿大多倫多**

印製：**荷蘭阿姆斯特丹**

活動：**阿姆斯特丹與多倫多**

出書過程

一開始的核心團隊，包括本書兩位執筆作者及范德皮爾三人，他們開了幾場會議，擬出這本書的商業模式。交流中心開始運作，和世界各地的商業模式創新實踐者一起創作本書。The Movement公司的創意總監Alan Smith得知這個案子後，決定加入支持。最後，交流中心成員Tim Clark發現本書需要一個編輯，也加入了核心團隊。最後加入的要角，是利用視覺化思考解決企業問題的JAM公司。一開始，我們把剛寫完的內容放在交流中心社群，供大家回應討論，因此寫作變得完全透明化。內容、設計、圖表、結構，不斷與全球各地的會員分享，並經過詳盡評論。核心團隊回應每一則評論，並將回應匯集到全書內容與設計上。本書的「預售會」在荷蘭阿姆斯特丹舉行，讓會員可以面對面交流，分享他們商業模式創新的經驗，當天的重頭戲是與JAM公司合作，當場畫出商業模式。尚未完成的書稿印了兩百本特別限量版，還由Fisheye Media製作拍攝了一部寫作過程的影片。反覆校正幾次後，本書定稿終於付梓出版。

使用工具

策略：
- 環境檢視
- 商業模式圖
- 顧客同理心地圖

內容與研發：
- 顧客觀點
- 個案研究

開放式流程：
- 線上平台
- 共同創作
- 未完成作品的分享
- 評論與回饋

設計：
- 開放式設計流程
- 情緒收集板（moodboard）
- 紙上模型
- 視覺化
- 繪圖
- 攝影

數字

9 年的研究與執行

1,360 個評論

470 名共同作者

45 個國家

19 批資料

137,757 出版前網路點閱數

8 個原型

13.18 GB的檔案

200 本草稿試閱本

28,456 張便利貼

77 場論壇討論

4,000+ 個工作時數

287 通Skype電話

521 張照片

參考資料

Boland, Richard Jr., and Collopy, Fred. *Managing as Designing.* Stanford: Stanford Business Books. 2004.

Buxton, Bill. *Sketching User Experience, Getting the Design Right and the Right Design.* New York: Elsevier. 2007.

Denning, Stephen.*The Leader's Guide to Storytelling: Mastering the Art and Discipline of Business Narrative.* San Francisco: Jossey-Bass. 2005.

Galbraith, Jay R. *Designing Complex Organizations.* Reading: Addison Wesley. 1973.

Goodwin, Kim. *Designing for the Digital Age: How to Create Human-Centered Products and Services.* New York: John Wiley & Sons, Inc. 2009.

Harrison, Sam. *Ideaspotting: How to Find Your Next Great Idea.* Cincinnati: How Books. 2006.

Heath, Chip, and Heath, Dan. *Made to Stick: Why Some Ideas Survive and Others Die.* New York: Random House. 2007.

Hunter, Richard, and McDonald, Mark, "Getting the Right IT: Using Business Models." *Gartner EXP CIO Signature report,* October 2007.

Kelley, Tom, et. al. *The Art of Innovation: Lessons in Creativity from IDEO, America's Leading Design Firm.* New York: Broadway Business. 2001.

Kelley, Tom. *The Ten Faces of Innovation: Strategies for Heightening Creativity.* New York: Profile Business. 2008.

Kim, W. Chan, and Mauborgne, Renée. *Blue Ocean Strategy: How to Create Uncontested Market Space and Make Competition Irrelevant.* Boston: Harvard Business School Press. 2005.

Markides, Constantinos C. *Game-Changing Strategies: How to Create New Market Space in Established Industries by Breaking the Rules.* San Francisco: Jossey-Bass. 2008.

Medina, John. *Brain Rules: 12 Principles for Surviving and Thriving at Work, Home, and School.* Seattle: Pear Press. 2009.

Moggridge, Bill. *Designing interactions.* Cambridge: MIT Press. 2007.

O'Reilly, Charles A., III, and Michael L. Tushman. "The Ambi-dextrous Organization." *Harvard Business Review* 82, no. 4 (April 2004): 74-81.

Pillkahn, Ulf. *Using Trends and Scenarios as Tools for Strategy Development.* New York: John Wiley & Sons, Inc. 2008.

Pink, Daniel H. *A Whole New Mind: Why Right-Brainers Will Rule the Future.* New York: Riverhead Trade. 2006.

Porter, Michael. *Competitive Strategy: Techniques for Analyzing Industries and Competitors.* New York: Free Press. 1980.

Roam, Dan. *The Back of the Napkin: Solving Problems and Selling Ideas with Pictures.* New York: Portfolio Hardcover. 2008.

Schrage, Michael. *Serious Play: How the World's Best Companies Simulate to Innovate.* Boston: Harvard Business School Press. 1999.

Schwartz, Peter. *The Art of the Long View: Planning for the Future in an Uncertain World.* New York: Currency Doubleday. 1996.

Weill, Peter, and Vitale, Michael. *Place to Space: Migrating to Ebusiness Models.* Boston: Harvard Business School Press. 2001.

協力創作者

Ellen Di Resta/ Michael Anton Dila/ Remko Vochteloo/ Victor Lombardi/ Matthew Milan/ Ralf Beuker/ Sander Smit/ Norbert Herman/ Karen Hembrough/ Ronald Pilot/ Yves Claude Aubert/ Wim Saly/ Frank Camille Lagerveld/ Andres Alcalde/ Alvaro Villalobos M/ Bernard Racine/ Peter Froberg/ Lino Piani/ Eric Jackson/ Indrajit Datta Chaudhuri/ Jeroen de Jong/ Gertjan Verstoep/ Steven Devijver/ Jana Thiel/ Jeremy Hayes/ Alf Rehn/ Jeff De Cagna/ Andrea Mason/ Jan Ondrus/ Simon Evenblij/ Chris Walters/ Caspar van Rijnbach/ benmlih/ Rodrigo Miranda/ Saul Kaplan/ Lars Geisel/ Simon Scott/ Dimitri Lévita/ Johan fflñrneblad/ Craig Sadler/ Praveen Singh/ Livia Labate/ Kristian Salvesen/ Daniel Egger/ Diogo Carmo/ Marcel Ott/ Atanas Zaprianov/ Linus Malmberg/ Deborah Mills/ Scofield/ Peter Knol/ Jess McMullin/ Marianela Ledezma/ Ray Guyot/ Martin Andres Giorgetti/ Geert van Vlijmen/ Rasmus Rønholt/ Tim Clark/ Richard Bell/ Erwin Blom/ Frédéric Sidler/ John LM Kiggundu/ Robert Elm/ Ziv Baida/ Andra Larin-van der Pijl/ Eirik V Johnsen/ Boris Fritscher/ Mike Lachapelle/ Albert Meige/ Woutergort/ Fanco Ivan Santos Negrelli/ Amee Shah/ Lars Mårtensson/ Kevin Donaldson/ JD Stein/ Ralf de Graaf/ Lars Norrman/ Sergey Trikhachev/ Thomas/ Alfred Herman/ Bert Spangenberg/ Robert van Kooten/ Hans Suter/ Wolf Schumacher/ Bill Welter/ Michele Leidi/ Asim J. Ranjha/ Peter Troxler/ Ola Dagberg/ Wouter van der Burg/ Artur Schmidt/ Pekka Matilainen/ Bas van Oosterhout/ Gillian Hunt/ Bart Boone/ Michael Moriarty/ Mike/ Design for Innovation/ Tom Corcoran/ Ari Wurmann/ Antonio Robert/ Wibe van der Pol/ paola valeri/ Michael Sommers/ Nicolas Fleury/ Gert Steens/ Jose Sebastian Palazuelos Lopez/ jorge zavala/ Harry Heijligers/ Armand/ Dickey/ Jason King/ Kjartan Mjoesund/ Martin Fanghanel/ Michael Sandfær/ Niall Casey/ John McGuire/ Vivian Vendeirinho/ Martèl Bakker Schut/ Stefano Mastrogiacoo/ Mark Hickman/ Dibrov/ Reinhold König/ Marcel Jaeggi/ John O'Connell/ Javier Ibarra/ Lytton He/ Marije Sluis/ David Edwards/ Martin Kuplens-Ewart/ Jay Goldman/ Isckia/ Nabil Harfoush/ Yannick/ Raoef Hussainali/ Walter Brand/ Stephan Ziegenhorn/ Frank Meeuwsen/ Colin Henderson/ Danilo Tic/ Marco Raaijmakers/ Marc Sniukas/ Khaled Algasem/ Jan Pelttari/ Yves Sinner/ Michael Kinder/ Vince Kuraitis/ Teofilo/ Asuan Santiago IV/ Ray Lai/ Brainstorm Weekly/ Huub Raemakers/ Peter Salmon/ Philippe/ Khawaja M./ Jille Sol/ Renninger, Wolfgang/ Daniel Pandza/ Guilhem Bertholet/ Thibault Estier/ Stephane Rey/ Chris Peasner/ Jonathan Lin/ Cesar Picos/ Florian/ Armando Maldonado/ Eduardo Míguez/ Anouar Hamidouche/ Francisco Perez/ Nicky Smyth/ Bob Dunn/ Carlo Arioli/ Pablo M. Ramírez/ Jean-Loup/ Colin Pons/ Vacherand/ Guillermo Jose Aguilar/ Adriel Haeni/ Lukas Prochazka/ Kim Korn/ Abdullah Nadeem/ Rory O'Connor/ Hubert de Candé/ Frans Wittenberg/ Jonas Lindelöf/ Gordon/ Gray/ Slabber/ Peter Jones/ Sebastian Ullrich/ Andrew Pope/ Fredrik Eliasson/ Bruce MacVarish/ Göran Hagert/ Markus Gander/ Marc Castricum/ Nicholas K. Niemann/ Christian Labezin/ Claudio/ D'Ipolitto/ Aurel Hosennen/ Adrian Zaugg/ Louis Rosenfeld/ Ivo Georgiev/ Donald Chapin/ Annie Shum/ Valentin Crettaz/ Dave Crowther/ Chris J Davis/ Frank Della Rosa/ Christian Schüller/ Luis Eduardo de Carvalho/ Patrik Ekström/ Greg Krauska/ Giorgio Casoni/ Stef Silvis/ ronald van den hoff/ Melbert Visscher/ Manfred Fischer/ Joe Chao/ Carlos Meca/ Mario Morales/ Paul Johannesson/ Rob Griffitts/ Marc-Antoine Garrigue/ Wassili Bertoen/ Bart Pieper/ Bruce E. Terry/ Michael N. Wilkens/ Himikel -TrebeA/ Robin Uchida/ Pius Bienz/ Ivan Torreblanca/ Berry Vetjens/ David Crow/ Helge Hannisdal/ Maria Droujkova/

Leonard Belanger/ Fernando Saenz-Marrero/ Susan Foley/ Vesela Koleva/ Martijn/ Eugen Rodel/ Edward Giesen/ Marc Faltheim/ Nicolas De Santis/ Antoine Perruchoud/ Bernd Nurnberger/ Patrick van Abbema/ Terje Sand/ Leandro Jesus/ Karen Davis/ Tim Turmelle/ Anders Sundelin/ Renata Phillippi/ Martin Kaczynski/ Frank/ Ricardo Dorado/ John Smith/ Rod/ Eddie/ Jeffrey Huang/ Terrance Moore/ nse_55/ Leif-Arne Bakker/ Edler Herbert/ Björn Kijl/ Chris Finlay/ Philippe Rousselot/ Rob Schokker/ Stephan Linnenbank/ Liliana/ Jose Fernando Quintana/ Reinhard Prügl/ Brian Moore/ Gabi/ Marko Seppänen/ Erwin Fielt/ Olivier Glassey/ Francisco Conde Fernández/ Valérie Chanal/ Anne McCrossan/ Jose Alfonso Lopez/ Eric Schreurs/ Donielle/ Buie/ Adilson Chicória/ Asanka Warusevitane/ Jacob Ravn/ Hampus Jakobsson/ Adriaan Kik/ Julián Domínguez Laperal/ Marco W J Derksen/ Dr. Karsten Willrodt/ Patrick Feiner/ Dave Cutherell/ Edwin Beumer/ Dax Denneboom/ Mohammed Mushtaq/ Gaurav Bhalla/ Silvia Adelhelm/ Heather McGowan/ Phil Sang Yim/ Noel Barry/ Vishwanath Edavayyanamath/ Rob Manson/ Rafael Figueiredo/ Jeroen Mulder/ Manuel Toscano/ John Sutherland/ Remo Knops/ Juan Marquez/ Chris Hopf/ Marc Faeh/ Urquhart Wood/ Lise Tormod/ Curtis L. Sippel/ Abdul Razak Manaf/ George B. Steltman/ Karl Burrow/ Mark McKeever/ Bala Vaddi/ Andrew Jenkins/ Dariush Ghatan/ Marcus Ambrosch/ Jens Hoffmann/ Steve Thomson/ Eduardo M Morgado/ Rafal Dudkowski/ António Lucena de Faria/ Knut Petter Nor/ Ventenat Vincent/ Peter Eckrich/ Shridhar Lolla/ Wouter Verwer/ Jan Schmiedgen/ Ugo Merkli/ Jelle/ Dave Gray/ Rick le Roy/ Ravila White/ David G Luna Arellano/ Joyce Hostyn/ Thorwald Westmaas/ Jason Theodor/ Sandra Pickering/ Trond M Fflòvstegaard Larsen/ Fred Collopy/ Jana Görs/ Patrick Foran/ Edward Osborn/ Greger Hagström/ Alberto Saavedra/ Remco de Kramer/ Lillian Thompson/ Howard Brown/ Emil Ansarov/ Frank Elbers/ Horacio Alvaro Viana Di Prisco/ Darlene Goetzman/ Mohan Nadarajah/ Fabrice Delaye/ Sunil Malhotra/ Jasper Bouwsma/ Ouke Arts/ Alexander Troitzsch/ Brett Patching/ Clifford Thompson/ Jorgen Dahlberg/ Christoph Mühlethaler/ Ernest Buise/ Emilio De Giacomo/ Franco Gasperoni/ Michael Weiss/ Francisco Andrade/ Arturo Herrera Sapunar/ Vincent de Jong/ Kees Groeneveld/ Henk Bohlander/ Sushil ChatterjivTim Parsey/ Georg E. A. Stampfl/ Markus Kreutzer/ Iwan Schneider/ Linda Bryant/ Jeroen Hinfelaar/ Dan Keldsen/ Damien/ Roger A. Shepherd/ Morten Povlsen/ Lars Zahl/ Elin Mørch Langlo/ Xuemei Tian/ Harry Verwayen/ Riccardo Bonazzi/ André Johansen/ Colin Bush/ Jens Larsson/ David Sibbet/ Mihail Krikunov/ Edwin Kruis/ Roberto Ortelli/ Shana Ferrigan Bourcier/ Jeffrey Murphy/ Lonnie Sanders III/ Arnold Wytenburg/ David Hughes/ Paul Ferguson/ Frontier Service Design, LLC/ Peter Noteboom/ Jeaninne Horowitz Gassol/ Lukas Feuerstein/ Nathalie Magniez/ Giorgio Pauletto/ Martijn Pater/ Gerardo Pagalday Eraña/ Haider Raza/ Ajay Ailawadhi/ Adriana Ieraci/ Daniël Giesen/ Erik Dejonghe/ Tom Winstanley/ Heiner P. Kaufmann/ Edwin Lee Ming Jin/ Markus Schroll/ Hylke Zeijlstra/ Cheenu Srinivasan/ Cyril DurandvJamil AslamvOliver Buecken/ John Wesner Price/ Axel Friese/ Gudmundur Kristjansson/ Rita Shor/ Jesus Villar/ Espen Figenschou-Skotterud/ James Clark/ Alfonso Mireles/ Richard Zandink/ Fraunhofer IAO/ Tor Rolfsen Grønsund/ David M. Weiss/ Kim Peiter Jørgensen/ Stephanie Diamond/ Stefan Olsson/ Anders Stølan/ Edward Koops/ Prasert Thawatchokethawee/ Pablo Azar/ Melissa Withers/ Michael Schuster/ Ingrid/Beck/ Antti Äkräs/ EHJ Peet/ Ronald Poulton/ Ralf Weidenhammer/ Craig Rispin/ Nella van Heuven/ Ravi Sodhi / Dick Rempt/ Rolf Mehnert/ Luis Stabile/ Enterprise Consulting/ Aline Frankfort/Alexander Korbee/ J Bartels/ Steven Ritchey/ Clark Golestani/ Leslie Cohen/ Amanda Smith/ Benjamin De Pauw/ Andre Macieira/ Wiebe de Jager/ Raym Crow/ Mark Evans DM/ Susan Schaper

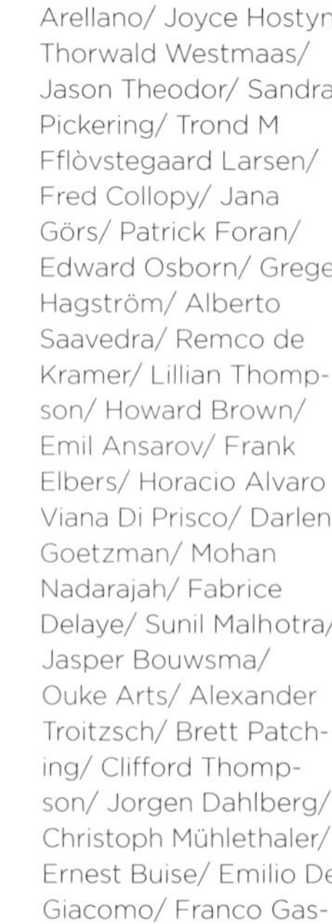

Business Model Generation -
Toronto Meetup (#bmgento)
Monday, November 30 at Centre for Social Innovation
Ticket Information
Ticket Type
Price
Quantity
Visionary
Free
Sold Out
Game Changer
Free
Sold Out
Challenger
Free
Sold Out
Extra Tickets
Free
Order Tickets
Share
When
Monday, November 30 at 6:30 pm
— to —
Monday, November 30 at 8:30 pm
Add to Calendar
Event Information
Join Toronto's business model thinkers as we delve into a book as innovative as its topic, Business Model Generation.
Business Model Generation was written by Alexander Osterwalder, Yves Pigneur, and 470 practitioners from 45 countries. It's been described as a handbook for visionaries, game changers and challengers. This meetup is for those that have read the book and are interested in an open, engaging and practical discussion about business models.
We are looking for ideas for exercises, startups for case studies, and a beer sponsor (seriously).
Your ticket in is your copy of the book (or, for some, your unlucky PayPal receipt).
Where
Centre for Social Innovation
215 Spadina Avenue
4th Floor - Think Tank
Toronto, ON M5T 2C7
Canada
Go to Google Maps
Map
34 People Attending "Business Model Generation - Toronto Meetup (#bmgento)"
Aaron Kaufman
Adam King
Alex Ikonnikov
Andrew Jenkins
Behrouz Hariri
Chris Brooker
Daniel Patricio
The Business Model Canvas
Customer Segments
Relationships
Business Model Generation
Business Model Generation
Business Model Generation
Business Model Generation
Business Model Generation
Business Model Generation
Business Model Generation

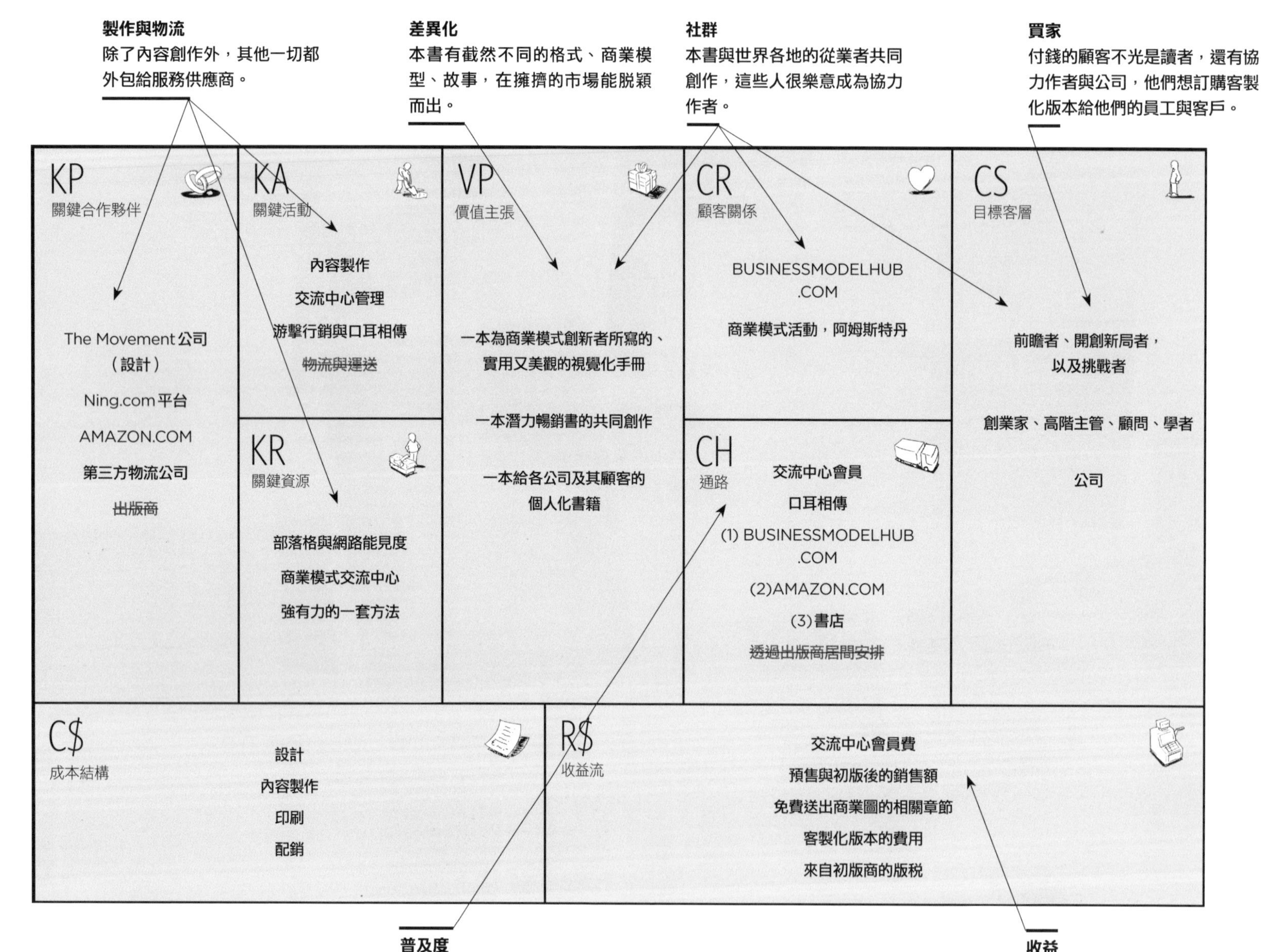

《獲利世代》的商業模式圖

普及度

混合直接與間接銷售通路，同時分階段推出，使得普及度與毛利達到最佳化。這本書的故事，很適合病毒行銷（viral marketing，指利用消費者原有的社交網絡，不斷傳遞與複製傳播內容）及口耳相傳促銷。

收益

出版前便透過預售和協力作者的付費而獲得資金。另外，還有來自客製化版本的收益。

亞歷山大．奧斯瓦爾德 Alexander Osterwalder，作者

奧斯瓦爾德博士是商業模式創新此一主題的作者、演講者、顧問。他與比紐赫共同開發及設計出的創新商業模式實作方法，如今已經被全球各地的多家企業採用，包括3M、愛立信、凱捷管理顧問公司、德勤（Deloitte）、Telenor，以及其他眾多公司。曾協助建立及出售一家策略顧問公司，也參與過對抗愛滋病及瘧疾的全球非營利組織的開發工作，並曾在瑞士洛桑大學從事研究工作。

伊夫．比紐赫 Yves Pigneur，共同作者

從1984年起擔任洛桑大學資訊管理學的教授，及美國亞特蘭大喬治亞州立大學、加拿大溫哥華卑詩大學客座教授。曾任許多研究計畫的主持人，涵蓋資訊系統設計、需求工程、資訊技術管理、創新、電子商務等。

亞倫．史密斯 Alan Smith，創意總監

思考格局大，但也極關注細節。他是The Movement公司的創辦人之一，擅長與客戶合作，將社群知識、商業邏輯、設計思維融合起來，所設計的策略、溝通及互動方案，感覺上就像未來的工藝品，但總能和今天的人緊密聯繫。為什麼？因為他在乎──每個案子，每一天。

提姆．克拉克 Tim Clark，編輯協力

創業領域的教師、作家、演講者，許多觀點都受惠於曾創辦行銷研究顧問公司（現已售出）的經驗，服務過的客戶包括亞馬遜公司、Bertelsmann、美國通用汽車、LLMH，以及PeopleSoft。不論是著作*Entrepreneurship for Everyone*，或是博士論文（主題是探討全球商業模式之可移動性），商業模式思維是他勝出的關鍵。《獲利世代》是他的第四本著作。

派翠克．范德皮爾 Patrick van der Pijl，監製

國際商業模式顧問公司「商業模式公司」的創辦人，協助企業、創業家、管理團隊，以想像、評估及實踐新商業模式的方式，找出經營的新方法。他也協助客戶安排密集的研習營、訓練課程及輔導。

尤傳莉，譯者

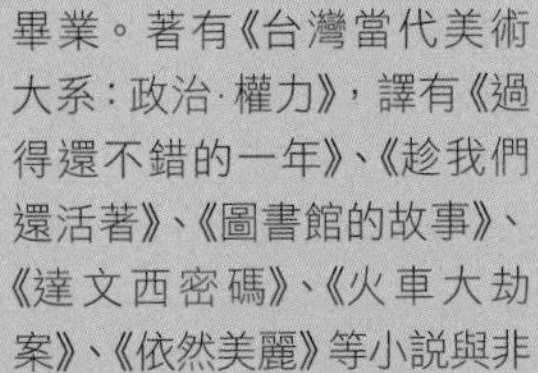

生於台中，東吳大學經濟系畢業。著有《台灣當代美術大系：政治‧權力》，譯有《過得還不錯的一年》、《趁我們還活著》、《圖書館的故事》、《達文西密碼》、《火車大劫案》、《依然美麗》等小說與非小說多種。